演習で学ぶ
化学入門

村田　滋著

東京化学同人

表紙画像：elenabsl/Shutterstock.com
　　　　　Ipajoel/Shutterstock.com
　　　　　Ardea-studio/Shutterstcok.com

まえがき

　本書はおもに，高校で化学を十分に学ぶ機会がなかった大学生や，改めて化学の基礎知識を習得したいと思う社会人のための化学の入門書である．本書では，高校で履修する「化学基礎」と「化学」の内容から，一般教養として，また専門的な化学を学ぶための基礎として必須の事項を精選し，法則の成り立ちや日常生活との関わりを意識しながら，わかりやすく解説するように努めた．したがって本書は，大学生や社会人が，高校の教科書を用いることなく化学の基礎事項を効率的に学ぶために最適な書物であり，化学の基礎を学び直したい大学生や社会人向けの講義用教科書として，または自習書として有用であろう．また"高校卒業程度"の化学の知識が要求される試験を受ける必要が生じたときの試験対策にも役立つものと思う．

　日本の高校で履修する化学は，一般の人々が身のまわりの物質の成り立ちや変化を化学的に理解するために，また将来，自然科学系の職業に就こうとする学生がより高度な化学を学ぶために十分な内容をもっている．しかし，高校で扱う内容は，文部科学省が策定する「高等学校学習指導要領」に縛られていること，また高校ではどうしても大学入試への対応が優先されることから，本来はしっかり時間をかけて学ぶべき内容がおろそかにされたり，また本筋から離れた内容に多くの時間が使われるようなことが起こる．本書の執筆においては，「高等学校学習指導要領」や大学入試にとらわれることなく，むしろ専門的な化学とのつながりや，欧米で使用されている「一般化学」の教科書が扱う内容との関連を重視した．

　本書では，第1章「物質の構造」において，まず物質の成り立ちと"物質量と化学量論の概念"を解説した．ここでは，物質が原子・分子から成り立っていることを前提として読者に押しつけるのではなく，そう考える実験的な必然性と，これらの概念の有用性を伝えるように配慮した．第2章は「物質の状態」として，物質の状態変化（物理変化）とそれに伴うエネルギーの吸収・放出，および物質のさまざまな状態の構造や性質について述べた．第3章「物質の変化」では，物質の反応（化学変化）について，私たちの身近にあるいくつかの反応を例として詳しく解説した．本章を学ぶと，日

用品の製造，微量物質の分析，エネルギーの獲得など，私たちの生活に関わる多くの事象が物質の反応に基づくものであり，その基礎には“物質量と化学量論の概念”があることがわかるであろう．第4〜6章は，私たちの身のまわりにある多様な物質を分類・整理し，代表的なものについて，それまでに述べた化学の原理や法則の適用性を具体的に示した章である．細かい内容については表を用いて示したので，必要に応じて学んでいただきたい．

　学んだ内容が身についているかどうかを確かめる最も有効な方法の一つは，その内容に関する問題を解いてみることである．本書の最大の特徴は，書名が示す通り，演習を通して学ぶ形式をとっていることである．本書で扱った問題は，大学入試センターなどが実施している試験で過去に出題された問題や，現行の高校教科書の節末問題・章末問題を参考に，筆者が新たに作成したものである．全体で120題に及ぶ「例題」は，その直前に学んだ重要事項の確認や，やや発展的な内容の説明を目的としている．すべての「例題」に丁寧な「解答・解説」をつけたので，まず問題に取組み，さらに「解答・解説」を読んで理解を深めてほしい．また，各節の終わりには，2〜4題，総数60題の「節末問題」をつけた．難易度は大学入試センターが実施している大学入学共通テストの程度であり，「節末問題」を解くことによって，その節の内容の理解に関する到達度を測ることができるであろう．「節末問題」の「解答・解説」は，東京化学同人ホームページにある本書のウェブページに掲載したので，是非，学習の参考にしていただきたい．

　本書の出版に際しては，元駒場東邦中学校・高等学校教諭の田中弘美先生に校正刷を査読していただき，多くの有意義なご指摘をいただいた．また，東京化学同人の橋本純子さんと岩沢康宏氏には，本書の企画から完成に至るまで大変ご尽力いただいた．心より感謝の意を表したい．

　2025年1月

村　田　　滋

目　　　次

1. 物 質 の 構 造

1・1　物質の構成要素……………………………………………………………1
　　　物質と元素／原子と分子／原子の構造／電子配置／イオン／
　　　周期律と周期表

1・2　化 学 結 合……………………………………………………………17
　　　物質と結合／イオン結合／共有結合／分子間力／金属結合

1・3　化 学 量 論……………………………………………………………29
　　　化学反応と化学量論／原子量・分子量／物質量／化学反応式

2. 物 質 の 状 態

2・1　状 態 変 化……………………………………………………………39
　　　物質の三態／状態変化とエネルギー／状態間の平衡

2・2　固　　　　体……………………………………………………………48
　　　固体の分類／金属結晶／イオン結晶／分子結晶／共有結合結晶／
　　　アモルファス

2・3　気 体 の 性 質……………………………………………………………56
　　　気体の法則／気体の状態方程式／混合気体／実在気体

2・4　溶　　　　液……………………………………………………………68
　　　溶解のしくみ／溶解度／溶液の濃度／束一的性質／コロイド

3. 物 質 の 変 化

3・1　熱 　化　 学……………………………………………………………82
　　　化学反応とエネルギー／熱化学反応式／ヘスの法則／結合エンタルピー

3・2　酸と塩基の反応……………………………………………………………91
　　　酸と塩基／酸と塩基の強さ／水素イオン濃度と pH ／
　　　中和反応と塩／中和滴定

vi

3・3 酸化還元反応 ·· 103
　　　酸化と還元／酸化剤と還元剤／酸化還元反応の起こりやすさ／
　　　電　池／電気分解
3・4 反応速度と化学平衡 ·· 122
　　　反応速度／化学平衡／化学平衡の移動／電離平衡／溶解平衡

4. 無 機 物 質

4・1 元 素 と 周 期 表 ··· 145
　　　電子配置と周期表／元素の分類
4・2 典 型 元 素 ··· 150
　　　水素と典型金属元素／14〜16族の非金属元素／ハロゲンと貴ガス
4・3 遷 移 元 素 ··· 167
　　　遷移元素の性質／金属イオンの反応と分析

5. 有 機 化 合 物

5・1 有機化合物の特徴 ··· 181
　　　有機化合物の分類／有機化合物の構造／異性体
5・2 脂 肪 族 化 合 物 ··· 188
　　　脂肪族炭化水素／酸素を含む脂肪族化合物
5・3 芳 香 族 化 合 物 ··· 205
　　　芳香族炭化水素／酸素・窒素を含む芳香族化合物

6. 高 分 子 化 合 物

6・1 高分子化合物の特徴 ·· 217
　　　高分子化合物の構造／高分子化合物の性質
6・2 天然高分子化合物 ··· 221
　　　糖／タンパク質
6・3 合成高分子化合物 ··· 231
　　　合成繊維／合成樹脂（プラスチック）／合成ゴム

節末問題の解答 ··· 238

索　　引 ··· 241

1　物質の構造

1・1　物質の構成要素
1・1・1　物質と元素

　物質とは，空間の中にある広がりを占め，質量をもち，その存在を確認できるすべてのものをいう．私たちが日常的に見たり，触れたりするものはもちろん，私たちの身体も，私たちを取巻く大気も物質である．<u>**化学**は物質の構造，性質，変化を調べ，それらのしくみを，おもに原子・分子といった微視的な視点から解き明かす学問である</u>．

　さて，身のまわりにあるさまざまな物質はいったい何からできているのだろうか．物質を構成する最も根源的な要素を**元素**という．"元素は何であるか"という問題は，古代から哲学者の思索の対象であった．後述するように，現代ではさまざまな実験事実に基づいて，すべての物質は**原子**という微小な粒子からできていることが知られており，それが元素の実体であると認識されている．したがって，元素は原子の種類の数だけあり，自然界には約90の元素が存在する．

　それぞれの元素を表すには，国際的に決められた**元素記号**が用いられる．元素記号はアルファベット大文字1字，あるいは大文字1字と小文字1字で表される．元素記号を用いると，たとえば，それぞれ元素である水素は H，炭素は C，酸素は O，塩素は Cl，鉄は Fe と表記される．

例題 1・1　"元素"と"原子"はいずれも物質の根源的な構成要素をさす語句として用いられる．これらの語句の意味の違いを説明せよ．

解答・解説　"元素"が抽象的な概念であるのに対して，"原子"は実体のある粒子である．たとえば，水という物質について，それを構成する粒子に注目して，"水は究極的に，酸素原子と水素原子から構成されている"ということができる．一方，酸素と水素を"元素"の意味に用いて，"水は酸素と水素からなる"ということもできる．酸素原子は水のみならず，エタノール，グルコース，二酸化ケイ素などさまざまな物質に含まれて，それらの構成要素となっている．"元素"としての酸素は，このようなすべての酸素原子を包括した概念を表している．■

2　　　　　　　　　　　　　1. 物 質 の 構 造

物質の分類　　すべての物質は，単一の成分からなる**純物質**か，あるいは複数の純物質が混じり合った**混合物**のいずれかに分類することができる．さらに純物質は，1種類の元素からなる**単体**と，2種類以上の元素からなる**化合物**に分類される．

　一つの元素に，構造や性質の異なる複数の単体が存在する場合がある．このとき，これらを互いに**同素体**であるという．たとえば，黒鉛（グラファイト）とダイヤモンドはともに炭素 C の同素体である．これらの性質は著しく異なり，一例をあげると，黒鉛が電気伝導性をもつのに対して，ダイヤモンドは電気を通さない．これは，それぞれの物質を構成する炭素原子の結びつき方や配列が異なるためである．炭素 C のほかに，酸素 O，リン P，硫黄 S にも同素体が存在する．

　なお，単体と元素は同じ名称でよばれるので注意が必要である．"空気の約20％は酸素である"の酸素は，単体の酸素ガスを意味しており，"二酸化炭素は炭素と酸素からなる"の酸素は，化合物を構成する元素を意味している．

例題 1・2　　次の物質を，単体，化合物，混合物に分類せよ．
① 海水　　② 塩化ナトリウム　　③ 石油
④ 水素ガス　　⑤ メタノール　　⑥ 白金

解答・解説　　単体：④，⑥　　化合物：②，⑤　　混合物：①，③

　水素ガスは水素 H から，金属白金は白金 Pt からなる単体である．塩化ナトリウムはナトリウム Na と塩素 Cl からなる化合物であり，メタノールは炭素 C，水素 H，酸素 O からなる化合物である．海水は水を主成分として，塩化ナトリウム，塩化マグネシウム，硫酸マグネシウムなどからなる混合物である．石油は炭素と水素からなる炭化水素とよばれる一群の化合物を主成分として，少量の硫黄 S，酸素 O，窒素 N などを含む化合物からなる複雑な混合物である．■

例題 1・3　　次の下線部の語句は，単体を意味しているか，それとも元素を意味しているかを答えよ．
(1) 地殻の質量の約50％は酸素である．
(2) 酸化銀を加熱すると，酸素と銀が生成する．
(3) 動物の骨にはカルシウムとリンが含まれている．

1・1　物質の構成要素　　3

解答・解説

(1) 元素

　地殻に含まれる元素は酸素 O が最も多く，ついでケイ素 Si，アルミニウム Al，鉄 Fe，カルシウム Ca の順となる．

(2) いずれも単体

　酸化銀を 200 ℃ 以上に加熱すると酸素ガスが発生し，金属水銀が析出する．

(3) いずれも元素

　動物の骨のおもな成分は，カルシウム Ca，リン P，酸素 O，水素 H からなるヒドロキシアパタイトという化合物である． ■

分離と精製　　純物質が試料の起源によらず一定の性質をもつのに対して，混合物は成分の割合によって異なった性質を示す．一般に，混合物の中では，純物質はそれぞれの性質を保持しているので，その違いを利用して，混合物からその成分である純物質を取出すことができる．この操作を**分離**といい，特に，取出した純物質の純度を高めることを**精製**という．

　分離や精製には，ろ過，蒸留，再結晶，抽出，昇華法などさまざまな方法があり，成分の融点，沸点，溶解度（一定量の液体に溶解できる量）などの違いが利用される．これらの性質は，物質の元素組成を変えることなく観測や測定ができる性質であり，**物理的性質**（あるいは**物性**）とよばれる．これに対して，物質が元素組成や固有の性質が異なる別の物質に変換されることを**化学反応**（あるいは**化学変化**）といい，物質がもつ化学反応に関わる性質を**化学的性質**（あるいは**反応性**）という．

例題 1・4　　次の文は，混合物を分離する操作を述べたものである．それぞれの操作の名称を記せ．

(1) 一定量の液体（溶媒）に対する溶解度の差を利用して，混合物から特定の物質を溶媒に溶かし出して分離する．

(2) 固体の混合物を加熱し，固体から気体になった成分を冷却する．

(3) 固体と液体の混合物から，ろ紙などを用いて固体を分離する．

(4) 混合物の液体を加熱し，成分の沸点の違いを利用して，成分ごとに分離する．

(5) 不純物を含む固体を溶媒に溶かし，温度によって溶解度が異なることを利用して，より純粋な固体を得る．

4　　　　　　　　　　　　　1. 物 質 の 構 造

解答・解説　それぞれの操作の名称とともに，その操作による分離の一例を示す.

(1) 抽出：茶葉に水を加えて加熱し，カフェインを分離する.

(2) 昇華法：砂とヨウ素の混合物からヨウ素を分離する.

(3) ろ過：泥水を泥と水に分離する.

(4) 蒸留：塩化ナトリウム水溶液を塩化ナトリウムと水に分離する.

(5) 再結晶：少量の硫酸銅(II)を含む硝酸カリウムを精製する.　　　■

1・1・2　原 子 と 分 子

　さまざまな実験事実をもとに，初めて物質の根源的な構成要素として微小な粒子の存在を提案したのは，英国の科学者ドルトン（J. Dalton, 1766〜1844）であった．彼はその粒子を**原子**とよび，1808 年に記した著書の中で，"元素はそれぞれ固有の大きさ，質量，性質をもつ原子からなり，化合物は異なる元素の原子が一定の割合で結びついて形成される"と述べた．さらに，"化学反応では原子間の結合のしかたが変化するだけで，原子は生成したり，消滅することはない"とした．この仮説を**原子説**という．その後，原子説は多くの実験によって検証され，物質の根源的な構成要素，すなわち"元素"の実体として"原子"の存在が認められることとなった.

例題 1・5　　いずれも炭素と水素のみからなる 3 種類の化合物 X, Y, Z がある．それぞれの質量による元素組成を調べたところ，右表の結果が得られた．これらの化合物について，一定の質量の炭素と結合している水素の質量が，簡単な整数比になることを示せ.

化合物 X, Y, Z の元素組成

化合物	元素組成〔%〕	
	炭素 C	水素 H
X	74.87	25.13
Y	85.63	14.37
Z	79.89	20.11

解答・解説　たとえば，100 g の化合物 X は炭素 74.87 g，水素 25.13 g からなるので，炭素 1 g と結合している水素の質量は (25.13/74.87) g となる．したがって，化合物 X, Y, Z について求める比は次式のようになり，簡単な整数比になることがわかる.

$$\frac{25.13}{74.87} : \frac{14.37}{85.63} : \frac{20.11}{79.89} \ = \ 0.3356 : 0.1678 : 0.2517 \ = \ 4 : 2 : 3$$

ドルトンは，他の 2 種類の元素から複数の異なる化合物が生成する場合についても，同様の結果になることを示し，次のような**倍数比例の法則**を提案した.

2種類の元素が結合して複数の異なる化合物をつくる場合，一方の元素の一定の質量と結合する他方の元素の質量を化合物どうしで比較すると，簡単な整数比になる．

この法則は，元素が分割できない粒子からなり，それらが特定の比率で結合して化合物を形成していることを示しており，原子説を支持する有力な根拠となった．なお，この例題の題材とした化合物 X, Y, Z はそれぞれメタン，エチレン，エタンとよばれる化合物であり，現在ではたとえばメタンは，炭素原子1個と水素原子4個から形成される粒子からなることが知られている．しかし，ドルトンの時代にはまだ，化合物を構成する原子の個数の比を決定することはできなかった． ■

原子説が提唱されたころ，気体が関わる化学反応に関する研究が進み，フランスの科学者ゲイ・リュサック（J. L. Gay-Lussac, 1778～1850）は，次のような**気体反応の法則**を発表した．

気体どうしの化学反応では，反応に関わる気体の体積比は，同温・同圧のもとでは簡単な整数比になる．

たとえば，水素と酸素から水が生成する反応では，反応する水素と酸素の体積と，生成する水（水蒸気）の体積の比は，必ず2：1：2になる．この結果は，"水素 H と酸素 O が単独の原子で存在し，それらが結合して組成 HO の水を生成する"と考えるのでは説明できない．

1811年，イタリアの科学者アボガドロ（A. Avogadro, 1776～1856）は，気体反応の法則を説明するために，"気体は，複数の原子が一定の比率で結合した粒子から構成される"として，その粒子を**分子**とよび，"同温・同圧のもとでは，気体の種類に関係なく，同体積の気体には同数の分子が含まれる"と主張した．この仮説を**分子説**という．たとえば，水素は水素原子2個からなる水素分子 H_2，酸素は酸素原子2個からなる酸素分子 O_2，水は水素原子2個と酸素原子1個からなる水分子 H_2O とすると，上記の実験事実を矛盾なく説明することができる．その後，さまざまな実験による検証と激しい論争を経て，分子説の正当性が認められた．

分子は H_2, H_2O のように，それを構成する原子の元素記号と原子数で表される．このような式を**分子式**という．原子数は元素記号のすぐ後に下付き文字で表し，原子数が1のときは省略する．

6   1. 物 質 の 構 造

例題 1・6   塩素とフッ素は気体であり，それぞれ 2 個の原子が結合した分子 Cl_2, F_2 から構成されている．塩素とフッ素の反応を調べたところ，塩素 1 体積とフッ素 3 体積が反応し，同温・同圧のもとで，2 体積の気体状生成物が得られた．生成物の分子式を推定せよ．

解答・解説 ClF_3

　化学反応によって原子は生成も消滅もせず，また気体の種類に関係なく，同体積の気体には同数の分子が含まれる．1 体積に 1 分子が含まれるとすると，2 分子の生成物には，$2 \times 1 = 2$ 個の塩素原子 Cl と $2 \times 3 = 6$ 個のフッ素原子 F が含まれることになる．したがって，1 分子の生成物は，1 個の Cl と 3 個の F から構成されていることがわかる．■

1・1・3 原子の構造

　ドルトンは，原子は分割できない粒子であると考えたが，それは誤りであった．19 世紀の後半から 20 世紀にかけて行われたさまざまな研究によって，原子はさらに小さい粒子から構成されていることが判明した．

　まず，原子を構成する基本的な粒子として，負電荷をもつ微粒子の存在が明らかになり，**電子**とよばれた．ついで，正電荷は原子の中心部分に濃縮されていることが判明し，これを**原子核**とよんだ．さらに原子核は，正電荷をもつ**陽子**と電荷をもたない，すなわち電気的に中性な**中性子**という微粒子からなることが明らかにされた．表 1・1 に，これら三つの基本的な粒子の質量と電荷を示す．

表 1・1 　原子を構成する粒子の質量と電荷

粒 子	質量〔g〕	電荷〔C†〕
電子	9.10938×10^{-28}	-1.60218×10^{-19}
陽子	1.67262×10^{-24}	$+1.60218 \times 10^{-19}$
中性子	1.67493×10^{-24}	0

　†　C（クーロンと読む）は電気量の単位．電子の電荷の絶対値を**電気素量**といい，e で表す．e は正確に $e = 1.602176634 \times 10^{-19}$ C と定義されている．

　典型的な原子の大きさは 10^{-10} m であるが，原子核の大きさはその 10 万分の 1 程度とされている．陽子と中性子の質量はほぼ等しく，電子の質量はそれらの 1840 分の 1 である．すなわち，原子は，正電荷をもつきわめて小さい原子核の周囲を，負電荷をもつ電子が速やかに運動している構造をもつ．図 1・1 に，模

式的に描いたヘリウム He 原子の構造を示す．電子は模式的に円軌道を描く粒子として示されているが，実際には，原子核のまわりに雲のように広がって存在していると考えてよい．

元素の原子核に含まれる陽子の数を**原子番号**という．それぞれの元素は原子番号で区別される．たとえば，水素 H の原子番号は 1，炭素 C の原子番号は 6，鉄 Fe の原子番号は 26 である．一般に原子は電気的に中性であり，陽子と電子の電荷の大きさは等しいので，原子は原子番号（すなわち原子核に含まれる陽子の数）に等しい数の電子をもつ．

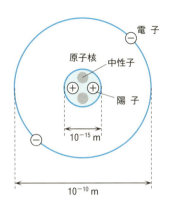

図 1・1 ヘリウム原子の模式図

原子核に含まれる陽子の数と中性子の数の和を**質量数**という．元素の原子番号と質量数を明示したい場合には，図 1・2 のように，原子番号 Z を元素記号 X の左下に，質量数 A を左上に付記する．

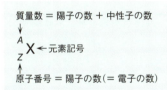

図 1・2 原子番号と質量数の表記

例題 1・7 $^{40}_{18}\mathrm{Ar}$ で表される原子の元素名，原子番号，および原子 1 個に含まれる陽子の数，中性子の数，電子の数を答えよ．

解答・解説 元素名はアルゴン，原子番号 18，陽子の数 18，中性子の数 22，電子の数 18

陽子の数は原子番号に等しく，また電子の数は陽子の数に等しい．質量数は陽子の数と中性子の数の和であるから，中性子の数は質量数 40 から陽子の数 18 を引いて求める．なお，Ar と表記すると原子番号は 18 であることがわかるので，$^{40}\mathrm{Ar}$ のように，原子番号は省略される場合もある．

同位体 多くの元素では，同一の原子番号をもつが，質量数が互いに異なる原子が存在する．たとえば，塩素 Cl には，質量数 35 の原子 $^{35}\mathrm{Cl}$ と質量数 37 の原子 $^{37}\mathrm{Cl}$ が存在する．このような原子を互いに**同位体**という．

8 1. 物 質 の 構 造

　同位体は中性子の数が異なるだけで，陽子や電子の数は同じである．したがっ
て，同位体の化学的性質はほぼ同一であり，化学反応において同位体の原子はほ
とんど同じように振舞う．このため，自然界において元素の同位体は，場所や存
在形態によらず，きわめて一様の比率で存在している．この比率を同位体の**存在
比**という．たとえば，^{35}Cl と ^{37}Cl の存在比は，それぞれ 75.76 ％，24.24 ％であ
る．表 1・2 に，代表的な元素の同位体と存在比を示す．

表 1・2　代表的な元素の同位体と存在比

元 素	原子番号	同位体	存在比〔％〕	元 素	原子番号	同位体	存在比〔％〕
水 素 H	1	^{1}H ^{2}H ^{3}H	99.9885 0.0115 極微量	酸 素 O	8	^{16}O ^{17}O ^{18}O	99.757 0.038 0.205
炭 素 C	6	^{12}C ^{13}C ^{14}C	98.93 1.07 極微量	銅 Cu	29	^{63}Cu ^{65}Cu	69.15 30.85

例題 1・8　　次の①〜⑥の原子のうち，中性子の数が陽子の数より一つ多い原
子をすべて選べ．
① ^{23}Na 　② ^{24}Mg 　③ ^{28}Si 　④ ^{29}Si 　⑤ ^{32}S 　⑥ ^{35}Cl

解答・解説　①，④，⑥
　陽子の数を Z，中性子の数を N とすると，① $Z = 11$，$N = 12$，② $Z = 12$，
$N = 12$，　③ $Z = 14$，$N = 14$，　④ $Z = 14$，$N = 15$，　⑤ $Z = 16$，$N = 16$，
⑥ $Z = 17$，$N = 18$ となる． ■

1・1・4 電 子 配 置

　電子や原子核が発見されるとともに，原子核に束縛された電子の振舞いに関す
る研究も進展した．特に，原子核を取巻く電子のエネルギーは，不連続であるこ
とが明らかになった．現在得られている多くの実験事実は，"電子は不連続なエ
ネルギーをもついくつかの層にわかれて存在する"とした原子モデルによって，
矛盾なく説明されている．その層を**電子殻**といい，電子は次のような規則によっ
て電子殻に収容される．

- 電子殻は，原子核に近い内側から順に K 殻，L 殻，M 殻，N 殻，O 殻…とよばれ，より内側の電子殻にある電子ほどエネルギーが低く安定である．図 1・3 に，それぞれの電子殻を円で表した原子モデルを示す．
- それぞれの電子殻は収容できる電子の最大数が決まっており，K 殻は 2 個，L 殻は 8 個，M 殻は 18 個，N 殻は 32 個である．
- 原子の最も安定な状態では，電子は内側の K 殻から順に電子殻に収容される．電子の数が，その電子殻が収容できる最大数か，あるいは 8 個に到達すると，電子はその外側にある電子殻にも収容される．

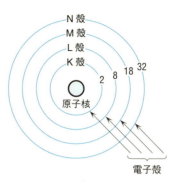

図 1・3 **電子殻**．数字は収容できる電子の最大数を示す．

それぞれの電子殻への電子の配列のしかたを，原子の**電子配置**という．後述するように，この電子配置によって元素固有の性質が決まるのである．

例題 1・9　アルミニウム Al の原子の最も安定な状態の電子配置について，次の問いに答えよ．(1) M 殻に収容されている電子の数はいくつか．(2) 図 1・3 のように電子殻を円で表すことによって，Al の電子配置を図示せよ．

解答・解説
(1) 3 個
　Al の原子番号は 13 であるから，13 個の電子をもつ．これらが K 殻から順に収容される．K 殻は 2 個，次の L 殻は 8 個しか収容できないため，残りの 3 個が M 殻に収容されることになる．
(2) 原子核を ◯，電子を • で表すと，下図のようになる．13+ は原子核に含まれる陽子の数が 13 個であることを示している．

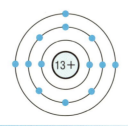

10   1. 物 質 の 構 造

　表1・3には，原子番号1から36までの元素について，原子の最も安定な状態
の電子配置を示した．表を眺めると，元素の電子配置には規則性があることが見
てとれる．このような電子配置の規則性から，元素の性質が体系的に理解される
ことになった．

　単体が常温・常圧において気体で存在する元素のうち，ヘリウム He，ネオン
Ne，アルゴン Ar，クリプトン Kr，キセノン Xe，ラドン Rn は，化学的にきわめ
て安定であり，**貴ガス**とよばれる．貴ガスは単一の原子が分子として振舞い，他
の原子との反応性も著しく低い．これらの原子の電子配置をみると，最も外側の
電子殻にある電子が He では2個であり，その他の原子はいずれも8個である．
貴ガスが単一の原子として安定に存在し，他の原子と反応しにくいのは，貴ガス
の電子配置が安定であることを意味している．

表1・3　原子の電子配置

原子番号	元素記号	電子配置				原子番号	元素記号	電子配置			
		K	L	M	N			K	L	M	N
1	H	1				19	K	2	8	8	1
2	He	2				20	Ca	2	8	8	2
3	Li	2	1			21	Sc	2	8	9	2
4	Be	2	2			22	Ti	2	8	10	2
5	B	2	3			23	V	2	8	11	2
6	C	2	4			24	Cr	2	8	13	1
7	N	2	5			25	Mn	2	8	13	2
8	O	2	6			26	Fe	2	8	14	2
9	F	2	7			27	Co	2	8	15	2
10	Ne	2	8			28	Ni	2	8	16	2
11	Na	2	8	1		29	Cu	2	8	18	1
12	Mg	2	8	2		30	Zn	2	8	18	2
13	Al	2	8	3		31	Ga	2	8	18	3
14	Si	2	8	4		32	Ge	2	8	18	4
15	P	2	8	5		33	As	2	8	18	5
16	S	2	8	6		34	Se	2	8	18	6
17	Cl	2	8	7		35	Br	2	8	18	7
18	Ar	2	8	8		36	Kr	2	8	18	8

1・1 物質の構成要素　　　11

　原子の最も外側の電子殻にある電子を**最外殻電子**といい，他の電子とは区別される．貴ガスの場合を除いて，最外殻電子は化学反応において重要な役割を果たし，**価電子**とよばれる．なお，貴ガスの価電子の数は 0 とみなす．

例題1・10　　　次の八つの元素を，原子の価電子の数が同じ組に分類せよ．
① Ar　　② Ca　　③ Cl　　④ F　　⑤ He　　⑥ K　　⑦ Li　　⑧ Mg

解答・解説　①と⑤（価電子の数 0），②と⑧（価電子の数 2），③と④（価電子の数 7），⑥と⑦（価電子の数 1）　　■

1・1・5　イ　オ　ン

　これまで扱ってきた原子や分子は，いずれも電気的に中性であった．これに対して，原子や分子が電子をやり取りすると，電荷をもった原子や原子の集団が生じる．これらを**イオン**といい，電子を放出して正の電荷をもつ粒子を**陽イオン**（あるいは**カチオン**），電子を受取り負の電荷をもつ粒子を**陰イオン**（あるいは**アニオン**）という．また，1 個の原子だけからなるイオンを**単原子イオン**，複数の原子からなるイオンを**多原子イオン**という．

　イオンがもつ電荷の大きさは，イオンが生成するときに授受した電子の数で表す．これをイオンの**価数**という．価数が 1 のイオンを 1 価のイオン，価数が 2 のイオンを 2 価のイオン，などという．イオンを表記するときは，元素記号あるいは元素組成を表す記号の右上に，イオンの価数と電荷の符号をつけて表す．価数が 1 のときは数字を省略し，符号だけを示す．

例題1・11　　　次のそれぞれのイオンに含まれる電子の数を答えよ．
(1) Al^{3+}　　(2) CN^-　　(3) NH_4^+　　(4) SO_4^{2-}　　(5) Fe^{2+}

解答・解説　(1) 10，(2) 14，(3) 10，(4) 50，(5) 24
　原子あるいは原子の集団がもつ電子の総数 N に加えて，イオンの価数を考慮する必要がある．陽イオンの場合には N から価数に相当する数を引き，陰イオンの場合には N に価数に相当する数を加える．たとえば，CN^- では，C と N のそれぞれの原子番号は 6 と 7 であるから $N = 6+7 = 13$ であり，CN^- は 1 価の陰イオンなので，電子の数は $(13+1)$ 個となる．　　■

例題 1・12 ナトリウム Na の原子は電子を 1 個放出して，1 価の陽イオン Na$^+$ になりやすい．一方，塩素 Cl の原子は電子を 1 個受取って，1 価の陰イオン Cl$^-$ になりやすい．Na や Cl がこのような傾向を示す理由を，それぞれの原子の電子配置に基づいて説明せよ．

解答・解説 Na（原子番号 11）の電子配置は K 殻に 2 個，L 殻に 8 個，M 殻に 1 個であり，価電子の数は 1 である．最外殻の M 殻から電子を 1 個放出すると Na$^+$ が生成するが，下図に示すようにその電子配置は，貴ガスの Ne（原子番号 10）と同一となるため安定である．

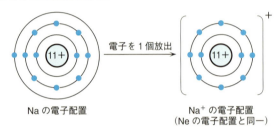

Na の電子配置　　　Na$^+$ の電子配置
　　　　　　　　　（Ne の電子配置と同一）

　一方，塩素（原子番号 17）の電子配置は K 殻に 2 個，L 殻に 8 個，M 殻に 7 個であり，価電子の数は 7 である．最外殻の M 殻に電子を 1 個受取ると Cl$^-$ が生成するが，その電子配置は，貴ガスの Ar（原子番号 18）と同一となるため安定である．したがって，このような傾向は，電子を放出あるいは受取ることによって，安定な貴ガスの電子配置になることによるものと説明される．
　一般に，原子は，電子の授受によって，最も近い原子番号の貴ガスと同一の電子配置になる傾向をもつ．たとえば，2 個の価電子をもつマグネシウム Mg（原子番号 12）は，電子を 2 個放出して，Ne（原子番号 10）と同一の電子配置をもつ 2 価の陽イオン Mg^{2+} になりやすい．■

例題 1・13 次の五つの元素のうち，2 価の陰イオンになりやすいものを一つ選べ．またその陰イオンと同一の電子配置をもつ貴ガスの名称を答えよ．
① Be　② Ca　③ Li　④ N　⑤ S

解答・解説 ⑤，アルゴン
　2 価の陰イオンになりやすい原子は，2 個の電子を受取って最外殻電子の数が貴ガスと同じ 8 となる原子，すなわち価電子の数が 8－2＝6 の原子であり，硫黄 S（原子番号 16）が該当する．2 個の電子を受取り S^{2-} となると，最も原子番号が近い貴ガスであるアルゴン Ar（原子番号 18）と同一の電子配置となる．■

1・1・6 周期律と周期表

元素を原子番号の順に並べると，元素の物理的性質や化学的性質が一定の周期で規則的に変化する．この周期性を元素の**周期律**という．たとえば，リチウム Li（原子番号 3）の単体は，室温で銀白色の軟らかい固体であり，きわめて反応性が高く，空気中の水や酸素とも容易に反応し，1価の陽イオンになりやすい．これらはすべて，ナトリウム Na（原子番号 11），カリウム K（原子番号 19），ルビジウム Rb（原子番号 37），セシウム Cs（原子番号 55）にも共通した性質であり，原子番号が8あるいは18を隔てて，性質が似た元素が現れることがわかる．元素の周期律が観測されるのは，原子の電子配置に周期性があり，それによって，元素の性質を決定づける価電子の数が規則的に変化するためである．

周期律を示す元素の重要な性質として，イオン化エネルギー，電子親和力，原子やイオンの大きさがある．

イオン化エネルギー　気体の原子から電子1個を除去して，1価の陽イオンにするために必要なエネルギーを第一イオン化エネルギーという．ついで，2個目，3個目の電子を除去するために必要なエネルギーを第二，第三イオン化エネルギーというが，一般に**イオン化エネルギー**といえば，第一イオン化エネルギーをさす．図1・4には，原子番号によるイオン化エネルギーの変化を示した．図から明らかなように，イオン化エネルギーは周期的に変化する．

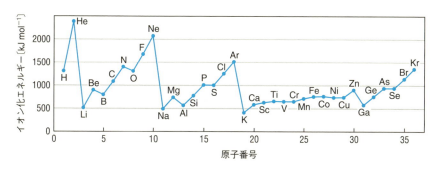

図1・4　イオン化エネルギーの周期的変化

Li，Na，K などのイオン化エネルギーが小さい原子は，いずれも価電子の数が1であり，容易に電子を失って1価の陽イオンになりやすい．一方，He，Ne，Ar，Kr などの貴ガスの原子は，安定な電子配置をもつためイオン化エネルギーが非常に大きく，陽イオンになりにくい．

電子親和力　気体の原子が電子1個を受取って，1価の陰イオンになるときに放出するエネルギーを原子の**電子親和力**という．原子の電子親和力は，その1価の陰イオンから電子1個を除去するために必要なエネルギーに等しい．電子親和力が大きいことは，その原子が電子を受容する傾向が強く，陰イオンになりやすいことを意味する．

図1・5に示すように，電子親和力も原子番号に対して周期的に変化する．F，Cl，Br (324 kJ mol^{-1})，I (295 kJ mol^{-1}) といった電子親和力が大きな原子は，いずれも価電子の数が7であり，1個の電子を受取って1価の陰イオンになりやすい．

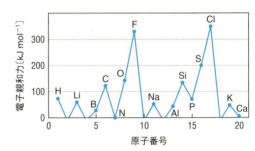

図1・5　電子親和力の周期的変化．
貴ガス，Be，Mgは陰イオンになりにくく，それらの電子親和力は0か負の値となる．

原子やイオンの大きさ　原子の大きさは，**原子半径**によって比較することができる．原子半径はそれぞれの元素の単体において，隣接する2個の原子の原子核間距離の2分の1と定義される．原子半径は，最外殻電子が収容される電子殻の広がりを反映しており，図1・6に示すように，原子番号に対して周期的に変化する．

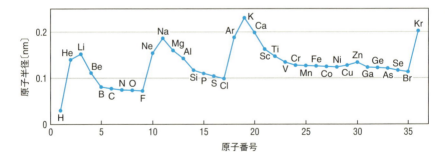

図1・6　原子半径の周期的変化

イオンの大きさは，**イオン半径**によって評価される．一般に，電気的に中性な原子が電子を放出して陽イオンになると，もとの原子の半径よりも小さくなる．一

1・1 物質の構成要素　　15

方，原子が電子を受取って陰イオンになると，もとの原子の半径よりも大きくなる．イオン半径も原子番号に対して周期的に変化し，原子半径と類似の傾向を示す．

例題 1・14　　原子半径の周期的な変化について，図1・6を参考に次の問いに答えよ．

(1) 最外殻電子が収容されている電子殻が同一の原子では，原子半径は原子番号の増加とともにどのように変化するか．変化する理由とともに答えよ．

(2) 価電子の数が同一の原子では，原子半径は原子番号の増加とともにどのように変化するか．変化する理由とともに答えよ．

解答・解説

(1) 貴ガスを除いて減少する．たとえば，最外殻電子がL殻にあるLiからFまでを比較すると，原子番号が増加するとともに原子半径は減少している．これは，原子番号の増加に伴って正電荷が増大するため，電子が原子核により強く引きつけられるためである．

(2) 増大する．たとえば，価電子の数が1の原子を比較すると，Li, Na, Kの順に原子半径は増大している．これは最外殻電子が収容されている電子殻がL殻，M殻，N殻と変わることによって，電子殻がより外側に広がるためである．■

例題 1・15　　次の五つのイオンを，イオン半径が大きい順に並べよ．そのように判断した理由も述べよ．

① Al^{3+}　　② F^-　　③ Mg^{2+}　　④ Na^+　　⑤ O^{2-}

解答・解説　　大きいものから順に，⑤ > ② > ④ > ③ > ①となる．これらのイオンはすべて10個の電子をもち，貴ガスNeと同じ電子配置をもつ．したがって，原子核の正電荷が大きいほど，すなわち原子番号が大きいほど，最外殻電子がより強く原子核に引きつけられ，イオン半径は小さくなる．■

元素を原子番号の小さいものから順に左から右に並べ，性質の類似した元素が縦に並ぶように配列した表を，元素の**周期表**という．現在よく用いられる周期表を表見返しに示す．初めて周期表を作成したのはロシアの化学者メンデレーエフ（D. I. Mendeleev, 1834〜1907）であり，1869年のことであった．当時知られていた元素は63であり，周期表にもいくつかの空欄があった．その後，自然界に存在するすべての元素が発見され，現在の周期表には，人工的に合成されたもの

16 　　　　　　　　　　　　1. 物 質 の 構 造

を含む 118 の元素が記載されている.

　周期表の横に並んだ行を**周期**といい,上から順に第 1 周期,第 2 周期などとよ
ばれ,第 7 周期まである. 周期表の縦の列を**族**といい,左側から順に 1 族,2 族
などとよばれ,18 族まである. 同じ族に属する元素を**同族体**という.

　同族体のうち,水素を除く 1 族,2 族,13〜18 族の元素は,元素の周期律をよ
く示す. 1 族,2 族,13〜18 族の元素を**典型元素**という*. 18 族を占める貴ガス
を除き,典型元素の族番号の下 1 桁の数字は,原子の価電子の数と一致してい
る. 一方,3〜12 族の元素は**遷移元素**とよばれ,明確な周期律を示さない. 遷移
元素の原子の価電子の数は 1 または 2 であり,原子番号の増加に伴って電子は最
外殻より内側の電子殻に追加される.

　元素はそれぞれ固有の性質をもつが,大きく金属元素と非金属元素に分類され
る. 単体が光沢を示し,熱や電気をよく伝えるなど金属としての性質を示す元素
を**金属元素**という. 金属元素は価電子を放出して陽イオンになりやすい. 金属元
素以外の元素を**非金属元素**という. 非金属元素はすべて典型元素であり,貴ガス
を除いて,電子を受取って陰イオンになりやすい. 元素の単体や化合物の性質に
ついては,第 4 章で詳しく述べる.

節末問題

1. 右図に示した記号で表記される元素 X の原子について,次の問い　　$^{19}_{9}X$
に答えよ.

(1) この原子の質量数はいくつか.

(2) この原子の中性子の数はいくつか.

(3) この原子の最外殻電子の数はいくつか.

(4) 元素 X が属する周期と族を答えよ.

2. ある非金属元素 A の一つの同位体は 127 の質量数をもち,原子核に含まれ
る中性子の数は 74 である. 次の問いに答えよ.

(1) この同位体から生成する陰イオンは 54 個の電子をもつ. この陰イオンの
　 価数はいくつか.

＊　2005 年に出された IUPAC(国際純正・応用化学連合)の勧告では,水素を除く 1 族,2 族,
　3〜18 族の元素を**主要族元素**(main group element)とよび,典型元素(typical element)は第 2
　および第 3 周期の 1 族,2 族,3〜17 族の元素に限定された. 本書では,従来の慣習に従って,1 族,
　2 族,3〜18 族の元素を典型元素とした.

（2）常温・常圧のもとで，元素 A の単体は分子 A_2 からなる固体として存在する．分子 A_2 に含まれる電子の数はいくつか．

（3）分子 A_2 の固体を加熱すると容易に気体に変化する．この性質を利用して，A_2 を含む固体の混合物から A_2 を分離することができる．この分離法の名称を記せ．

3. 元素 **a**〜**e** の原子の最も安定な状態の電子配置を右表に示す．次の記述に該当する元素をそれぞれ一つ選び，**a**〜**e** の記号で答えよ．

（1）原子が 1 価の陰イオンになりやすい．

（2）**a** の同族体である．

（3）遷移元素である．

（4）**a**〜**e** のうち，原子のイオン化エネルギーが最も小さい．

元素	電子配置			
	K 殻	L 殻	M 殻	N 殻
a	2	0	0	0
b	2	8	1	0
c	2	8	8	0
d	2	8	14	2
e	2	8	18	7

1・2 化学結合

1・2・1 物質と結合

前節で述べたように，物質の根源的な構成要素は原子という微粒子である．しかし，自然界において，単独に存在している原子に遭遇することはほとんどない．前節でもすでに，原子が寄り集まってできる分子やイオンという微粒子の存在について述べた．

身のまわりの物質は，多数の原子が互いに結びつくことによってできている．原子が互いに結びつくとき，"**結合（化学結合）**が形成された"という．原子の間に結合が形成されるのは，結合を形成した方が，原子が単独で存在するよりも安定だからである．身のまわりの物質を形成する結合は，イオン結合，共有結合，金属結合に分類される．さらに，原子が共有結合によって結びついてできる分子は，分子間力と総称される弱い力で互いに引き合い，巨視的な物質を形成する．

1・2・2 イオン結合

§1・1・5 では，原子は電子の授受によって，最も近い原子番号の貴ガスと同一の電子配置になる傾向をもつことを述べた．たとえば，価電子が 1 個のナトリウ

ム Na は電子を1個放出して，陽イオン Na$^+$ になりやすい．イオン化エネルギーが小さく，陽イオンになりやすい性質を**陽性**という．一般に，金属元素は陽性が強い．一方，価電子が7個の塩素 Cl は電子を1個受取って，陰イオン Cl$^-$ になりやすい．電子親和力が大きく，陰イオンになりやすい性質を**陰性**という．一般に，非金属元素は陰性が強い．

1785年，フランスの物理学者クーロン（C. de Coulomb, 1736〜1806）は電荷をもつ二つの粒子の間には，次の式で表される力 F がはたらくことを示した．

$$F = k\frac{q_1 q_2}{r^2} \qquad (1・1)$$

ここで q_1, q_2 は粒子の電気量，r は粒子間の距離，k は比例定数である．F は電荷の符号が同じ場合には反発しあう力（斥力）となり，符号が異なる場合には引き合う力（引力）となる．(1・1) 式を**クーロンの法則**といい，F を**クーロン力**（あるいは**静電気力**）という．

クーロンの法則により，正電荷をもつ陽イオンと負電荷をもつ陰イオンの間には引力がはたらき，これは陽イオンと陰イオンを結びつける力となる．陽イオンと陰イオンがクーロン力によって引き合ってできる結合を**イオン結合**という．イオン結合から形成される化合物は，常温・常圧において，陽イオンと陰イオンが規則正しく配列した固体を形成することが多い（図 1・7）．このような固体を**イオン結晶**という．結晶の構造と性質については，次章の 2 節で詳しく述べる．

イオン結合からなる物質は，塩化ナトリウム NaCl や水酸化カルシウム Ca(OH)$_2$ のように，成分となるイオンとそれらの最も簡単な整数の比を用いた**組成式**で表す．

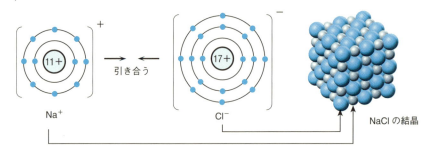

図 1・7　イオン結合とイオン結晶

例題 1・16　次の各組のイオンが，イオン結合を形成することによって生成する物質の組成式を記せ．
(1) Ca^{2+}, CO_3^{2-}　(2) Li^+, O^{2-}　(3) Mg^{2+}, Cl^-
(4) Al^{3+}, SO_4^{2-}　(5) NH_4^+, PO_4^{3-}

解答・解説（組成式を，物質の名称とともに示す）
(1) $CaCO_3$（炭酸カルシウム），(2) Li_2O（酸化リチウム），(3) $MgCl_2$（塩化マグネシウム），(4) $Al_2(SO_4)_3$（硫酸アルミニウム），(5) $(NH_4)_3PO_4$（リン酸アンモニウム）

　イオン結合からなる物質では，電荷の総和は常に 0 であり，全体として電気的に中性になる．したがって，組成式におけるイオンの価数とイオンの数について，次の関係が成立する．

（陽イオンの価数）×（陽イオンの数）＝（陰イオンの価数）×（陰イオンの数）

1・2・3　共 有 結 合

前節で述べたように，19世紀の中頃にはすでに，複数の原子が結合して分子という微粒子を形成することは知られていたが，なぜ原子が結びつくのかはわからなかった．1916年，米国の化学者ルイス（G. N. Lewis, 1875〜1946）は，"2個の原子は2個の電子を共有することによって結合する"とし，さらに"それぞれの原子が，最も近い原子番号の貴ガスと同一の電子配置になると安定な分子が形

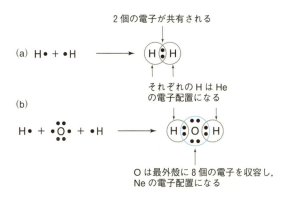

図 1・8　共有結合による分子の形成．（a）水素分子 H_2，（b）水分子 H_2O．円は中心原子の最外殻にある電子の範囲を示す．

成される”と提唱した．たとえば，図1・8に示すように，2個の水素原子Hがそれぞれの価電子を出しあい，共有しあうことにより，それぞれは貴ガスであるヘリウムHeの安定な電子配置になる．また，6個の価電子をもつ酸素原子Oは，2個の水素原子Hと価電子を共有しあうことにより，最外殻に8個の電子を収容し，ネオンNeの安定な電子配置になる．こうして，水素分子H_2や水分子H_2Oの形成が合理的に説明される．

このように，2個の原子が電子対，すなわち2個の電子を共有することによって形成される結合を**共有結合**という．共有された電子対のそれぞれの電子が両方の原子の原子核に引き寄せられ，その引力が2個の原子を結びつける力となる．なお，図1・8に示したH_2やH_2Oの式のように，電子を点で表し，分子におけるすべての価電子の配置を示した式を**ルイス構造**という．

図1・8bの水H_2Oのルイス構造をみると，酸素原子は8個の電子に取囲まれており，結合の形成に使われている電子対と結合の形成に関与しない電子対がそれぞれ2組ずつあることがわかる．結合に使われている電子対を**共有電子対**，原子間に共有されていない電子対を**非共有電子対**（あるいは**孤立電子対**）という．

例題1・17　塩化水素HClの分子について，次の問いに答えよ．(1) HClにおける結合の形成のしかたについて説明せよ．(2) HClのルイス構造を書け．

解答・解説
(1) 水素原子Hは1個，塩素原子Clは7個の価電子をもつ．それぞれの原子が1個の価電子を出しあい，共有しあうことにより，HとClの間に共有結合が形成される．これにより，Hは安定なヘリウムHeの電子配置になり，またClは最外殻に8個の電子を収容して，安定なアルゴンArの電子配置を獲得する．こうして，安定な分子HClが形成される．
(2) ルイス構造からClは3組の非共有電子対をもつことがわかる．なお，ルイス構造では，共有電子対は1本の実線で表してもよい．

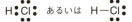

これまでに扱った分子の共有結合は，1組の電子対から形成されていた．このような共有結合を**単結合**という．2個の原子に共有される電子対は1組とは限らない．2組および3組の共有電子対からなる共有結合を，それぞれ**二重結合**，**三重結合**という．二酸化炭素CO_2は二重結合をもつ分子の例であり，三重結合を

もつ分子には窒素 N_2 などがある．図1・9に，これらの分子について，電子を点で表したルイス構造を示す．それぞれの原子が，隣接する原子と電子対を共有することによって最外殻に8個の電子を収容し，貴ガスの電子配置になっていることを確認してほしい．

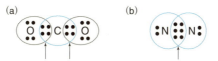

図1・9 二重結合，三重結合をもつ分子のルイス構造．
(a)二酸化炭素 CO_2, (b)窒素 N_2. 円は中心原子の最外殻にある電子の範囲を示す．

例題 1・18 次の六つの分子のうち，以下の (1)〜(3) のそれぞれの記述にあてはまるものをすべて選べ．
① アンモニア NH_3 ② エチレン* C_2H_4 ③ シアン化水素 HCN
④ 二酸化炭素 CO_2 ⑤ 水 H_2O ⑥ メタン CH_4
(1) 共有電子対の数と非共有電子対の数が等しい．
(2) 三重結合をもつ．
(3) 単結合のみからなり，非共有電子対をもたない．

解答・解説 (1) ④と⑤，(2) ③，(3) ⑥

それぞれの分子について，正確にルイス構造を書き，共有電子対と非共有電子対の数を調べる．正しいルイス構造は，水素原子は2個，他の原子は8個の価電子で取囲まれた構造である．それぞれの分子のルイス構造を以下に示す（④ CO_2 は図1・9a，⑤ H_2O は図1・8b を参照のこと）．

水素イオン H^+ は，1組の電子対を受け入れるとヘリウム He と同一の電子配置になり安定化する．このため，H^+ は非共有電子対をもつアンモニア NH_3 や水 H_2O と結合して，安定なイオンを形成する（図1・10）．このとき，窒素原子や酸素原子の非共有電子対が H^+ に供与されて共有結合ができる．このように，共

---

* IUPAC（国際純正・応用化学連合）が定めた化合物命名法ではエテン（ethene）であるが，一般にエチレン（ethylene）が広く使われている．本書では，慣習に従ってエチレンを用いる．

有電子対が一方の原子から供与されてできる共有結合を，**配位結合**という．形成された配位結合は，もとからある共有結合と同等の性質をもち，区別することはできない．

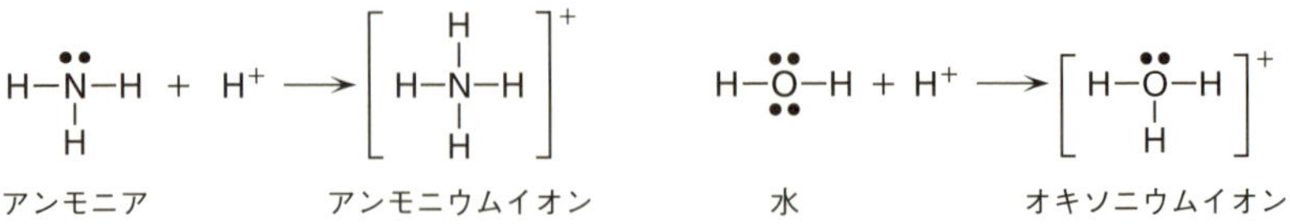

図 1・10　配位結合によるイオンの形成

構造式と分子の形状　§1・1・2 で述べたように，分子はそれを構成する原子の元素記号と原子数を用いた分子式で表される．分子式では原子間の結合の様子はわからないが，分子において原子がどのように結合しているかを明示したい場合には，**構造式**を用いる．構造式では，単結合は 1 本の実線で示され，二重結合，三重結合はそれぞれ 2 本，3 本の実線で表される．

　構造式は原子間の結合の様子を示すものであり，実際の形を表すものではない．分子は，その分子に固有の三次元的な形状をもっている．分子の形状は，結合している原子間の距離（**結合距離**）や隣接する二つの結合のなす角度（**結合角**）などによって定義され，分子を構成する原子間にはたらくさまざまな力の兼ね合いによって決まる．分子は小さすぎて直接見ることはできないが，現在ではさまざまな実験的手法により，多くの分子について結合距離や結合角が求められ

表 1・4　分子の構造式と形状

名　称	水	二酸化炭素	アンモニア	メタン
分子式	H_2O	CO_2	NH_3	CH_4
構造式	H–O–H	O=C=O	H–N–H（下にH）	H–C–H（上下にH）
形　状	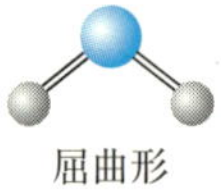 屈曲形	 直線形	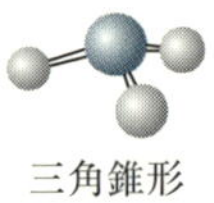 三角錐形	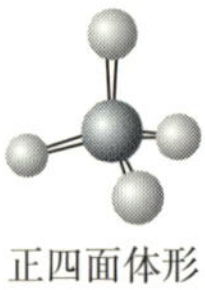 正四面体形
結合距離[†] 結合角	O–H 96 pm ∠H–O–H 104.5°	C–O 116 pm	N–H 101 pm ∠H–N–H 106.7°	C–H 109 pm ∠H–C–H 109.5°

†　pm（ピコメートル）は 10^{-12} m

1・2 化 学 結 合　　　　23

ている．表1・4に，代表的な分子について構造式と形状を示す．

　分子の極性　　水素 H_2 のような等価な2個の原子からなる分子では，共有電子対はそれぞれの原子に等しく共有される．しかし，塩化水素 HCl のような異なった原子からなる分子では，共有電子対は一方の原子にかたよって存在し，結合に電荷のかたよりが生じる．これを**結合の極性**という．HCl の場合は，共有電子対は塩素原子 Cl の方に引き寄せられ，H 原子がわずかに正の電荷を帯び，Cl 原子がわずかに負の電荷を帯びる．このような電荷のかたよりは，図1・11に示すように，電荷の符号に微小であることを示すギリシャ文字 δ（デルタと読む）を付すか，あるいは正電荷から負電荷に向かう矢印 ⟼ で表す．

$$\overset{\delta+}{H}\!\!-\!\!\overset{\delta-}{Cl} \qquad \overset{\longrightarrow}{H\!\!-\!\!Cl}$$

図1・11　結合の極性の表記

　1932年，米国の化学者ポーリング（L. C. Pauling, 1901～1994）は電気陰性度の概念を提案した．**電気陰性度**は，共有結合を形成している原子が，それ自身の方へ共有電子対を引き寄せる能力である．さらに，ポーリングは，同じ原子からなる結合と，異なった原子からなる結合の結合エネルギーの差に基づいて，各元素の電気陰性度の数値を定めた．図1・12に，ポーリングの定義による電気陰性度を示す．図から，典型元素の電気陰性度は，原子番号に対して周期的に変化することがわかる．すなわち，同じ周期の元素では原子番号の増加とともに増大し，同じ族の元素では原子番号の増加とともに減少する．

H 2.20						
Li 0.98	Be 1.57	B 2.04	C 2.55	N 3.04	O 3.44	F 3.98
Na 0.93	Mg 1.31	Al 1.61	Si 1.90	P 2.19	S 2.58	Cl 3.16
K 0.82	Ca 1.00	Ga 1.81	Ge 2.01	As 2.18	Se 2.55	Br 2.96

図1・12　ポーリングの定義による電気陰性度．貴ガスは共有結合を形成しないため，電気陰性度は決定できない．

　電気陰性度が異なる原子が共有結合を形成すると，結合は極性となり，電気陰性度が大きい原子が δ−，小さい原子が δ＋ となる．電気陰性度の差が大きいほど，共有結合の極性は増大し，イオン結合に近くなる．一般に，二つの原子の電気陰性度の差が1.9を超えると，電子は実質的に電気陰性度の小さい原子から大きい原子へ移動し，二つの原子間にはイオン結合が形成される．

　分子全体として極性，すなわち電荷のかたよりをもつ分子を**極性分子**という．

極性分子は，分子を形成する結合に極性があり，しかも分子全体でその極性が打消されない分子である．分子全体として電荷のかたよりがない分子を，**無極性分子**という．

分子の極性は**双極子モーメント**によって定量的に評価される．分子の双極子モーメントは，外部から電場をかけたときの分子の応答を調べることによって，実験的に測定することができる．分子の極性の有無と大きさは，分子から形成される物質の性質に大きな影響を与える．

例題 1・19　次の六つの分子を，極性分子，無極性分子に分類せよ．なお，（　）は分子の形状を示している．

① フッ化水素 HF（直線形）　② 臭素 Br_2（直線形）
③ 硫化水素 H_2S（屈曲形）　④ シアン化水素 HCN（直線形）
⑤ 二酸化炭素 CO_2（直線形）　⑥ 四塩化炭素 CCl_4（正四面体形）

解答・解説　極性分子 ①，③，④，無極性分子 ②，⑤，⑥

それぞれの分子の構造式を書き，結合が極性であるかを調べる．さらに，分子の形状を考慮して，結合の極性が打消されないかを検討する．以下に，H_2S, HCN, CO_2, CCl_4 について，構造式と極性をもつ結合を示す．

結合の極性が打消されない　　結合の電荷のかたよりの大きさが等しく方向が反対のため，打消し合う　　結合の電荷のかたよりの大きさが等しく正四面体の頂点方向を向いているため，打消し合う

CO_2 と CCl_4 では分子を形成する結合は極性であるが，分子の対称性によって結合の極性が打消され，無極性分子となる．なお，炭素－水素結合は，炭素と水素の電気陰性度がそれぞれ 2.55 と 2.20 であり，二つの元素の電気陰性度の差が小さいため，実質的に無極性の結合と考えてよい．■

1・2・4　分子間力

貴ガスや水素 H_2，酸素 O_2 など，常温・常圧において気体で存在する物質も，冷却すると液体になる．これは，冷却によってこれらの物質を構成する分子の運動エネルギーが減少し，分子間にはたらく引力から分子自身が逃れられなくなったためである．このように，分子の間には互いに引き合う力がはたらく．これを

分子間力と総称する．分子間力によって分子が規則正しく配列してできた固体を，**分子結晶**という．

分子間力は，これまでに述べたイオン結合や共有結合を形成する力に比べて著しく弱い．分子から構成される物質の融点・沸点が低く，それらの多くが常温・常圧で気体や液体で存在するのは，分子間力が弱いためである．一般に，分子間力が強いほど，その分子から構成される物質の融点・沸点は高くなる．

分子間力は，分子間に普遍的にはたらく力と，特殊な構造をもつ分子間にはたらく力に分類することができる．前者には，分散力と双極子-双極子相互作用があり，これらはオランダの物理学者ファン・デル・ワールス（J. D. van der Waals, 1837～1923）の名をとって**ファンデルワールス力**とよばれる．特殊な構造をもつ分子間にはたらく力の代表的なものが，水素結合である．

分 散 力　分子がもつ電子は常に運動しており，無極性分子であっても，任意の瞬間には電荷のかたよりが存在する．これを**瞬間的双極子**という．**双極子**とは，全体として電気的に中性であるが，正電荷の中心と負電荷の中心が分離している粒子をいう．瞬間的双極子の相互作用により，隣接する分子が互いに引き合う力が**分散力**である．

分散力は，貴ガスや等価な2個の原子からなる分子など，無極性分子の分子間にはたらく唯一の分子間力である．一般に，質量が大きい分子ほど電子の数も多いので，分散力が強くなる．図1・13に示すように，貴ガスの沸点が，原子番号の増大とともに上昇するのはこのためである．

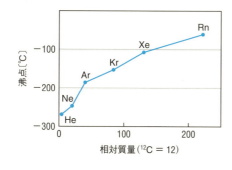

図1・13　貴ガスの沸点の質量依存性

双極子-双極子相互作用　§1・2・3で述べたように，極性分子では分子に電荷のかたよりがあり，分子は**永久双極子**としての性質をもっている．隣接する二つの双極子間には互いに引き合う電気的な力が生じ，これを**双極子-双極子相互作用**とよぶ．

1. 物 質 の 構 造

極性分子の分子間には，分散力に加えて双極子-双極子相互作用がはたらくため，同程度の質量をもつ無極性分子よりも，融点・沸点が高くなる傾向がある．

水 素 結 合　電気陰性度の大きい原子 N, O, F に結合した水素原子 H と，別の分子に含まれる N, O, F の間には，特別に強い引力がはたらくことが知られている．このような H を仲介として分子が互いに強く引き合う力を，**水素結合**という（図 1・14a）．特に，図 1・14(b) に示すように，水 H_2O は水素結合によって他の水分子と強く結びつくことができる．これにより水は，他の物質にみられない特異な性質を示す（§2・2・4 参照）．

水素結合は他の分子間力，すなわち分散力や双極子-双極子相互作用に比べてかなり強い．水素結合が可能な分子では，水素結合が支配的な分子間力となる．水素結合は，タンパク質や核酸などの生体分子において，その構造維持や機能発現に重要な役割を果たしている．

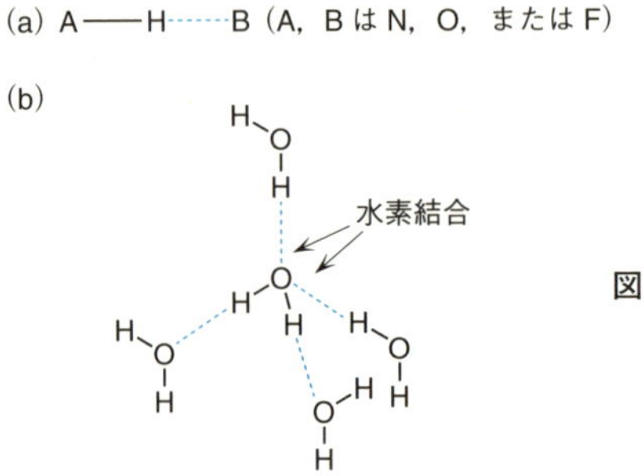

(a) A——H‑‑‑‑‑‑B（A, B は N, O, または F）

(b)

水素結合

図 1・14　(a) 水素結合の一般的な表記（A–H は分子あるいは分子の一部分，B は別の分子の一部分を示す）．(b) 水 H_2O における水素結合．

例題 1・20　　次の七つの分子のうち，以下の (1)，(2) のそれぞれの記述にあてはまるものをすべて選べ．

① 塩化水素 HCl　　② フッ素 F_2　　③ アンモニア NH_3　　④ エタン C_2H_6
⑤ 二酸化炭素 CO_2　　⑥ クロロホルム $CHCl_3$　　⑦ メタノール CH_3OH

(1) 分子間に分散力だけがはたらく分子
(2) 分子間で水素結合を形成する分子

解答・解説　(1) ②と④と⑤，(2) ③と⑦

まず分子の構造式を書き，極性分子であるか，無極性分子であるかを判断する．無極性分子の分子間には分散力だけがはたらく．分子間で水素結合を形成できるのは，フッ化水素 H–F と，分子内に N–H 結合，あるいは O–H 結合をもつ分子だけである．

例題 1・21
下図にジメチルエーテルとエタノールの構造式を示す．これらは同一の分子式 C_2H_6O をもつが，沸点がかなり異なっている．沸点が高いと予想されるものはどちらか．判断した理由も述べよ．

$$\begin{array}{cc} \text{H} \quad \text{H} & \text{H} \quad \text{H} \\ \text{H-C-O-C-H} & \text{H-C-C-O-H} \\ \text{H} \quad \text{H} & \text{H} \quad \text{H} \\ \text{ジメチルエーテル} & \text{エタノール} \end{array}$$

解答・解説 エタノールの方が高いと予想される．それぞれの分子にはたらく分子間力を考える．どちらの分子にも分散力がはたらくが，電子数が同じであるため，その強さにほとんど差はない．また，いずれも酸素原子のまわりが水分子と同様の屈曲形をとるため極性分子であり，双極子-双極子相互作用がはたらくが，その強さにもほとんど差はないと考えられる．さらに，エタノールは O-H 結合をもつので分子間で水素結合を形成するが，ジメチルエーテルは形成できない．したがって，エタノールの方が分子間力が強いため，沸点が高いと予想される．実際に，ジメチルエーテルの沸点が -24.8 ℃ であるのに対して，エタノールは 78.3 ℃ である． ■

1・2・5 金属結合

金属元素の原子は陽性が強く，価電子を放出して陽イオンになりやすい．金属元素の単体では，価電子が特定の原子に束縛されずに，金属全体を自由に移動している．このような電子の振舞いによって，陽イオンの間に強い結合力が生じる．このような電子を**自由電子**といい，自由電子がすべての原子に共有されることによってできる結合を**金属結合**という（図 1・15）．

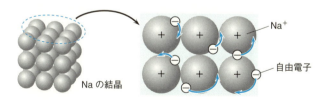

図 1・15　金属結合と金属結晶

金属結合によって金属原子が規則正しく配列してできた結晶を**金属結晶**という．金属は良好な熱伝導性や電気伝導性をもつが，これは自由電子が金属全体を容易に移動できることによるものである．

金属元素の単体は，分子のような特定の組成をもたないので，ナトリウム Na や鉄 Fe のように，元素記号を用いた組成式で表す．

> **節末問題**

1. 化学結合に関する次の記述①〜⑤のうち，下線部が正しいものをすべて選べ．また，誤っているものについては，正しい用語に修正せよ．
① 塩化ナトリウム NaCl では，陽イオン Na$^+$ と陰イオン Cl$^-$ が<u>クーロン力</u>によって互いに結びついている．
② ドライアイスでは，二酸化炭素 CO_2 の分子が<u>共有結合</u>で互いに結びついている．
③ オキソニウムイオン H_3O^+ は，水 H_2O の分子と水素イオン H$^+$ が<u>水素結合</u>で結びついたものである．
④ アルミニウム Al では，アルミニウムの原子が<u>金属結合</u>で互いに結びついている．
⑤ 氷では，水 H_2O の分子が<u>イオン結合</u>で互いに結びついている．

2. 4種類の分子，塩化リチウム LiCl，ヨウ化リチウム LiI，ヨウ素 I_2，一塩化ヨウ素 ICl における結合の極性を予想し，極性が大きいものから順に並べよ．判断した理由も述べよ．なお，リチウム Li，ヨウ素 I，塩素 Cl の電気陰性度は，それぞれ 0.98，2.66，3.16 である．

3. 下の図は，15, 16, 17 族元素と水素との化合物（**水素化合物**）の沸点が，分子の質量に対してどのように変化するかを示したものである．次の問いに答えよ．

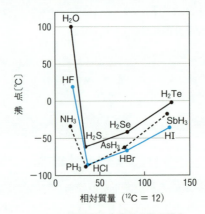

15, 16, 17 族元素の水素化合物の沸点

(1) 第3周期以降の元素では，化合物の沸点は質量の増大とともに上昇している．このような傾向が現れる理由を説明せよ．

(2) 第2周期の元素では上問(1)に述べた傾向に従わず，その傾向から予想されるよりも著しく高い沸点をもっている．この理由を説明せよ．

1・3 化学量論

1・3・1 化学反応と化学量論

19世紀前半にドルトンが提唱したように，化学反応では原子間の結合のしかたが変化するだけで，原子は生成も消滅もしない．たとえば，水素 H_2 と酸素 O_2 が反応するときには，必ず2分子の H_2 と1分子の O_2 が反応し，2分子の水 H_2O が生成する．これは，"決められた量の水素と酸素から，どのくらいの水ができるか"，あるいは"決められた量の水を得るには，どのくらいの水素と酸素を用意したらよいか"が，実験しなくてもわかることを意味する．

化学反応の量的な関係に関する理論を**化学量論**という．しかし，原子・分子は小さすぎて，その質量をはかることも，数を数えることもできない．化学反応を定量的に扱うためには，物質量の概念が必要となる．

1・3・2 原子量・分子量

原子1個の質量を直接はかることはできないが，ある化合物の質量による元素組成と，その化合物を構成する原子の個数の比がわかっていれば，原子の相対的な質量を決定することができる．例題で考えてみよう．

例題1・22 水素 H と塩素 Cl からなる化合物を分析したところ，H と Cl がそれぞれ質量で 2.76% と 97.24% 含まれていることがわかった．この化合物は1個の H と1個の Cl が結合した分子から形成されているとして，水素原子に対する塩素原子の相対的な質量を小数第1位まで求めよ．

解答・解説 35.2

たとえば，100 g の化合物を考えると，その中には同数の水素原子と塩素原子が存在し，それぞれの質量は 2.76 g と 97.24 g である．したがって，水素原子1個に対する塩素原子1個の相対的な質量は，次式によって求めることができる．

$$\frac{\text{Cl 原子の質量}}{\text{H 原子の質量}} = \frac{97.24 \text{ g}}{2.76 \text{ g}} = 35.231\cdots$$

30   1. 物 質 の 構 造

　ドルトンは彼の原子論の中で，異なる元素の原子は異なる質量をもつことを提唱し，いくつかの元素について原子の相対的な質量を求めた．しかし，ドルトンの時代には，化合物を構成する原子の個数の比を決定することができなかったので，そのいくつかは誤りであった．原子の相対的な質量は，1920年代に英国の科学者アストン（F. W. Aston, 1877〜1945）が発明した**質量分析計**により，正確に測定できるようになった．また，この機器は同位体の発見とその存在比の決定にも大きな威力を発揮した．

　現在では，質量数12の炭素原子 ^{12}C 1個の質量を12と定義して，これを基準に各原子の**相対質量**が決められている．表1・5に，いくつかの元素の同位体の相対質量を示す．§1・1・3で述べたように，陽子と中性子の質量がほとんど同じであるため，原子の相対質量はその原子の質量数ときわめて近い値になることがわかる．

表1・5　代表的な元素の同位体と相対質量

元　素	原子番号	同位体	質量数	相対質量
水　素	1	^{1}H ^{2}H	1 2	1.0078 2.0141
炭　素	6	^{12}C ^{13}C	12 13	12（定義） 13.0034
酸　素	8	^{16}O ^{17}O ^{18}O	16 17 18	15.9949 16.9991 17.9992
ナトリウム	11	^{23}Na	23	22.9898

　自然界において元素は，いくつかの同位体が一定の比率（存在比）で混じって存在している．したがって，元素の相対質量を用いるときには，存在比を考慮した相対質量の平均値がわかっていると便利である．この平均値を元素の**原子量**という．元素の原子量は，その元素の自然界に存在する同位体の相対質量と存在比から求めることができる．

例題1・23　身近な金属元素の一つである銅 Cu には安定な二つの同位体 ^{63}Cu と ^{65}Cu が存在し，それぞれの相対質量は62.9296, 64.9278，存在比は69.15%，30.85%である．銅の原子量を小数第2位まで求めよ．

解答・解説　63.55

それぞれの同位体の相対質量と存在比を掛け合わせると，原子量に対するその同位体の寄与が得られるので，それらを足し合わせればよい．

$$62.9296 \times \frac{69.15}{100} + 64.9278 \times \frac{30.85}{100} = 63.54604$$

小数第3位を四捨五入して，求める数値は 63.55 となる．なお，原子量は相対的な質量なので，単位はない．

これまでさまざまな物質を表記する際に，分子式，組成式，構造式を用いることを述べた．これらを総称して**化学式**という．化学式に示されている元素の原子量の総和を**式量**という．式量は，その化学式で示されている構造単位の相対質量を表す．たとえば，塩化ナトリウム NaCl の式量は，ナトリウム Na の原子量 23.0 と塩素 Cl の 35.5 を足し合わせることにより，58.5 と求められる．これは，^{12}C 1個の質量を12と定義したとき，構造単位 NaCl の相対質量が 58.5 であることを意味する．なお，分子からなる物質の場合は，式量の代わりに**分子量**という用語が用いられる．

例題 1・24　　次の (1)～(4) の物質について，それぞれの分子量または式量を求めよ．ただし，水素 H，炭素 C，酸素 O，硫黄 S の原子量は，それぞれ 1.0，12, 16, 32 とする．

(1)　メタン CH_4　　(2)　二酸化炭素 CO_2　　(3)　硫化水素 H_2S
(4)　硫酸イオン $SO_4{}^{2-}$

解答・解説　(1) 16，(2) 44，(3) 34，(4) 96

それぞれの化学式に示された元素の原子量を足し合わせる．たとえば，CH_4 の分子量は $12 + 1.0 \times 4$ を計算する．ただし，炭素の原子量が整数の位までしか与えられていないので，答えも整数の位までが有効であり 16 となる．また，イオンの式量では，電子の質量は原子に比べて非常に小さいので無視し，構成する元素の原子量の総和を求めればよい．

1・3・3　物　質　量

水 H_2O を2分子得るためには，水素 H_2 を2分子，酸素 O_2 を1分子用意すればよい．しかし，原子・分子はきわめて小さいので，これは現実的ではない．そこで化学者は，ある決まった数の粒子の集団に mol（モルと読む）という特別な

名称を与え，それを単位として物質を扱う手法を考案した．このように，粒子の数に着目した物質の量を**物質量**という．mol は物質量の単位である．

1 mol は，"厳密に $6.02214076 \times 10^{23}$ 個の構成粒子を含む物質の量"と定義される．この 1 mol の物質に含まれる構成粒子の数を**アボガドロ定数**といい，N_A で表す．単位は mol^{-1} となる．

$$\text{アボガドロ定数} \quad N_A \ = \ 6.02214076 \times 10^{23}\,mol^{-1}$$
$$= \ 602{,}214{,}076{,}000{,}000{,}000{,}000{,}000\,mol^{-1}$$

実際の計算では，N_A の概数として $6.02 \times 10^{23}\,mol^{-1}$ を用いることが多い．この想像を絶する大きさの数は，質量数 12 の炭素 12 g に含まれる原子の数と同数の粒子を測定した実験値に由来している．したがって，^{12}C 原子を 1 mol，すなわち 6.02×10^{23} 個集めると，12 g にきわめて近い値となる．

さらに，さまざまな物質の式量は，^{12}C 原子 1 個の質量を 12 としたときの，それぞれの物質の構成粒子の相対質量であるから，他の物質についても，構成粒子を 1 mol 集めると，式量の数値に g をつけた質量になる．たとえば，水 H_2O の分子量は 18.0 であるから，水 1 mol は 18.0 g であり，その中には 6.02×10^{23} 個の水分子が含まれている．また，式量が 58.5 の塩化ナトリウム NaCl の 1 mol は 58.5 g であり，その中には 6.02×10^{23} 個の NaCl 単位が含まれている（図 1・16）．

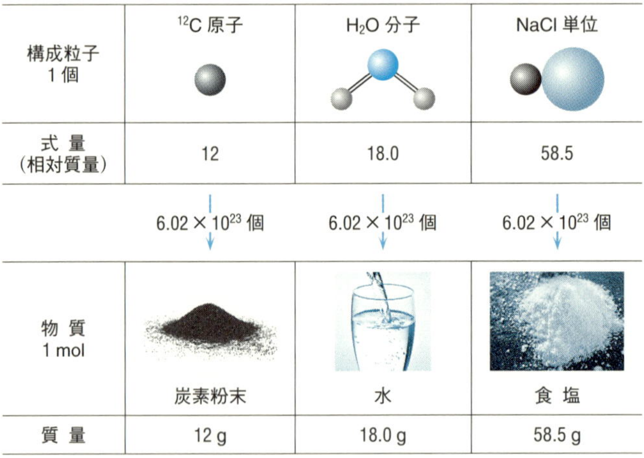

構成粒子1 個	^{12}C 原子	H_2O 分子	NaCl 単位
式量（相対質量）	12	18.0	58.5
	6.02×10^{23} 個	6.02×10^{23} 個	6.02×10^{23} 個
物質1 mol	炭素粉末	水	食塩
質量	12 g	18.0 g	58.5 g

図 1・16 物質の式量と質量との関係．［出典: iStock.com/PictureLake（炭素），Nyura/Shutterstock.com（水），Yana Gayvoronskaya/©123RF.com（塩）］

1・3 化 学 量 論　　　33

物質 1 mol の質量を**モル質量**といい，$\mathrm{g\,mol^{-1}}$ を単位として表す．モル質量の数値は，その物質の式量の値に等しい．

例題 1・25　　物質量に関する次の問いに答えよ．ただし，水素 H，炭素 C，酸素 O，銀 Ag の原子量はそれぞれ 1.0, 12, 16, 108 とし，アボガドロ定数 N_A は $6.0\times10^{23}\,\mathrm{mol^{-1}}$ とする．

(1) 水 H_2O の分子 1 個の質量は何 g か．

(2) 銀 Ag 2.5 g の物質量は何 mol か．

(3) エタノール C_2H_6O 2.8 mol の質量は何 g か．

(4) メタン CH_4 4.8 g に含まれる水素原子は何個か．

解答・解説

(1) $\dfrac{18\,\mathrm{g\,mol^{-1}}}{6.0\times10^{23}\,\mathrm{mol^{-1}}} = 3.0\times10^{-23}\,\mathrm{g}$

　水 1 mol は 18 g であり，その中に 6.0×10^{23} 個の分子が含まれる．

(2) $\dfrac{2.5\,\mathrm{g}}{108\,\mathrm{g\,mol^{-1}}} = 2.3\times10^{-2}\,\mathrm{mol}$

　銀は金属結晶を形成するので，原子が構成粒子となる．

(3) $46\,\mathrm{g\,mol^{-1}} \times 2.8\,\mathrm{mol} = 1.3\times10^{2}\,\mathrm{g}$

　C_2H_6O の分子量は 46 であり，1 mol 当たりの質量（モル質量）は $46\,\mathrm{g\,mol^{-1}}$ となる．

(4) $\dfrac{4.8\,\mathrm{g}}{16\,\mathrm{g\,mol^{-1}}} \times 4 \times (6.0\times10^{23}\,\mathrm{mol^{-1}}) = 7.2\times10^{23}$ 個

　1 mol の CH_4 には 4 mol の水素原子が含まれることに注意する．■

1・3・4　化 学 反 応 式

　化学反応を記述するには，反応の出発となる物質，反応の結果として得られる物質，さらにそれらの量的な関係を示す必要がある．反応に関係する物質の化学式を用いて，反応における変化を表した式を**化学反応式**，あるいは単に**反応式**という．

　たとえば，水素 H_2 と酸素 O_2 が反応して，水 H_2O が生成する反応は，次の反応式で表される．

$$2H_2 + O_2 \longrightarrow 2H_2O \qquad (1\cdot2)$$

ここで矢印の左側の H_2 と O_2 は反応の出発となる物質であり，これを**反応物**と

いう．右側の H_2O は反応の結果として得られる物質であり，これを**生成物**という．化学式の前の数字は**化学量論係数**，あるいは単に**係数**とよばれ，反応に関わる分子の数を示している．したがって，(1・2) 式は，"2 個の水素分子と 1 個の酸素分子が反応して，2 個の水分子が生成する"ことを示している．また，前項で述べたように，分子数の比は物質量の比に等しいから，(1・2) 式は，"2 mol の水素 H_2 と 1 mol の酸素 O_2 が反応して，2 mol の水 H_2O が生成する"と読むこともできる．

一般に，化学反応式は次の規則に従って表記される．

(1) すべての元素について，それぞれの元素の原子数が反応式の左側と右側で同じになるように，適切な係数をつける．この操作を"反応式の釣合いをとる"という．これは"反応において，原子は生成も消滅もしない"ことに対応している．
(2) 反応式の係数は，最も簡単な整数比を用いる．係数が 1 のときは，数字を省略する．
(3) 反応を進行させるために必要な物質であっても，反応の前後で物質量が変化しない場合には，反応式に書かない．

例題 1・26　　次の反応式の係数 $a \sim k$ に最も適切な数字を当てはめることにより，それぞれの反応を釣合いのとれた反応式で表せ．

(1) アンモニア NH_3 の合成

$$aN_2 + bH_2 \longrightarrow cNH_3$$

(2) エタン C_2H_6 の燃焼

$$dC_2H_6 + eO_2 \longrightarrow fCO_2 + gH_2O$$

(3) アルミニウム Al と塩酸 HCl との反応

$$hAl + iHCl \longrightarrow jAlCl_3 + kH_2$$

解答・解説

(1) $N_2 + 3H_2 \longrightarrow 2NH_3$ （a は 1 になるが，反応式では省略する）
(2) $2C_2H_6 + 7O_2 \longrightarrow 4CO_2 + 6H_2O$
(3) $2Al + 6HCl \longrightarrow 2AlCl_3 + 3H_2$

元素を一つずつ検討し，それぞれの釣合いをとる．このとき，反応式の両側において，一つの化学式だけに現れる元素から始めるとよい．たとえば，(2) ではまず C_2H_6 の炭素か，あるいは水素に注目し，その釣合いをとる．C_2H_6 の係数 d を 1 とすると，炭素の釣合いから $f = 2$，水素の釣合いから $g = 3$ となる．する

と右側には酸素が7個になるので，$e = \frac{7}{2}$ となるが，全体に2を掛けて整数とする．なお，**燃焼反応**は物質と酸素 O_2 との反応の一つであり，一般に熱や光の放出を伴うものをいう．また，**塩酸**は，常温・常圧では気体で存在する塩化水素 HCl の水溶液である．

すでに述べたように，釣合いのとれた化学反応式に示された係数は，それぞれの物質がどのような物質量の比で反応に関わるかを示している．たとえば，「例題1・26」で扱ったアンモニアの合成反応は次の反応式で表すことができ，この反応式から 1 mol の窒素 N_2 と 3 mol の水素 H_2 を反応させると，2 mol のアンモニア NH_3 が得られることがわかる．

$$N_2 + 3H_2 \longrightarrow 2NH_3 \qquad (1 \cdot 3)$$

さて，係数は物質量の比を表しているので，たとえば 6.0 mol の H_2 から NH_3 を合成する場合は，反応物として N_2 が $6.0 \times \frac{1}{3} = 2.0$ mol 必要であり，生成物として NH_3 が $6.0 \times \frac{2}{3} = 4.0$ mol 得られることになる．さらに，モル質量を用いると物質量は質量に換算することができるので，反応に関わる物質の質量の関係がわかることになる．すなわち，N_2, H_2, NH_3 のモル質量はそれぞれ，28 g mol^{-1}, 2.0 g mol^{-1}, 17 g mol^{-1} なので，$28 \times 1 = 28$ g の N_2 と $2.0 \times 3 = 6.0$ g の H_2 が反応して，$17 \times 2 = 34$ g の NH_3 が生成することがわかる（図1・17）．このとき，反応前の質量は $28 + 6.0 = 34$ g であり，反応後の質量 34 g に等しいことに注意してほしい．これは"化学反応では原子間の結合のしかたが変化するだけで，原子は生成も消滅もしない"ことから，当然の結果といえる．

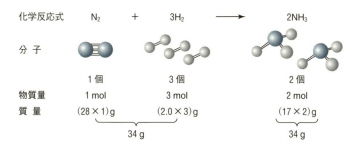

図1・17　化学反応式と反応の量的関係

このように，釣合いのとれた化学反応式とモル質量を用いることによって，反応を定量的に扱うことができるのである．これによって，実験室や工場では，決

36   1. 物 質 の 構 造

められた量の生成物を得るために必要な反応物の量を計算し，物質の合成や製造
が計画的に行われている.

例題 1・27　　エタノール C_2H_6O はエ
チレン C_2H_4 と水 H_2O から，右に示した
化学反応式によって合成される. 次の問
いに答えよ. ただし，エチレン，水，エ
タノールのモル質量は，それぞれ $28\,g\,mol^{-1}$, $18\,g\,mol^{-1}$, $46\,g\,mol^{-1}$ とする.
(1) 42 g のエチレンから生成するエタノールの質量は何 g か.
(2) 23 g のエタノールを得るために必要なエチレンの質量は何 g か.

解答・解説

(1) $\dfrac{42\,g}{28\,g\,mol^{-1}} \times 46\,g\,mol^{-1} = 69\,g$

　反応式から，反応するエチレンと生成するエタノールの物質量の比は 1：1 で
あることがわかる. したがって，生成するエタノールの物質量は，反応するエチ
レンの物質量に等しい.

(2) $\dfrac{23\,g}{46\,g\,mol^{-1}} \times 28\,g\,mol^{-1} = 14\,g$

　同様に，必要なエチレンの物質量は，生成するエタノールの物質量に等しい. ■

例題 1・28　　アンモニアの合成反応は，次の化学反応式で表される.

$$N_2 + 3H_2 \longrightarrow 2NH_3$$

84 g の N_2 と 12 g の H_2 から生成する NH_3 の質量は何 g か. ただし，N_2, H_2,
NH_3 のモル質量は，それぞれ $28\,g\,mol^{-1}$, $2.0\,g\,mol^{-1}$, $17\,g\,mol^{-1}$ とする.

解答・解説　　68 g

　化学反応では，常に反応式の係数比と同じ物質量比で反応物が与えられるとは
限らない. この場合には，一つの反応物が完全に消費され，その物質量が生成物
の物質量を決定する. 完全に消費される反応物を**制限試剤**という. どの反応物が
制限試剤になるかは，与えられた反応物の物質量と，反応式の係数から判断しな
ければならない.

　84 g の N_2 は $\frac{84\,g}{28\,g\,mol^{-1}} = 3.0\,mol$, 12 g の H_2 は $\frac{12\,g}{2.0\,g\,mol^{-1}} = 6.0\,mol$ である. 反
応式から N_2 と H_2 は 1：3 の物質量比で反応するので，84 g の N_2 を反応させるに

$1 \cdot 3$ 化 学 量 論　37

は $3.0 \times 3 = 9.0$ mol の H_2 が必要であるが，H_2 は 6.0 mol しかないので不足している．一方，12 g の H_2 を反応させるには $6.0 \times \frac{1}{3} = 2.0$ mol の N_2 があればよいので，N_2 は過剰に存在している．したがって，H_2 が制限試剤となることがわかる．反応する H_2 と生成する NH_3 の物質量の比は $3:2$ であるから，6.0 mol の H_2 から生成する NH_3 は $6.0 \times \frac{2}{3} = 4.0$ mol となる．NH_3 のモル質量（17 g mol^{-1}）を掛けて答えを得る．なお，この反応では 1.0 mol の N_2 が反応せずに残ることになる．■

例題 1・29　マグネシウム Mg と塩酸 HCl を反応させると，水素 H_2 が発生する．この反応は次の化学反応式で表される．

$$Mg + 2HCl \longrightarrow MgCl_2 + H_2$$

不純物を含む Mg の粉末 6.0 g を塩酸と完全に反応させたところ，0.40 g の H_2 が発生した．この Mg の純度（粉末の質量に対する Mg の質量の比率）は何％か．ただし，H, Mg の原子量はそれぞれ 1.0, 24 とし，不純物は塩酸と反応しないものとする．

解答・解説　80％

反応式から，反応する Mg（モル質量 24 g mol^{-1}）と生成する H_2（モル質量 2.0 g mol^{-1}）の物質量の比は $1:1$ であるから，粉末に含まれる Mg の質量は $\frac{0.40\,g}{2.0\,g\,mol^{-1}} \times 24$ g $mol^{-1} = 4.8$ g であることがわかる．粉末の質量が 6.0 g であるから，Mg の純度は，$\frac{4.8\,g}{6.0\,g} \times 100 = 80$％ となる．■

節末問題

1. 酸素との化合物を**酸化物**という．原子量が 51 である金属 M の酸化物 5.46 g を分析したところ，その中に M が 3.06 g 含まれていた．この酸化物の組成式を求めよ．ただし，酸素 O の原子量は 16 とする．

2. 単位体積当たりの質量を**密度**という．ある金属 X の単体の密度は 1.6 g cm^{-3} であり，その 1.0 cm^3 には 2.4×10^{22} 個の X 原子が含まれている．金属 X の原子量はいくつか．有効数字 2 桁で求めよ．ただし，アボガドロ定数は 6.0×10^{23} mol^{-1} とする．

3. 鉄 Fe は，酸化鉄 (Ⅲ) Fe_2O_3 を含む鉄鉱石の一酸化炭素 CO を用いた製錬によって製造される．この反応は次の化学反応式で表される．

$$Fe_2O_3 + 3CO \longrightarrow 2Fe + 3CO_2$$

質量で 70.0 % の Fe_2O_3 を含む鉄鉱石 400 kg から得られる Fe の質量は何 kg か．有効数字 3 桁で求めよ．ただし，鉄 Fe と酸素 O の原子量はそれぞれ 56, 16 とし，鉄鉱石に含まれる Fe_2O_3 はすべて Fe に変化するものとする．

4. 塩酸 HCl に炭酸カルシウム $CaCO_3$ を加えると，二酸化炭素 CO_2 が発生する．この反応は次の化学反応式で表される．

$$CaCO_3 + 2HCl \longrightarrow CaCl_2 + H_2O + CO_2$$

HCl の物質量が 0.060 mol のとき，加える $CaCO_3$ の質量を 0 g から 5 g まで変化させると，発生する CO_2 の物質量はどのように変化するか．変化の様子を，下図に示したグラフを用いて表せ．ただし，$CaCO_3$ のモル質量は 100 g mol^{-1} とする．

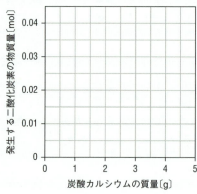

2 物質の状態

2・1 状態変化
2・1・1 物質の三態

　身のまわりの物質には，私たちを取巻く大気のように目には見えない**気体**，水や油のように流動性のある**液体**，金属やガラスのように硬さをもつ**固体**の三つの状態がある．これらを**物質の三態**という．また，冷蔵庫から取出した氷（固体の水）はすぐに融けて液体の水になり，しばらく放置すると水蒸気（気体の水）となって消えてなくなる．このように，同じ物質でも周囲の状況によってその状態が変化する．物質の変化のうち，元素組成や性質が異なる別の物質への変化を伴わないものを**物理変化**といい，特に三態間での変化を**状態変化**とよぶ．第2章では，物質の状態による性質の違いや変化のしくみについて，化学の視点から，すなわちその物質を構成する粒子の視点から説明する．

　表2・1には，三態のそれぞれについて，私たちがよく知っている巨視的な性質と，物質を構成する粒子の振舞いをまとめた．前章では，粒子間には互いに引き合う力がはたらいて結合が形成され，巨視的な物質として，さまざまな結晶が形成されることを述べた．なお，**結晶**とは固体のうちで，それを構成する粒子が

表2・1　気体，液体，固体の性質

性質		気体	液体	固体
巨視的な性質	形状	一定の形状をもたない	一定の形状をもたない	決まった形状をもつ
	体積	一定の体積をもたない	決まった体積をもつ	決まった体積をもつ
粒子の振舞い	熱運動	空間を自由に激しく飛び回る	自由に移動して，互いの位置を交換する	固定した位置で振動している
	配列	無秩序で，互いに離れている	無秩序であるが，密集している	密集して，多くは規則的に配列している
	粒子間の相互作用	ほとんどない	強い	非常に強い

規則的に配列しているものをいう．一方で，粒子は静止しているのではなく，常に運動している．このような粒子の運動を，一般に**熱運動**という．物質の温度が高いほど，粒子の熱運動は激しくなる．物質が三態のうち，どの状態で存在するかは，その粒子の熱運動の激しさと，粒子間にはたらく相互作用の強さの兼ね合いによって決まる．

固体の温度が高くなると粒子の熱運動が激しくなり，粒子は固定した位置にとどまっていられなくなるため，固体は液体となる．この変化を**融解**という．液体では，激しい熱運動をしている一部の粒子が，粒子間の相互作用を振り切って液体表面から飛び出して気体となる．この変化を**蒸発**という．温度が高くなると，この変化が液体の内部からも起こるようになる．これが**沸騰**である．逆に，気体を冷却すると，熱運動が穏やかになるとともに，気体は液体，さらに固体へと変化する．気体から液体への変化を**凝縮**，液体から固体への変化を**凝固**という．また，固体から液体を経ずに気体となる変化を**昇華**，気体から液体を経ずに固体となる変化を**凝華**という．図2・1には，物質の三態の模式図と，それらの間の変化の名称を示した．

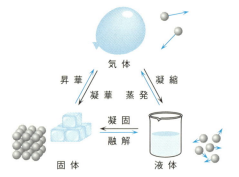

図2・1 物質の三態と状態変化．
状態をつなぐ青と黒の矢印は，それぞれ加熱，冷却を必要とする変化を示す．

例題2・1 気体は容易に圧縮できるのに対して，液体や固体は実質的に圧縮することができない．この理由を，物質を構成する粒子の振舞いに基づいて説明せよ．

解答・解説 気体では物質を構成する粒子の間に相互作用がほとんどなく，粒子は空間を自由に飛び回っている．このため，粒子間には広い空間があるので，気体は容易に圧縮される．一方，液体や固体では粒子が互いに強く引き合っており，粒子が密集している．このため，粒子間には空いた空間がほとんどないので，液体や固体は圧縮されにくい．

2・1・2 状態変化とエネルギー

　状態変化には，物質がもつエネルギーの変化が伴う．また，一般にそのエネルギーは，熱として吸収あるいは放出される．"エネルギー"や"熱"という用語は日常的にも使われるが，ここでは科学的な定義に従って正しく用いることにしよう．

　自然科学では，"ある物体に力を加えて，その力の方向に物体を動かすこと"を**仕事**といい，**エネルギー**は"仕事をする能力"と定義される．一方で，**熱**は"温度の異なった二つの物体の間で移動するエネルギー"であり，仕事とともにエネルギーの移動形態の一つである．すなわち，物体が外界に向かって仕事をしたり熱を放出すると，その物体がもつエネルギーは減少し，物体が外界から仕事をされたり熱を吸収すると，その物体がもつエネルギーは増大する．

　仕事の単位はJ（**ジュール**と読む）が用いられ，1Jは"1N（**ニュートン**と読む）の力がその方向に物体を1m動かすときの仕事"と定義される．なお，1Nは，"質量1kgの物体に1m s^{-2}の加速度を生じさせる力"である．エネルギーや熱の大きさも，Jを用いて表される．なお，栄養学や食品学では，エネルギーや熱の単位にcal（**カロリー**と読む）が用いられる．1calは質量1gの水の温度を1℃だけ上昇させるのに必要なエネルギーの量である．calとJは，厳密に次式によって関係づけられる．

$$1\,\text{cal} = 4.184\,\text{J}$$

　さて，物質を加熱，すなわち物質にエネルギーを熱として加えると，物質はどのように変化するだろうか．図2・2は，-25℃の氷（固体の水）から出発し

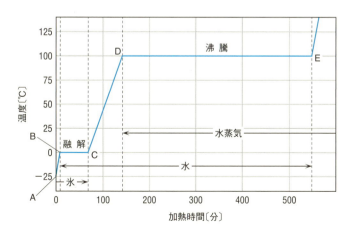

図2・2　-25℃の氷を出発とする大気圧における水の加熱曲線

て，一定の速さで加熱したときの水の温度変化を示したものである．このような曲線を**加熱曲線**という．加熱とともに氷の温度が上昇し，氷を形成する水分子の熱運動が激しくなる（領域 A → B）．氷の温度が 0 ℃ に到達すると，加熱を続けているにもかかわらず，温度はしばらく変化しない（平坦領域 B → C）．この間は氷と液体の水が共存し，加えられた熱は氷から水への状態変化，すなわち融解に使われる．一般に，融解が起こる温度を**融点**といい，1 mol の固体が融解して液体になるときに吸収する熱量を**融解熱**という．

　すべての氷が融解して液体の水になると，水の温度は再び上昇する（領域 C → D）．水の温度が 100 ℃ に到達すると，加熱を続けているにもかかわらず，温度はまたしばらく変化しない（平坦領域 D → E）．この間は水と水蒸気（気体の水）が共存し，加えられた熱は水から水蒸気への状態変化，すなわち沸騰に使われる．すべての水が沸騰して水蒸気になると，温度はまた上昇する．一般に，沸騰が起こる温度を**沸点**といい，1 mol の液体が蒸発して気体となるときに吸収する熱量を**蒸発熱**という．

　また，気体から出発して，冷却，すなわち物質のエネルギーを熱として除去すると，気体は凝縮して液体になり，さらに凝固して固体になる．凝縮が起こるときに放出する熱量を**凝縮熱**といい，これは蒸発熱に等しい．また，凝固が起こる温度を**凝固点**といい，そのときに放出する熱量を**凝固熱**という．凝固点は融点に等しく，凝固熱は融解熱に等しい．

例題 2・2　　図 2・2 に示した水の加熱曲線について，次の問いに答えよ．ただし，この加熱曲線は，180.0 g の水に対して一定の速さ 1.00 kJ min^{-1} で熱を加えた実験で得られたものとし，水の分子量は 18.0 とする．なお，1 kJ ＝ 1000 J であり，min は分を表す．答えはいずれも小数第 1 位まで求めよ．

(1) 領域 D → E の時間は 406.5 分であった．この実験から得られる水の蒸発熱は何 kJ mol^{-1} か．

(2) 液体の水 1 g の温度を 1 ℃ 上昇させるのに必要な熱量を 4.18 J とすると，領域 C → D の時間は何分か．

解答・解説

(1) 40.7 kJ mol^{-1}

　領域 D → E の間に加えられた熱は，180.0 g の水（モル質量 18.0 g mol^{-1}）が蒸発するのに使われたので，水の蒸発熱を x kJ mol^{-1} とすると，次式が成り立つ．

$$1.00 \text{ kJ min}^{-1} \times 406.5 \text{ min} = x \text{ kJ mol}^{-1} \times \frac{180.0 \text{ g}}{18.0 \text{ g mol}^{-1}}$$

2・1 状態変化

(2) 75.2 分

物質 1 g の温度を 1℃ 上昇させるのに必要な熱量を，その物質の**比熱容量**といい，単位は $J g^{-1} K^{-1}$ が用いられる．ここで，K（ケルビンと読む）は絶対温度の単位である．1℃ の温度差は 1K に等しい．K については，§2・3・1 で詳しく述べる．領域 C → D の間に加えられた熱は，180.0 g の水を 0℃ から 100℃ まで上昇させるのに使われたので，領域 C → D の時間を t 分とすると，次式が成り立つ．

$$(1.00 \times 10^3) \, J \, min^{-1} \times t \, min = 4.18 \, J \, g^{-1} K^{-1} \times 180.0 \, g \times (100 - 0) \, K$$

表2・2 に，いくつかの物質について融点と融解熱，および沸点と蒸発熱を示す．§1・2・4 では，分子から構成される物質は分子結晶をつくり，その融点・沸点は，分子間力が強いほど高くなることを述べた．塩化ナトリウム NaCl のようにイオン結晶をつくる物質や，鉄 Fe のように金属結晶をつくる物質では，粒子間に強い結合が形成されているため，分子結晶をつくる物質に比べて融点・沸点もかなり高く，融解熱・蒸発熱も大きい．

表2・2 大気圧における物質の融解熱と蒸発熱

物 質	化学式	融点〔℃〕	融解熱〔kJ mol^{-1}〕	沸点〔℃〕	蒸発熱〔kJ mol^{-1}〕
塩化水素	HCl	−114.2	2.00	−85	16.2
水	H_2O	0	6.01	100	40.7
ヨウ素	I_2	113.7	15.5	184.3	41.6
塩化ナトリウム	NaCl	801	28.2	1413	−
鉄	Fe	1535	13.8	2750	354

2・1・3 状態間の平衡

融解や沸騰の過程では，二つの状態が共存することを述べた．物質の二つの状態が共存するのは珍しいことではない．たとえば，容器に液体を入れ，密閉した状態を考えよう．初期には液体表面から分子が蒸発し，気体になる過程が進行する．なお，物質が液体から蒸発して，あるいは固体から昇華して生じた気体を，特に**蒸気**という．多くの分子が気体になると，激しく熱運動している気体の分子のうち，液体表面に衝突した分子が分子間力によって液体に捕獲される過程，すなわち凝縮が進行するようになる．単位時間に蒸発して気体になる分子の数と，凝縮して液体になる分子の数が等しくなると，状態間の変化は進行しているにも

かかわらず，見かけ上蒸発も凝縮も止まって見える状態になる．このとき，蒸気の圧力は一定となる（図2・3）．

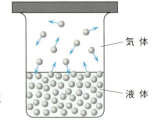

図2・3 気液平衡の模式図.
蒸発と凝縮の速度が等しくなると，見かけ上変化が観測されなくなる．

一般に，ある過程の速度が，それと逆の過程の速度と正確に等しい状態を**平衡状態**という．特に，蒸発の速度と凝縮の速度が等しい場合を**気体-液体平衡**（あるいは**気液平衡**）という．平衡における蒸気の圧力を**平衡蒸気圧**，あるいは単に**蒸気圧**という．

さて，**圧力**とは"気体が単位面積当たりに及ぼす力"であり，国際的に Pa（**パスカル**と読む）を単位として表記される．1 Pa は"1 m² 当たり 1 N の力がはたらくときの圧力"と定義される．なお，圧力の単位として，慣用的に atm（**気圧**と読む）が用いられる場合もある．私たちを取巻く大気が地球に及ぼす圧力（**大気圧**という）はほぼ 1 atm であり，1 atm は標準気圧（あるいは標準大気圧）とよばれる．atm と Pa は，厳密に次式によって関係づけられる．

$$1 \text{ atm} = 1.01325 \times 10^5 \text{ Pa}$$

気体を容器に入れると，気体を構成する分子は，激しい熱運動によって容器の内壁に衝突する．分子の衝突によって生じる力が，圧力の起源である．温度の上昇に伴って熱運動は激しくなるため，圧力も温度とともに増大する．同様に，蒸気圧も温度の上昇に伴って増大する．図2・4に，水 H_2O とエタノール C_2H_6O の蒸気圧の温度依存性を示した．温度と蒸気圧の関係を示す曲線を**蒸気圧曲線**という．

開放した容器に液体を入れて加熱すると，外部の圧力と液体の蒸気圧が等しくなったとき，液体内部からも激しく蒸発が起こる．これが沸騰であり，そのときの温度が沸点である．液体の蒸気圧が標準気圧（1 atm）と等しくなったときの温度を**標準沸点**といい，一般に液体の沸点はこの温度をさす．外部の圧力が 1 atm よりも低下すれば，液体の蒸気圧がその圧力と等しくなる温度，すなわち沸点も低下する．たとえば，水の標準沸点は 100.0 ℃ であるが，大気圧が 0.64 atm しかない富士山頂（3776 m）では，水の沸点は約 87 ℃ に低下する．

2・1 状態変化

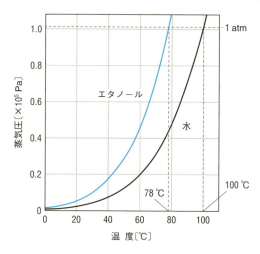

図2・4 水とエタノールの蒸気圧曲線. 蒸気圧が標準気圧(1 atm)と等しいときの温度が沸点(標準沸点)となる.

例題 2・3 大気圧は，室温で液体の金属である水銀 Hg を用いて，右図に示した方法で測定される．倒立した管に入った水銀による圧力と大気圧が釣合っているので，水銀柱の高さを測定することにより大気圧を求めることができる．また，mm 単位で測定した水銀柱の高さを mmHg（**水銀柱ミリメートル**と読む）と表記して，圧力の単位として用いることがある．血圧の表示は，慣用的にこ

の単位が用いられている．mmHg と atm は厳密に次式によって関係づけられる．

$$1\ \text{atm} = 760\ \text{mmHg}$$

次の問いに答えよ.
(1) 測定した血圧は 130 mmHg であった．この圧力は何 atm か．また何 Pa か．
(2) 大気圧の測定を水銀ではなく水を用いて行ったとき，水柱の長さは何 m になるか．小数第1位まで求めよ．ただし，水銀と水の密度はそれぞれ 13.6 g cm^{-3}，1.00 g cm^{-3} とする．

解答・解説

(1) $\dfrac{130\ \text{mmHg}}{760\ \text{mmHg atm}^{-1}} = 0.171\ \text{atm}$

$\dfrac{130\ \text{mmHg}}{760\ \text{mmHg atm}^{-1}} \times (1.01325 \times 10^5)\ \text{Pa atm}^{-1} = 1.73 \times 10^4\ \text{Pa}$

46　　　　　　　　　　　　　2. 物 質 の 状 態

(2) 10.3 m

　水の密度は水銀の密度の 13.6 分の 1 であるから，同じ圧力を支える水柱の長
さは，水銀柱の 13.6 倍となる．したがって，答えは次式で得られる．

$$760 \text{ mm} \times 13.6 = 1.03 \times 10^4 \text{ mm} = 10.3 \text{ m}$$

■

例題 2・4　　図 2・4 の水とエタノールの蒸気圧曲線をもとにして，次の問いに
答えよ．
(1) 0.4 atm の減圧下では水の沸点は何 ℃ になるか．
(2) 室温（25 ℃）におけるエタノールの蒸気圧は何 atm か．

解答・解説　(1) 約 75 ℃，(2) 約 0.08 atm
　いずれも，問題に示された数値に対応する直線を引き，曲線との交点から求め
る値を得る．

■

　気液平衡のほかにも，物質の二つの状態が平衡状態で共存する場合がある．
たとえば，液体の水に氷を入れて 0 ℃ に保つと，氷が融解する速度と水が凝固
する速度が等しくなり，**固体‒液体平衡**になる．また，ドライアイス（固体の二
酸化炭素 CO_2）やヨウ素 I_2 のように昇華しやすい固体を密閉した容器に入れ，
一定の温度に保つと，昇華の速度と凝華の速度が等しくなり，**固体‒気体平衡**が
成立する．いずれも状態間の変化は進行しているが，見かけ上変化が観測されな
い．

節 末 問 題

1. 分子からなる純物質の大気圧下での状態に関する記述として誤りを含むも
のを，次の①～⑤のうちからすべて選べ．また，誤っている理由を説明し，正
しい記述に修正せよ．
① 固体では，分子の位置は固定されており，常温では分子は静止している．
② 固体を加熱すると，必ず液体を経由して気体に変化する．
③ 液体の表面では，沸点以下でも気体への変化が起こっている．
④ 液体の状態のほうが気体の状態よりも，分子間の平均距離が長い．
⑤ 気体が液体に変化する温度は，大気圧が変わっても変化しない．

2. 0 °C の氷 25.0 g を，すべて 100 °C の水蒸気に変化させるのに必要な熱量は何 kJ か．小数第 1 位まで求めよ．ただし，0 °C の氷の融解熱は 6.01 kJ mol^{-1}，100 °C における水の蒸発熱は 40.7 kJ mol^{-1}，水の比熱容量を 4.18 J g^{-1} K^{-1} とし，水の分子量を 18.0 とする．

3. 純物質の状態は，温度と圧力によって決まる．物質が固体，液体，気体で存在する領域を示した図を **状態図**（あるいは相図）という．下図に，ある物質の状態図を模式的に示した．なお，点 C で示される温度と圧力を超えると，気体と液体の区別がつかない状態になる．この状態を **超臨界状態** といい，点 C を **臨界点** という．この図に関する記述として誤りを含むものを，次の①〜⑤のうちからすべて選べ．また，誤っている理由を説明し，正しい記述に修正せよ．

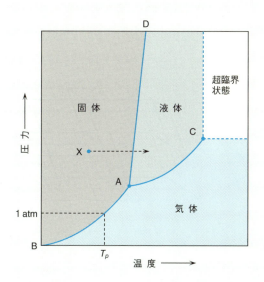

① 点 C で示される温度以上では，どんなに大きな圧力をかけても気体を液体にすることはできない．
② T_p はこの物質の標準沸点を示している．
③ 曲線 AC は蒸気圧曲線を示している．
④ この物質の融点は，圧力が高くなると低下する．
⑤ 点 X で示される温度と圧力の状態から，温度を一定にして圧力を高くすると，物質の状態は破線の矢印に従って固体から液体へと変化する．

2・2 固 体
2・2・1 固体の分類

身のまわりには，さまざまな物質が固体として存在している．それらは，構成粒子や結合様式の違いによってきわめて多様な性質を示し，私たちの日常生活を支えている．

固体はその構造から2種類に分けることができる．前節で述べたように，構成粒子が規則的に配列している固体を**結晶**という．一方，構成粒子の配列が無秩序な固体を**アモルファス**（あるいは**非晶質**）という．身近な例では，ガラスや多くのプラスチックがアモルファスである．アモルファスについては§2・2・6で述べる．

結晶では構成粒子が規則的に配列しているため，必ず，基本となる繰返し単位が存在する．これを**単位格子**（あるいは**単位胞**）という．単位格子は一般に平行六面体であり，三つの辺の長さとそれらのなす角度（これらを，**格子定数**という）によって規定される（図2・5）．単位格子が三次元的に繰返されることによって，全体の構造が形成される．

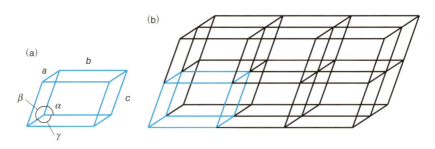

図2・5 (a) 単位格子と格子定数．(b) 単位格子を三次元に拡張した図．単位格子の繰返しによって，全体の構造が形成される．

固体の構造解析には，**X線結晶構造解析法**という分析手法が用いられる．この手法により，固体が結晶かアモルファスかを判定でき，また単位格子の形状や大きさ，さらに構成粒子の配列に関する情報を得ることができる．

結晶は，構成粒子や結合様式の違いによって，金属結晶，イオン結晶，分子結晶，共有結合結晶に分類される．表2・3には，4種類の結晶について，その構造や性質を要約して示した．次項から，おもに構成粒子の配列に注目して，それぞれの結晶の特徴を述べることにしよう．

2・2 固 体

表 2・3 結晶の分類と性質

	金属結晶	イオン結晶	分子結晶	共有結合結晶
構成粒子	金属元素の原子	陽イオンと陰イオン	分 子	非金属元素の原子
結 合	金属結合	イオン結合（クーロン力）	分子間力	共有結合
融 点	高いものが多い	高 い	低 い	きわめて高い
電気伝導性	あ る	な い	な い	な い[†2]
その他の性質	展性や延性がある[†1]	硬く，もろい	軟らかい	非常に硬い
物質の例	アルミニウム，鉄，銅，ナトリウム	塩化ナトリウム，フッ化カルシウム	氷(水)，ドライアイス(二酸化炭素)	ダイヤモンド(炭素)，石英(二酸化ケイ素)

†1 圧力や打撃によって薄く広がる性質を**展性**，引っ張ったときに引き延ばされる性質を**延性**という．

†2 黒鉛(炭素)は電気伝導性をもつ.

2・2・2 金 属 結 晶

§1・2・5 では，金属元素の原子は金属結合によって結合し，金属結晶を形成することを述べた．原子は価電子を放出して陽イオンとなり，価電子は自由電子となってすべての原子に共有される．金属結晶における原子の位置は，原子を変形しない球体（**剛体球**という）とみなしたモデルによって理解することができる．原子はその大きさや電子数に従って，結晶として最も大きな安定性が得られる配列をとる．自然界にみられる金属結晶は，六方最密充填構造，立方最密充填構造，体心立方格子とよばれる構造のいずれかをとることが多い．

最密充填構造　基本的には金属結晶の原子は，自由電子を効果的に共有できるように，最も多くの原子と接触する配列，すなわち原子が最も密に詰まった配列をとる．この配列を**最密充填**という．最密充填の配列は，ピンポン球のような同一の球を並べることによって容易に確かめることができる．図2・6に示したように，最密充填の方法には2通りあり，それぞれの構造を**六方最密充填構造**，および**立方最密充填構造**という．六方最密充填構造をとる物質にはマグネシウム Mg，チタン Ti，亜鉛 Zn などがある．一方，アルミニウム Al，銀 Ag，金 Au などは立方最密充填構造をとる．

一般に，結晶において一つの粒子に隣接している粒子の数を**配位数**という．図2・6から，いずれの最密充填構造においても配位数は 12 であることがわかる．

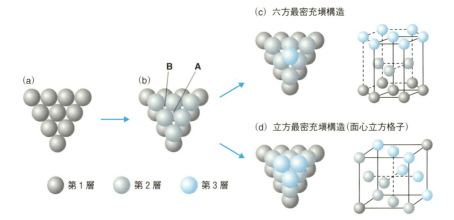

図 2・6 最密充塡の方法. 平面に球を最も密になるように並べて第1層とし(a), そのくぼみに球を置くと第2層ができる(b). 第3層の置き方には2通りあり, **A** のくぼみ(第1層の球の真上になる)に置くと六方最密充塡構造(c), **B** のくぼみに置くと立方最密充塡構造(d)となる. 最密充塡構造の右側の図は, それぞれの単位格子がわかるように見方を変えた図. 実線が単位格子を示し, 球は原子の位置を示している.

図 2・6 には, 最密充塡構造を, 単位格子の観点から見方を変えた図もあわせて示した. 立方最密充塡構造は単位格子が立方体であり, その8個の頂点と6個の面のそれぞれの中心に原子が存在している. このため, 立方最密充塡構造は**面心立方格子**ともよばれる.

例題 2・5 銅 Cu の結晶の単位格子は, 立方最密充塡構造(面心立方格子)である. 右図にその構造を示す. 次の問いに答えよ. ただし, 単位格子の一辺の長さを a [cm] とする.

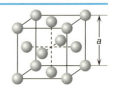

(1) 一つの単位格子の中には, 何個の銅原子が含まれるか.
(2) 銅原子の半径を r [cm] とするとき, a を r を用いて表せ.
(3) 単位格子の体積のうち, 銅原子が占める割合は何%か. 整数値で答えよ. ただし, $\sqrt{2} = 1.41$, $\pi = 3.14$ とする.

解答・解説 (1) 4個

単位格子には8個の頂点と, 6個の面のそれぞれの中心に原子が存在する. 頂点にある原子は八つの単位格子に共有されているので, それぞれの単位格子に割り当てられる原子は $\frac{1}{8}$ 個である. また面にある原子は二つの単位格子に共

有されているので，それぞれの単位格子には $\frac{1}{2}$ 個が割り当てられる．したがって，一つの単位格子には $\frac{1}{8} \times 8 + \frac{1}{2} \times 6 = 4$ 個 が含まれる．

(2) $a = 2\sqrt{2}r$

単位格子のそれぞれの面では，下図のように，原子が対角線に沿って接触している．したがって，三平方の定理から，$(r + 2r + r)^2 = a^2 + a^2$ が成り立つ．

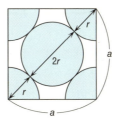

(3) 74%

単位格子の体積は $a^3 = (2\sqrt{2}r)^3$．一方，半径 r の球の体積は $\frac{4\pi r^3}{3}$ であるから，単位格子内の原子の体積は，原子が4個あることに注意すると $4 \times \frac{4\pi r^3}{3}$ となる．したがって，求める割合は，

$$\frac{4 \times \dfrac{4\pi r^3}{3}}{(2\sqrt{2}r)^3} = \frac{\sqrt{2}\pi}{6}$$

で与えられる．一般に，結晶の体積のうち，原子が占める体積の割合を**充塡率**という．　■

体心立方格子　これら2種類の最密充塡構造に対して，ナトリウム Na，バリウム Ba，クロム Cr などの結晶では，原子は図2・7に示すような配列をとっている．単位格子は立方体であり，その頂点と中心に原子が位置している．この構造を**体心立方格子**という．この構造における原子の配位数は8であり，単

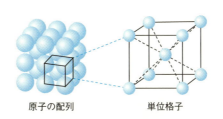

原子の配列　　　単位格子

図2・7　体心立方格子

位格子には2個の原子が含まれる．また，充填率は68%（厳密には$\frac{\sqrt{3}\pi}{8}$）であり，最密充填構造に比べて原子間の隙間が大きい．

2·2·3 イオン結晶

§1·2·2では，陽イオンと陰イオンからなる化合物では，それらがイオン結合によって結びつき，イオン結晶を形成することを述べた．イオン結晶では，陽イオンと陰イオンが規則正しく配列しており，イオンの位置は，それぞれのイオンを大きさの異なる剛体球とみなしたモデルによって理解することができる．

イオン結晶におけるイオンの配列は，陽イオンと陰イオンの電荷の大きさ，およびそれらの半径に依存してさまざまな構造をとる．電荷の符号が異なるイオンの間には引力がはたらき，符号が同じイオンの間には斥力がはたらくので，基本的には，陽イオンと陰イオンができるだけ多く接触し，符号が同じイオンはできるだけ互いに離れた配列をとる．表2·4に，陽イオンと陰イオンが1:1からなるイオン結晶の構造を示す．結晶構造は，結晶を構成する陽イオンと陰イオンの半径比によって変化することがわかる．例題でその理由を考えてみよう．

表2·4　陽イオンと陰イオンが1:1からなるイオン結晶の構造

名　称		塩化セシウム型	塩化ナトリウム型	閃亜鉛鉱型
単位格子と粒子の位置 ●陽イオン　●陰イオン				
単位格子に含まれるイオンの数	陽イオン	1	4	4
	陰イオン	1	4	4
配位数	陽イオン	8	6	4
	陰イオン	8	6	4
イオン半径比[†]		$\frac{r}{R} > 0.73$	$0.73 > \frac{r}{R} > 0.41$	$0.41 > \frac{r}{R} > 0.22$
物質の例		塩化セシウム CsCl 臭化セシウム CsBr	塩化ナトリウム NaCl フッ化リチウム LiF	硫化亜鉛 ZnS 塩化銅(I) CuCl

[†]　その構造が安定と推定される陽イオン半径(r)と陰イオン半径(R)の比

例題 2・6 下図 (a) に，塩化ナトリウム型結晶の単位格子の断面図を示す．隣接する陽イオンと陰イオンは接触し，同じ符号をもつイオンは接触していない．陽イオンと陰イオンの半径比 $\frac{r}{R}$ が小さくなると，図 (b) のように陰イオンどうしが接触し，陽イオンと陰イオンが接触できなくなり，斥力が引力を上回って不安定になるため，この構造をとれなくなる．この構造をとることができるイオン半径比 $\frac{r}{R}$ の最小値が 0.41 であることを示せ．ただし，$\sqrt{2} = 1.41$ とする．

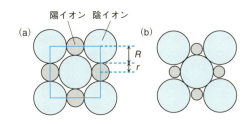

解答・解説 構造 (a) からイオン半径比 $\frac{r}{R}$ を小さくすると，図 (c) のように，陽イオンと陰イオンが接触したまま，陰イオンどうしが接触した構造となる．さらに $\frac{r}{R}$ を小さくすると図 (b) のようになるため，図 (c) が $\frac{r}{R}$ の最小値を与える構造となる．このとき，三平方の定理から，$(4R)^2 = 2 \times (2R+2r)^2$ が成り立つ．これより，$\frac{r}{R} = \sqrt{2} - 1 = 0.41$ となる．この値を，塩化ナトリウム型構造の**限界イオン半径比**という．

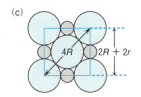

2・2・4 分子結晶

§1・2・4 では，分子の間には分子間力と総称される互いに引き合う力がはたらき，分子結晶を形成することを述べた．主要な分子間力は，分散力，双極子-双極子相互作用，水素結合であり，どの分子間力が支配的になるかは，それぞれの分子の元素組成や構造によって異なる．また，分子の形状は多様であるため，分子結晶にはきわめてさまざまな種類がある．一般に，<u>分子結晶においても，構成粒子である分子は，結晶として最も大きな安定性が得られる配列をとっている</u>．

最も身近な分子結晶である氷（固体の水）は，隙間の多い構造をもつ点で特殊な分子結晶である．氷では，1個の水分子 H_2O が四つの水素結合によって他の水分子と結びつき（図1・14b 参照），酸素原子が正四面体の中心に位置する安定な網目構造を形成している．氷が融解すると水素結合が部分的に崩壊するため，結晶の隙間に水分子が侵入し体積が減少する．この結果，水の密度は固体よりも液体の方が大きくなる．これは水にみられる特有の現象である．

2・2・5 共有結合結晶

いくつかの物質は，それを構成する原子がすべて共有結合で互いに結びついた結晶を形成する．このような結晶を**共有結合結晶**という．分子結晶とは異なって，孤立した分子は存在しない．代表的な例は，炭素 C の2種類の同素体であるダイヤモンドと黒鉛（グラファイト）である．図2・8には，これらの結晶構造を示した．

ダイヤモンドの炭素原子は，他の4個の炭素原子と共有結合を形成し，正四面体構造をとっている．ダイヤモンドは自然界で最も硬い物質であり，その硬さは，三次元的に広がった強固な炭素-炭素結合からなる網目構造に由来している（図2・8a）．一方，**黒鉛**は層状の構造をもち，炭素原子は他の3個の炭素原子と共有結合をつくり，正六角形の網目状に配列して層を形成している．それぞれの炭素原子の4個の価電子のうちの一つは層平面全体に共有され，自由に層内を移動することができる．これにより，黒鉛は良好な電気伝導性を示す．層間は弱い

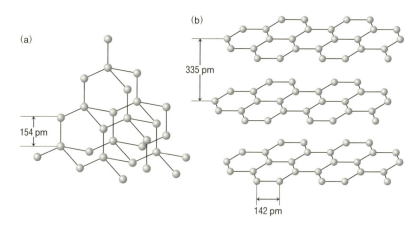

図2・8　共有結合結晶の結晶構造．（a）ダイヤモンド，（b）黒鉛

分散力によって結びついているため、黒鉛ははがれやすく、軟らかい性質をもつ（図2・8b）。

共有結合結晶の他の例には、ケイ素 Si、石英（二酸化ケイ素）SiO_2 などがある．

2・2・6 アモルファス

液体を急激に冷却したり、不純物が混じっている場合には、構成粒子が規則的に配列することなく、無秩序なままで流動性を失うことがある．このようにして生成した固体を、**アモルファス**（あるいは**非晶質**）という．結晶では、固体の性質が方向によって異なる場合があるが、アモルファスでは方向による違いがなくなる．また、アモルファスは明確な融点をもたず、ある温度幅で軟化するなど、結晶にはみられない性質を示し、有用な材料となる場合がある．

共有結合結晶である石英 SiO_2 を 2000 ℃ 以上に加熱して融解し、冷却すると、アモルファスの**石英ガラス**が得られる．石英ガラスは、石英と同様に、ケイ素原子が4個の酸素原子と結合した正四面体構造の SiO_4 単位からなるが、それが不規則に結合している点が石英と異なっている．石英ガラスは高い透明度と耐熱性をもち、光学材料や光ファイバーなどに利用されている．なお、食器や窓ガラスなどに広く利用されているガラスは、**ソーダ石灰ガラス**とよばれるアモルファスであり、SiO_2 の他に Na^+ や Ca^{2+} を含んでいる．

アモルファスの他の身近な例には、いくつかのプラスチックやゴムがある．また、1960年代には金属もアモルファスになることが発見され、**アモルファス金属**や複数の金属元素からなる**アモルファス合金**の研究が進展している．

節末問題

1. 下の図は、ある金属 X の結晶構造を示している．単位格子の一辺の長さを L [cm]、X のモル質量を M [g mol^{-1}] とするとき、X の密度 d [g cm^{-3}] を L と M を用いて表せ．ただし、アボガドロ定数は N_A [mol^{-1}] とする．

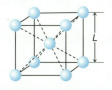

2. 次の図は、3種類の元素 A, B, X からなるあるイオン化合物の結晶構造を示している．単位格子は立方体であり、元素 A の原子は頂点に位置し、元素 B

の原子は面上にあり，元素 X の原子は単位格子の中心に位置している．この化合物の組成式を示せ．

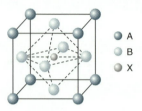

3. 固体に関する記述として誤りを含むものを，次の①〜⑤のうちからすべて選べ．また，誤っている理由を説明し，正しい記述に修正せよ．
① 二酸化ケイ素 SiO_2 の結晶は，イオン結晶である．
② 共有結合結晶は融点が低く，昇華しやすいものがある．
③ 石英ガラスを加熱すると，一定の温度で融解し液体となる．
④ 金属を高温で融解し急速に冷却すると，アモルファスになることがある．
⑤ 分子結晶は展性や延性があり，また良好な電気伝導性をもつ．

2・3 気体の性質
2・3・1 気体の法則

　私たちを取巻く大気は，最も身近な物質の一つである．ドルトンが原子説を提唱するずっと前から，多くの科学者が気体の巨視的な物理的性質，たとえば気体が圧力や温度の変化に対してどのように振舞うかについて興味をもち，精密な実験を繰返してきた．明らかにされた法則は，化学における重要な概念の確立に大きな役割を果たしたのである．

　1662 年，英国の科学者ボイル（R. Boyle, 1627〜1691）は，気体の圧力と体積の関係を系統的に研究し，次のような法則を発表した．

　　　　一定の温度において，一定量の気体の体積は圧力に反比例する．

この法則を**ボイルの法則**という．この法則は，気体の体積を V，圧力を p とすると，次式のように表すことができる．
$$pV = k_1 \qquad (2・1)$$
ここで k_1 は，温度と物質量に依存する定数である．図 2・9 には，圧力 p と体積

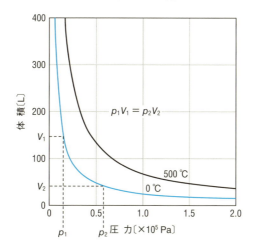

図2・9 ボイルの法則. 一定の温度において，気体の体積は圧力に反比例する．

V の関係を図で示した．

§2・1・3では，圧力の起源は，"気体を構成する分子が熱運動により容器の内壁に衝突する際の力"であることを述べた．体積を減少させると単位体積中の分子数が増加するため，分子が内壁に衝突する頻度も増大する．したがって，気体の体積が減少すると，その圧力は増大することになる．これはボイルの法則と矛盾しない．

フランスの科学者で冒険家でもあったシャルル（J. Charles, 1746～1823）は，1787年に，一定の圧力における気体の温度と体積との間には直線関係があることを発見した．さらに，図2・10に示すように，その直線を体積がゼロになるまで延長すると，気体の種類や圧力に依存せずに，−273℃を通ることが示された．言い換えると，一定の圧力において，一定量の気体の体積は温度が1℃上昇するごとに，0℃のときの体積の $\frac{1}{273}$ ずつ増大する．この法則を**シャルルの法則**という．

さらに，1848年，この結果の重要性を認識した英国の物理学者ケルビン卿トムソン（Lord Kelvin, W. Thomson, 1824～1907）は，−273℃ではすべての粒子の熱運動が停止すると考え，この温度を**絶対零度**とよんだ．この温度は到達できる最低の温度であり，これより低い温度は存在しない．さらにケルビン卿は，絶対零度を原点として，目盛の間隔を摂氏温度目盛（℃）と等しくした新たな温度

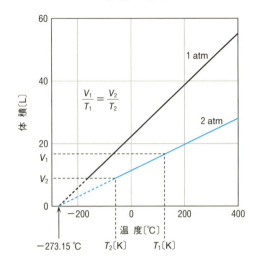

図 2・10 シャルルの法則. 一定の圧力において，気体の体積は絶対温度に比例する．気体は十分低い温度では凝縮して液体になるため，破線は気体で得られた直線を延長した部分を示している．

目盛の必要性を提唱した．この温度を **絶対温度**，あるいは提唱者の名前をとって **ケルビン温度** といい，K（ケルビンと読む）を単位として表す．現在では，摂氏温度 t〔℃〕と絶対温度 T〔K〕は，厳密に次式によって関係づけられる．

$$T = t + 273.15 \qquad (2・2)$$

絶対温度を用いると，シャルルの法則は次のように表すことができる．

　　一定の圧力において，一定量の気体の体積は絶対温度に比例する．

また，この法則は，気体の体積を V，絶対温度を T とすると次式で示される．

$$\frac{V}{T} = k_2 \qquad (2・3)$$

ここで k_2 は，圧力と物質量に依存する定数である．

例題 2・7 27℃，1.0×10^5 Pa で 3.0 L の気体がある．この気体の温度を 127℃，圧力を 2.0×10^5 Pa にしたとき，体積は何 L になるか．小数第 1 位まで答えよ．

解答・解説　2.0 L

2・3 気体の性質　　59

ボイルの法則とシャルルの法則から，次のようにいうことができる．

　　　　一定量の気体の体積は，圧力に反比例し，絶対温度に比例する．

すなわち，気体の体積を V，圧力を p，絶対温度を T とすると，k_3 を物質量に依存する定数として，次式が成り立つ．

$$\frac{pV}{T} = k_3 \qquad (2 \cdot 4)$$

これはボイルの法則とシャルルの法則をまとめたもので，**ボイル‐シャルルの法則**とよばれる．本問のように，一定量の気体に対して，温度と圧力が変化する場合には，(2・4)式を用いるとよい．なお，気体に関する計算をする際には，必ず，(2・2)式を用いて摂氏温度 t〔℃〕を絶対温度 T〔K〕に変換しなければならない．一般に，273.15 の代わりに 273 を用いてよい．求める体積を V〔L〕として，本問に (2・4)式を適用すると，次式が得られる．

$$\frac{(1.0 \times 10^5) \times 3.0}{27 + 273} = \frac{(2.0 \times 10^5) \times V}{127 + 273}$$ ■

　§1・1・2 では，1811 年に，分子説を提唱したアボガドロが"同温・同圧のもとでは，気体の種類に関係なく，同体積の気体には同数の分子が含まれる"と主張したことを述べた．これを**アボガドロの法則**という．同数の分子を含む気体は同一の物質量をもつので，この法則は次のように言い換えることができる．

　　　　一定の温度と圧力では，気体の体積はその物質量に比例する．

また，この法則は，気体の体積を V，物質量を n とすると次式で表される．

$$\frac{V}{n} = k_4 \qquad (2 \cdot 5)$$

ここで，k_4 は温度と圧力に依存する定数である．

2・3・2　気体の状態方程式

　(2・1)式，(2・3)式，(2・5)式はそれぞれ，気体の体積と圧力，絶対温度，物質量の関係を示している．そこで，これらの式を組合わせ，比例定数 R を導入することによって，次式のように，気体の体積 V，圧力 p，絶対温度 T，物質量 n の間の関係を表す式をつくることができる．

$$pV = nRT \qquad (2 \cdot 6)$$

60　　　　　　　　　　　　2. 物 質 の 状 態

　(2・6)式を**気体の状態方程式**といい，比例定数 R を**気体定数**とよぶ．一般に，物質の状態を規定するいくつかの変数の間の関係を表した式を状態方程式といい，(2・6)式はその一つである．

　(2・6)式を使う前に，気体定数 R の値を定めなければならない．水素や酸素など多くの気体について，0 ℃ (273.15 K)，1 atm (1.01325×10⁵ Pa) で気体 1 mol の体積を測定すると，22.4141 L になることが示されている．物質 1 mol あたりの体積を**モル体積**といい，気体では L mol⁻¹ を単位として表すことが多い．また，気体の体積を比較する際には，しばしば 0 ℃，1 atm という条件が用いられ，これを**標準状態**とよぶことがある．すなわち，標準状態 (0 ℃, 1 atm) における気体のモル体積は，ほぼ 22.4 L mol⁻¹ となる．

　この情報から，気体定数 R は次のように決定される*．

$$R = \frac{pV}{nT} = \frac{(1.01325 \times 10^5 \, \text{Pa}) \times 22.4141 \, \text{L}}{1 \, \text{mol} \times 273.15 \, \text{K}}$$

$$= 8.3145 \times 10^3 \, \text{Pa L K}^{-1} \, \text{mol}^{-1}$$

$$= 8.3145 \, \text{J K}^{-1} \, \text{mol}^{-1}$$

ここで，Pa L を，エネルギーの単位である J に変換するために，$1 \, \text{J} = 1 \, \text{N m}$（§2・1・2 参照），$1 \, \text{Pa} = 1 \, \text{N m}^{-2}$（§2・1・3 参照），$1 \, \text{L} = 1 \times 10^{-3} \, \text{m}^3$ の関係を用いた．化学における計算では近似的に，

$$R = 8.3 \times 10^3 \, \text{Pa L K}^{-1} \, \text{mol}^{-1}$$

を用いることが多い．なお，圧力 p と体積 V の単位によって，気体定数 R の値が異なることに注意しなければならない．たとえば，圧力の単位として atm を用いた場合には，気体定数 R は次の値となる．

$$R = \frac{1 \, \text{atm} \times 22.4141 \, \text{L}}{1 \, \text{mol} \times 273.15 \, \text{K}} = 0.082058 \, \text{L atm K}^{-1} \, \text{mol}^{-1}$$

　気体の圧力，温度，体積がわかると，気体の状態方程式を用いてその物質量を求めることができる．このため，気体の状態方程式は，気体の分子量の決定や，気体がかかわる化学反応の量的な計算によく用いられる．

　＊　理論的に，気体定数はアボガドロ定数（§1・3・3 参照）と，統計力学で用いられるボルツマン定数という物理定数の積で与えられる．2019 年 5 月に施行された単位改正により，これらの定数には厳密な値が定義された．この結果，気体定数も測定値ではなく，次のような厳密な値となった．

$$R = 8.314\,462\,618\,153\,24 \, \text{J K}^{-1} \, \text{mol}^{-1}$$

2・3 気体の性質   61

例題2・8   質量 16 g の酸素 O_2 を体積 16.6 L の容器に入れ，温度 27 ℃ に保った．圧力は何 Pa になるか．ただし，O_2 のモル質量を $32\ g\ mol^{-1}$，気体定数を $8.3×10^3\ Pa\ L\ K^{-1}\ mol^{-1}$ とする．

解答・解説 $7.5×10^4\ Pa$

16 g の O_2 の物質量は $\dfrac{16\ g}{32\ g\ mol^{-1}}$ であるから，求める圧力を p〔Pa〕とすると，気体の状態方程式から次式が成り立つ．

$$p × 16.6\ L = \frac{16\ g}{32\ g\ mol^{-1}} ×(8.3×10^3)\ Pa\ L\ K^{-1}\ mol^{-1} ×(27 + 273)\ K$$

■

例題2・9   ある隕石から採取された気体の密度を測定したところ，標準状態（0 ℃，1 atm）で $1.79\ g\ L^{-1}$ であった．この気体の分子量を求めよ．ただし，気体定数は $0.082\ L\ atm\ K^{-1}\ mol^{-1}$ とする．

解答・解説   40

密度 $1.79\ g\ L^{-1}$ は，体積 1 L の気体の質量が 1.79 g であることを意味する．したがって，求める分子量を M とすると，この気体のモル質量は M〔$g\ mol^{-1}$〕であるから，気体の状態方程式から次式が成り立つ．

$$1\ atm × 1\ L = \frac{1.79\ g}{M} × 0.082\ L\ atm\ K^{-1}\ mol^{-1} × 273\ K$$

■

例題2・10   炭酸水素ナトリウム $NaHCO_3$ は加熱によって分解し，二酸化炭素 CO_2 を生成するため，パンやケーキなどをつくる際の膨張剤として利用される．この反応は次の化学反応式で表される．

$$2NaHCO_3 \longrightarrow Na_2CO_3 + H_2O + CO_2$$

質量 4.2 g の $NaHCO_3$ を，圧力 $1.0×10^5\ Pa$，温度 327 ℃ で熱分解したとき，生成する CO_2 の体積は何 L か．有効数字 2 桁で求めよ．ただし，$NaHCO_3$ のモル質量を $84\ g\ mol^{-1}$，気体定数を $8.3×10^3\ Pa\ L\ K^{-1}\ mol^{-1}$ とする．

解答・解説   1.2 L

まず，§1・3・4 で述べた方法により，化学反応式から生成する CO_2 の物質量を求める．反応物の $NaHCO_3$ の物質量は $\dfrac{4.2\ g}{84\ g\ mol^{-1}}$ であり，化学反応式から $NaHCO_3$ と CO_2 の物質量の比は 2：1 であるから，生成する CO_2 の物質量は，

$$\frac{4.2\ \text{g}}{84\ \text{g mol}^{-1}} \times \frac{1}{2} = 0.025\ \text{mol}$$

となる．求める体積を $V[\text{L}]$ とすると，気体の状態方程式から次式が成り立つ．

$(1.0 \times 10^5)\ \text{Pa} \times V = 0.025\ \text{mol} \times (8.3 \times 10^3)\ \text{Pa L K}^{-1}\,\text{mol}^{-1} \times (327 + 273)\ \text{K}$ ■

2・3・3 混合気体

　これまでは純粋な気体の振舞いを考えてきたが，実験室や工場では気体の混合物（**混合気体**という）を扱うことが多い．私たちを取巻く大気も，窒素 N_2 と酸素 O_2 を主成分とする混合気体である．幸いなことに，互いに反応しない気体からなる混合気体では，それぞれの成分気体は独立に振舞い，純粋な気体と同様に，気体の状態方程式を適用することができる．

　たとえば，互いに反応しない気体Aと気体Bの混合気体が容器に入っているとき，混合気体の圧力は各成分気体の圧力の和に等しくなる．すなわち，混合気体の圧力を p_T とすると，次式が成り立つ．

$$p_\text{T} = p_\text{A} + p_\text{B} \tag{2・7}$$

ここで，p_A, p_B はそれぞれ，気体A, 気体Bがそれぞれ単独で容器に入っていたときに及ぼす圧力であり，成分気体の**分圧**という．これに対して，p_T を**全圧**という（図2・11）．(2・7)式の関係は，原子説を提唱する以前に気体の研究をしていたドルトンが1801年に発見したものであり，**ドルトンの分圧の法則**とよばれる．

　容器の体積を V，絶対温度を T とし，それぞれの気体の物質量を n_A, n_B とすると，それぞれの気体は，次式のように気体の状態方程式に従う．

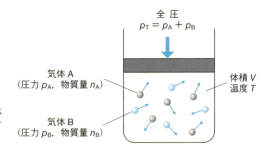

図2・11　混合気体． それぞれの気体は，気体の状態方程式に従う．

2・3 気体の性質 63

$$p_A V = n_A RT \qquad (2 \cdot 8)$$

$$p_B V = n_B RT \qquad (2 \cdot 9)$$

(2・8)式と (2・9)式を足し合わせ，(2・7)式を用いると次式が得られる．

$$p_T V = n_T RT \qquad (2 \cdot 10)$$

ここで n_T は混合気体全体の物質量であり，$n_T = n_A + n_B$ の関係がある．さらに，次式のように，全体の物質量に対する気体 A の物質量の割合 X_A を定義する．X_A を気体 A の**モル分率**という．

$$X_A = \frac{n_A}{n_T} = \frac{n_A}{n_A + n_B}$$

モル分率 X_A を用いると，気体 A の分圧 p_A は次式のように表される．

$$p_A = X_A p_T \qquad (2 \cdot 11)$$

同様に，気体 B の分圧 p_B もモル分率 X_B を用いて，次式のように表される．

$$p_B = X_B p_T \qquad (2 \cdot 12)$$

このように混合気体では，全圧と各成分気体のモル分率がわかれば，それぞれの分圧を求めることができる．また，成分気体の分圧の比は，成分気体の物質量の比に等しくなる．

例題 2・11　　混合気体において，成分気体の物質量の比を考慮した仮想的な分子量を"混合気体の**平均分子量**"という．3.0 mol の水素 H_2 と 1.0 mol の窒素 N_2 からなる混合気体について，次の問いに答えよ．ただし，H_2 と N_2 は反応しないものとし，水素 H，窒素 N の原子量は，それぞれ 1.0, 14.0 とする．

(1) 混合気体の全圧が 2.0×10^5 Pa であるとき，H_2 と N_2 のそれぞれの分圧を求めよ．

(2) この混合気体の平均分子量を求めよ．

解答・解説

(1) 混合気体中の H_2 と N_2 の分圧をそれぞれ，p_{H_2}〔Pa〕，p_{N_2}〔Pa〕とすると，それぞれのモル分率 X_{H_2}, X_{N_2} から，次式のように求めることができる．

$$\begin{aligned} p_{H_2} &= X_{H_2} \times (2.0 \times 10^5)\,\text{Pa} \\ &= \frac{3.0}{3.0 + 1.0} \times (2.0 \times 10^5)\,\text{Pa} = 1.5 \times 10^5\,\text{Pa} \end{aligned}$$

$$p_{N_2} = X_{N_2} \times (2.0 \times 10^5)\,\text{Pa}$$
$$= \frac{1.0}{3.0 + 1.0} \times (2.0 \times 10^5)\,\text{Pa} = 5.0 \times 10^4\,\text{Pa}$$

(2) 8.5

H_2 と N_2 のそれぞれの分子量は 2.0 と 28.0 であるから，平均分子量 $\overline{M}$ は，それぞれの分子量にモル分率を掛け，それらの総和を求めることによって得られる．

$$\overline{M} = 2.0 \times X_{H_2} + 28.0 \times X_{N_2}$$
$$= 2.0 \times \frac{3.0}{3.0 + 1.0} + 28.0 \times \frac{1.0}{3.0 + 1.0} = 8.5$$

例題 2・12 下図に，実験室で水素 H_2 を合成する方法を示した．気体の捕集法は**水上置換**とよばれ，水に溶けにくい気体を捕集する際によく用いられるが，得られる気体は水蒸気との混合気体となる．1.013×10^5 Pa, 27 ℃ において，この方法を用いて H_2 の合成を行い，16.6 mL の気体を捕集した．得られた H_2 は何 g か．有効数字 2 桁で答えよ．ただし，H_2 のモル質量を $2.0\,\text{g mol}^{-1}$，気体定数を $8.3 \times 10^3\,\text{Pa L K}^{-1}\,\text{mol}^{-1}$，27 ℃ における水の蒸気圧を 3.6×10^3 Pa とする．

解答・解説 1.3×10^{-3} g

捕集された気体は H_2 と水蒸気の混合気体であり，その全圧が 1.013×10^5 Pa となる．水蒸気の分圧は蒸気圧に等しいので，H_2 の分圧は，全圧から 3.6×10^3 Pa を引いた値となる．したがって，H_2 の質量を w〔g〕とすると，H_2 に関する気体の状態方程式から，次式が成り立つ．

$$(1.013 \times 10^5 - 3.6 \times 10^3)\,\text{Pa} \times 0.0166\,\text{L}$$
$$= \frac{w}{2.0\,\text{g mol}^{-1}} \times (8.3 \times 10^3)\,\text{Pa L K}^{-1}\,\text{mol}^{-1} \times (27 + 273)\,\text{K}$$

2・3・4 実在気体

　私たちがふつうに用いる温度と圧力の範囲では，ほとんどの気体の振舞いは，(2・6)式に示した気体の状態方程式によって説明することができる．しかし，気体の圧力が増大したり，温度が低下した場合には，状態方程式からのずれが大きくなる．これは，高圧や低温の条件では，気体分子の間にはたらく力や，気体分子の体積の効果が無視できなくなるためである．

　気体の状態方程式は，気体分子は互いにいかなる力も及ぼさず，またその体積は容器の大きさに比べて無視できるほど小さいことを前提としている．したがって，厳密に気体の状態方程式に従う気体は仮想的な気体であり，これを**理想気体**という．これに対して，実際に存在する気体を**実在気体**という．

　実在気体における"理想気体からのずれ"は，1 mol の気体に対して次式で定義される**圧縮因子**（あるいは圧縮率因子）Z によって評価される．

$$Z = \frac{pV}{RT} \quad (2 \cdot 13)$$

理想気体では Z は常に 1 になるので，Z が 1 からどれだけずれるかによって，その気体の理想気体からのずれの程度がわかる．図 2・12 には，一定の温度におけるおもな気体の Z の圧力依存性を示した．また，図 2・13 には，一定の圧力における Z の温度依存性を示した．気体の種類によって振舞いに違いがあるものの，図に示した圧力，温度範囲では，いずれの気体も圧力の増大，あるいは温度の低下に伴って，理想気体からのずれが増大することがわかる．また，常温・常圧（1.0×10^5 Pa，300 K 付近）では，いずれの気体もほぼ $Z = 1$，すなわち理想気体とみなしてよいことがわかる．

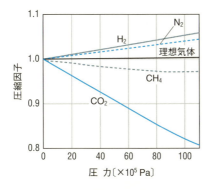

図 2・12　一定の温度(400 K)におけるおもな気体の圧縮因子の圧力依存性

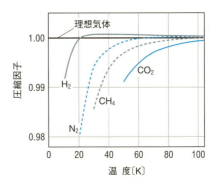

図 2・13　一定の圧力(1.0×10^5 Pa)におけるおもな気体の圧縮因子の温度依存性

例題 2・13 　実在気体は，一般に高温・低圧では理想気体として扱うことができる．次の問いに答えよ．
(1) 低温では理想気体からのずれが増大する．その理由を説明せよ．
(2) 高圧では理想気体からのずれが増大する．その理由を説明せよ．

解答・解説
(1) 理想気体では，気体を構成する分子の間にいかなる力もはたらかないことを前提としているが，温度が低下すると分子の熱運動が穏やかになり，分子間力の影響が相対的に強くなるため．
(2) 圧力が高くなると，分子は互いに接近するので，分子間力が強くはたらくようになる．また，分子自身の体積が無視できなくなり，気体の体積に影響を与えるため．なお，一般に，分子間力の影響は，圧力が比較的低い領域から現れて Z を減少させるが，高圧になると分子自身の体積の影響が大きくなり，Z は増大する傾向を示す．

　気体の状態方程式を補正して，実在気体の振舞いを正確に記述するために，いくつかの式が提案されている．最も代表的なものが，1873 年にオランダの物理学者ファン・デル・ワールスが提案した次の式である．

$$\left(p + \frac{an^2}{V^2}\right)(V - nb) = nRT \tag{2・14}$$

この式を，**ファンデルワールスの状態方程式**という．この式は，$\frac{an^2}{V^2}$ によって分子間力のために弱められる圧力を補正し，nb によって分子自身の体積を補正したものである．二つの定数 a, b は気体に固有の定数であり，実在気体の振舞いを再現するように実験的に決定される．これらを**ファンデルワールス定数**という．表 2・5 には，いくつかの気体についてファンデルワールス定数を示した．定数 a の値は分子間力の強さを反映し，b の値は分子の大きさとおよそ相関していることがわかる．

表 2・5　ファンデルワールス定数

気　体	$a\,[\mathrm{Pa\,L^2\,mol^{-2}}]$	$b\,[\mathrm{L\,mol^{-1}}]$
水素 H_2	0.248×10^5	0.0266
窒素 N_2	1.37×10^5	0.0386
メタン CH_4	2.30×10^5	0.0431
二酸化炭素 CO_2	3.66×10^5	0.0428

節末問題

1. ある気体化合物の元素組成を調べたところ，炭素 80.0%，水素 20.0% であった．この化合物の 180 mg は 27 ℃，1.0×10^5 Pa において，体積 150 mL を占めた．この化合物の分子式を求めよ．ただし，炭素，水素の原子量を，それぞれ 12, 1.0 とし，気体定数を 8.3×10^3 Pa L K^{-1} mol^{-1} とする．

2. ピストンの付いた密閉容器に窒素 N$_2$ と少量の水を入れ，27 ℃で放置したところ，3.50×10^4 Pa の圧力を示した．ついで，ピストンを押して容器の体積が半分になるまで圧縮し，再び 27 ℃で放置した．容器内の圧力は何 Pa になるか．有効数字 3 桁で答えよ．ただし，容器内には常に液体の水が存在し，その体積は無視できるものとする．また，N$_2$ は水に溶けないものとし，27 ℃における水の蒸気圧を 3.60×10^3 Pa とする．

3. 酸素 O$_2$ に放電を行うと，次式に従ってオゾン O$_3$ が生成する．

$$3O_2 \xrightarrow{\text{放電}} 2O_3$$

標準状態（0 ℃, 1 atm）において 5.0 L の O$_2$ に放電を行ったところ，一部の O$_2$ が O$_3$ に変化し，O$_2$ と O$_3$ の混合気体が得られた．標準状態での混合気体の体積が 4.1 L であるとき，生成した O$_3$ の物質量は何 mol か．有効数字 2 桁で答えよ．ただし，標準状態における気体のモル体積を 22.4 L mol^{-1} とする．

4. 実在気体における"理想気体からのずれ"は，圧縮因子によって評価される．右下の図は，温度 250 K と 350 K における 1 mol のメタン CH$_4$ の圧縮因子の圧力依存性を示したものである．次の問いに答えよ．

(1) 理想気体からのずれの主要な要因は，① 分子間力の影響，② 分子の体積の影響，の二つである．図に示した圧力領域では，CH$_4$ における理想気体からのずれの要因として支配的なのは，①，②のうちどちらか．判断した理由も述べよ．

(2) 250 K のグラフは，A, B のうちどちらか．判断した理由も述べよ．

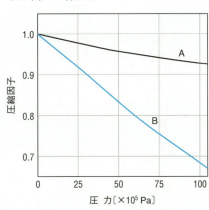

68　　　　　　　　　　　　2. 物 質 の 状 態

2・4　溶　　液

2・4・1　溶解のしくみ

　少量の食塩（塩化ナトリウム NaCl）を水に加えてかき混ぜると，食塩の粒は消えて均一な液体となる．食塩の粒はどこにいったのだろうか．この日常的によくみられる現象を正しく理解するには，化学の視点が必要となる．

　一般に，液体に他の物質が溶けて，均一に混じり合うことを**溶解**といい，得られた液体を**溶液**という．他の物質を溶かす液体を**溶媒**，その中に溶け込んだ物質を**溶質**という．水を溶媒とする溶液を，特に**水溶液**とよぶ．

　水に溶解する物質は，その溶液の電気的性質によって大きく二つに分類される．水溶液が電気を通す物質を**電解質**，電気を通さない物質を**非電解質**という．たとえば，塩化ナトリウム NaCl は電解質である．水に溶けると陽イオン Na^+ と陰イオン Cl^- に電離し，これらが電極に引きつけられることにより電気が流れる．なお，**電離**とは一般に，電気的に中性な粒子が電荷をもった粒子に変化する現象をいう．一方，砂糖の主成分であるスクロース $C_{12}H_{22}O_{11}$ は非電解質である．スクロースは水に溶けても電離せずに，電気的に中性な分子として存在するため，水溶液は電気を通さない．

　また，NaCl のように，水溶液中でほぼ完全に電離する電解質を**強電解質**という．一方，一部しか電離しない電解質を**弱電解質**という．食酢の主成分である酢酸 $C_2H_4O_2$ は弱電解質の例である．なお，弱電解質の電離については，§3・2・2 で詳しく扱う．

例題2・14　　　次の六つの物質を，強電解質，弱電解質，非電解質に分類せよ．
① エタノール C_2H_6O　　② 水酸化ナトリウム NaOH　　③ 塩化水素 HCl
④ アンモニア NH_3　　⑤ 硝酸カリウム KNO_3　　⑥ グルコース $C_6H_{12}O_6$

解答・解説　強電解質：②, ③, ⑤，弱電解質：④，非電解質：①, ⑥

　NaOH や KNO_3 のように，イオン結晶となる物質は強電解質である．HCl は分子として存在するが，水溶液ではほぼ完全に陽イオン H^+ と陰イオン Cl^- に電離する．NH_3 は水溶液ではほとんど電気的に中性な分子として存在するが，その一部が次式のように，水 H_2O と反応して陽イオン NH_4^+ と陰イオン OH^- を生じる．

$$NH_3 + H_2O \longrightarrow NH_4^+ + OH^-$$

2・4 溶　　液

　塩化ナトリウム NaCl のようなイオン結晶では，陽イオンと陰イオンが強いイオン結合を形成している．イオン結晶が水に溶解すると，陽イオンと陰イオンに電離するが，それぞれは水 H_2O の分子によって取囲まれる（図2・14）．この際，双極子（§1・2・4参照）としての性質をもつ H_2O は，部分的な負電荷をもつ酸素原子が陽イオンの近くに配列し，部分的な正電荷をもつ水素原子が陰イオンの近くに配列することによって，それぞれのイオンを取囲む．こうして，水中では H_2O とイオンとの間に静電気的な引力がはたらき，イオンが安定化する．一般に，双極子をもつ分子とイオンとの間にはたらく引力を，**イオン-双極子相互作用**という．これにより，イオン結晶における結合が断ち切られ，結晶はそれぞれのイオンとなって水に溶け込む．

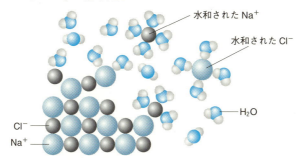

図2・14　塩化ナトリウムの水への溶解．水分子の青球は酸素原子，白球は水素原子を表す．

　一般に，溶液では，溶媒分子と，溶質分子や電離によって生じるイオンとの間に引力がはたらき，溶質分子やイオンは溶媒分子によって取囲まれている．この現象を**溶媒和**という．特に，溶媒が水の場合には**水和**とよぶ．

　<u>ある溶媒に対して溶媒和を受けやすい物質，すなわち溶媒分子との間に大きな分子間力がはたらく物質は，その溶媒に溶けやすい</u>．たとえば，エタノール C_2H_6O やグルコース $C_6H_{12}O_6$ が電離しなくても水によく溶けるのは，図2・15に示すように，それらの分子が，水 H_2O と水素結合を形成できる OH 部分（ヒドロキシ基という）をもつためである．一方，無極性分子であるヘキサン C_6H_{12} や四塩化炭素 CCl_4 は，H_2O との間にはたらく引力が小さく水和されにくいため，ほとんど水に溶けない．

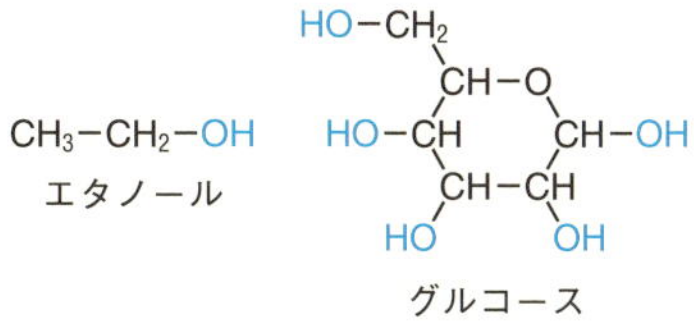

図2・15　エタノールとグルコースの構造式．これらは電離しないが，ヒドロキシ基 $-OH$（青字で示す）が水と水素結合を形成し，水に溶解する．

2·4·2 溶　解　度

　少量の塩化ナトリウム NaCl を水に加えると溶解して溶液となるが，さらに NaCl を加えていくと，これ以上，NaCl が溶解できない点に到達する．この状態でさらに NaCl を加えても，単に結晶として残るだけである．このような状態の溶液を，**飽和溶液**という．また，ある温度において，一定量の溶媒に溶解できる溶質の最大量を，その溶質の**溶解度**という．固体の溶解度は，"溶媒 100 g 当たりの溶質の g 単位の質量の数値"で表すことが多い．たとえば，NaCl は 25 ℃で水 100 g に 35.9 g まで溶けるから，25 ℃における NaCl の水に対する溶解度は 35.9 となる．

　多くの物質について，さまざまな溶媒に対する溶解度とその温度依存性が調べられている．固体の溶解度は，温度の上昇とともに増大するものが多い．図 2·16 には，いくつかの固体の水に対する溶解度の温度依存性を示した．このような曲線を**溶解度曲線**という．

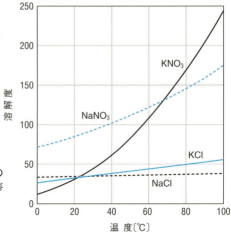

図 2·16　いくつかの固体の溶解度の温度依存性．縦軸は水 100 g に溶ける溶質の最大量(g 単位)を表す．

例題 2·15　80 ℃において硝酸カリウム KNO₃ の飽和水溶液 200 g を調製し，20 ℃に冷却した．析出する KNO₃ の質量は何 g か．ただし，KNO₃ の水に対する溶解度は，20 ℃で 32，80 ℃で 169 とする．

解答・解説　102 g

　溶解度の値から，80 ℃で KNO₃ は水 100 g に 169 g 溶けるので，飽和水溶液の質量は (100+169) g となる．この水溶液を 20 ℃に冷却すると，(169−32) g が

析出する．したがって，200 g の飽和水溶液を 20 ℃ に冷却したときに析出する KNO₃ の質量を x [g] とすると，x は次式で求めることができる．

$$x = (169 - 32)\text{g} \times \frac{200\,\text{g}}{(100 + 169)\,\text{g}}$$

気体の溶解度は，"一定の圧力において，溶媒 1 L に溶かすことができる最大の物質量（単位 mol L⁻¹）"で表すことが多い．図 2・17 には，いくつかの気体の 1.013×10^5 Pa における水に対する溶解度の温度依存性を示した．一般に，固体の溶解度とは対照的に，気体の溶解度は温度の上昇に伴って減少する．これは，温度が高くなると気体分子の熱運動が激しくなり，溶液から飛び出しやすくなるためである．

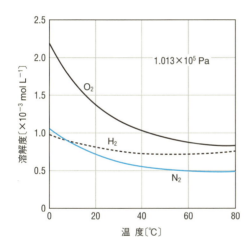

図 2・17　いくつかの気体の溶解度の温度依存性

気体の溶解度について重要なことは，液体に対する気体の溶解度は，その液体に接している気体の圧力に依存することである．1803 年，英国の化学者ヘンリー（W. Henry, 1775〜1836）は，次のような法則を発表した．

> 一定の温度において，気体の溶解度はその気体の圧力（混合気体の場合には分圧）に比例する．

この法則を**ヘンリーの法則**という．高圧の二酸化炭素 CO_2 のもとで封じられた炭酸飲料の缶を大気圧下で開封すると，溶けていた CO_2 が噴き出すのは，ヘンリーの法則の身近な例である．なお，ヘンリーの法則は，塩化水素 HCl やアン

72　　　　　　　　　　　2. 物 質 の 状 態

モニア NH_3 のように，溶解した気体が水と反応する場合には成り立たない．

例題 2・16

25℃ で 1 atm の空気が水に接しているとき，この水 1.0 L に溶けている酸素 O_2 の質量は何 g か．有効数字 2 桁で求めよ．ただし，25℃，1 atm における O_2 の水に対する溶解度を $1.27 \times 10^{-3}\,mol\,L^{-1}$，$O_2$ のモル質量を $32\,g\,mol^{-1}$ とする．また，空気は体積で 21% の O_2 を含むものとする．

解答・解説　$8.5 \times 10^{-3}\,g$

体積で 21% の酸素 O_2 を含む空気の全圧が 1 atm であるから，O_2 の分圧は 1 atm×0.21 = 0.21 atm となる．したがって，ヘンリーの法則から，1 atm の空気と接している水 1.0 L に溶解する O_2 の物質量は，$(1.27 \times 10^{-3})\,mol\,L^{-1} \times 1.0\,L \times \frac{0.21\,atm}{1\,atm}\,mol$ となる．これより，求める O_2 の質量 $x\,$[g] は次式で求めることができる．

$$x = (1.27 \times 10^{-3})\,mol\,L^{-1} \times 1.0\,L \times \frac{0.21\,atm}{1\,atm} \times 32\,g\,mol^{-1}$$

2・4・3　溶液の濃度

溶液の性質や溶液で起こる反応を定量的に扱うためには，溶液の濃度を知らなければならない．**濃度**とは，溶液に溶けている溶質の割合をいう．濃度を表すにはいくつかの方法があるが，化学では，質量パーセント濃度，モル濃度，質量モル濃度がよく用いられる．

質量パーセント濃度は，"溶液の質量に対する溶質の質量の割合を百分率で表した濃度"であり，日常生活でもよく用いられる．単位は% (パーセント) である．溶質の質量を $w\,$[g]，溶媒の質量を $W\,$[g] とすると，質量パーセント濃度は次式で表される．

$$質量パーセント濃度(\%) = \frac{w}{w + W} \times 100 \qquad (2・15)$$

例題 2・17

25℃ における塩化ナトリウム NaCl の飽和水溶液の質量パーセント濃度を求めよ．ただし，25℃ における NaCl の水に対する溶解度を 36 とする．

解答・解説　26%

溶解度の定義から，25℃ における NaCl 飽和水溶液は，水 100 g 当たり 36 g の NaCl が溶けている．したがって，その質量パーセント濃度は，$w = 36\,g$，$W = 100\,g$ として，(2・15)式から求めることができる．

モル濃度は，"溶液1L当たりに含まれる溶質の物質量"で表した濃度であり，mol L^{-1}（モルパーリットルと読む）を単位として表記される．化学では物質量を扱うことが多いので，モル濃度を用いることが多い．溶質の物質量を n [mol]，溶液の体積を V [L] とすると，モル濃度は次式で表される．

$$\text{モル濃度（mol L}^{-1}\text{）} = \frac{n}{V} \qquad (2\cdot 16)$$

質量モル濃度は，"溶媒1kg当たりに含まれる溶質の物質量"で表した濃度であり，mol kg^{-1}（モルパーキログラムと読む）を単位として表記される．"<u>溶液1kg</u>"ではなく，"<u>溶媒1kg</u>"であることに注意する必要がある．温度が変化すると溶液の体積も変化するため，モル濃度も変化するが，質量で定義されている質量モル濃度は変化しない．このため，質量モル濃度は，溶液の温度変化を伴う現象を扱う際によく用いられる．溶質の物質量を n [mol]，溶媒の質量を W [kg] とすると，質量モル濃度は次式で表される．

$$\text{質量モル濃度（mol kg}^{-1}\text{）} = \frac{n}{W} \qquad (2\cdot 17)$$

例題 2・18 水酸化ナトリウム NaOH の水溶液に関する次の問いに答えよ．ただし，NaOH のモル質量を 40 g mol^{-1} とする．
(1) 濃度 1.5 mol L^{-1} の NaOH 水溶液を 200 mL つくりたい．何 g の NaOH を溶かして 200 mL の水溶液にすればよいか．
(2) 質量パーセント濃度 20% の NaOH 水溶液のモル濃度を求めよ．ただし，この水溶液の密度を 1.22 g cm^{-3} とする．

解答・解説

(1) 12 g

濃度 1.5 mol L^{-1} の水溶液 200 mL に含まれる NaOH の物質量は，1.5 mol L$^{-1} \times \frac{200}{1000}$ L であるから，水溶液を調製するために必要な NaOH の質量 w [g] は次式で求められる．

$$w = 1.5 \text{ mol L}^{-1} \times \frac{200}{1000} \text{ L} \times 40 \text{ g mol}^{-1}$$

なお，200 mL の水に NaOH を溶かすと体積は 200 mL にはならないので，このような溶液を調製する際には，右図に示す**メスフラスコ**を使用し，少量の溶媒で溶質を溶かしてから溶媒を加えて規定の体積にする．

メスフラスコ
標線まで溶媒を入れると規定の体積となる

74   2. 物 質 の 状 態

(2) $6.1\ \mathrm{mol\ L^{-1}}$

水溶液1Lを考え，それに含まれる NaOH の物質量を求める．なお，$1\ \mathrm{L} = 10^3\ \mathrm{mL} = 10^3\ \mathrm{cm^3}$ に注意する．水溶液1Lの g 単位の質量は $(1 \times 10^3\ \mathrm{cm^3}) \times 1.22\ \mathrm{g\ cm^{-3}}$ であり，その 20 %が NaOH の質量となる．したがって，NaOH の物質量 $n\,[\mathrm{mol}]$ は次式で求められる．(2・16)式から，$n\,[\mathrm{mol}]$ を体積1Lで割ることによりモル濃度が得られる．

$$n = \frac{(1 \times 10^3\ \mathrm{cm^3}) \times 1.22\ \mathrm{g\ cm^{-3}} \times 0.20}{40\ \mathrm{g\ mol^{-1}}}$$

■

2・4・4 束 一 的 性 質

溶質の存在は，純粋な溶媒の物理的性質に影響を与える．いくつかの性質は，希薄溶液では，溶液中に存在する溶質の粒子数だけに依存し，溶質の種類には依存しないことが明らかにされた．これらを溶液の**束一的性質**という．代表的なものとして，蒸気圧降下，沸点上昇，凝固点降下，浸透圧がある．

なお，束一的性質は溶質の粒子数に依存するので，電解質溶液を扱う際には注意が必要である．たとえば，塩化ナトリウム NaCl は強電解質であり，水中では陽イオン $\mathrm{Na^+}$ と陰イオン $\mathrm{Cl^-}$ に完全に電離する．したがって，NaCl 水溶液における溶質粒子の濃度は，NaCl の濃度の2倍になる．以下の議論における濃度は，電解質溶液では，このような電離を考慮した溶質粒子の濃度を意味していることに注意してほしい．

蒸気圧降下と沸点上昇　　1887 年，溶液の性質を研究していたフランスの化学者ラウール (F. M. Raoult, 1830〜1901) は，溶液と接している気体中の溶媒の分圧 p と，溶液中の溶媒のモル分率 X_1 の間には，次式の関係があることを報告した．

$$p = X_1 p_0 \qquad\qquad (2 \cdot 18)$$

ここで p_0 は純粋な溶媒の蒸気圧（§2・1・3 参照）である．(2・18) 式を**ラウールの法則**という．溶質が**不揮発性**，すなわち気体になりにくく蒸気圧が無視できる場合には，p は溶媒の蒸気圧となる．溶質のモル分率を X_2 とすると $X_1 + X_2 = 1$ であるから，(2・18)式から次式が成り立つ．

$$\Delta p = p_0 - p = X_2 p_0 \qquad\qquad (2 \cdot 19)$$

ここで Δp は純粋な溶媒の蒸気圧 p_0 と溶液の蒸気圧 p の差である．$X_2 > 0$ であるから，(2・19)式は，"溶液の蒸気圧は純粋な溶媒の蒸気圧より低くなる"こと

を示している．この現象を**蒸気圧降下**という．図 2・18 に示すように，蒸気圧降下が起こるのは，溶質分子の存在により単位表面積当たりの溶媒分子の数が減少するため，単位時間に蒸発する溶媒分子の数が減少するからである．

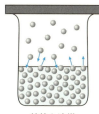

純粋な溶媒　　　不揮発性の溶質を含む溶液

図 2・18　蒸気圧降下．溶質分子（青球）の存在により，単位時間に蒸発する溶媒分子（灰色球）の数が減少する．

§2・1・3 で述べたように，沸点（標準沸点）は液体の蒸気圧が標準気圧（1 atm）と等しくなったときの温度である．溶液では蒸気圧降下のため，その蒸気圧を標準気圧に到達させるためには，純粋な溶媒の場合よりも温度を高くしなければならない．すなわち，溶液の沸点は，純粋な溶媒の沸点よりも高くなる．この現象を**沸点上昇**という．溶液の沸点を T_b [K]，純粋な溶媒の沸点を T_b^0 [K] とすると，その差 ΔT_b [K]（沸点上昇度という）と溶液の質量モル濃度 m [mol kg^{-1}] の間には，次式の関係があることが知られている．

$$\Delta T_b = T_b - T_b^0 = K_b m \qquad (2\cdot 20)$$

ここで比例定数 K_b は溶媒の種類によって決まる定数であり，**モル沸点上昇**という．表 2・6 には，いくつかの溶媒のモル沸点上昇を示した．

表 2・6　モル沸点上昇 K_b とモル凝固点降下 K_f

溶　媒	沸点 [℃]	K_b [K kg mol^{-1}]	凝固点 [℃]	K_f [K kg mol^{-1}]
水	100	0.515	0	1.853
ベンゼン	80.10	2.53	5.53	5.12
シクロヘキサン	80.73	2.75	6.54	20.2
酢　酸	117.90	2.53	16.66	3.90

例題 2・19　100 g の水に 2.98 g の塩化カリウム KCl を溶かした水溶液の沸点は何 ℃ か．小数第 2 位まで求めよ．ただし，水の沸点を 100.00 ℃，モル沸点上昇を 0.515 K kg mol^{-1}，KCl のモル質量は 74.5 g mol^{-1} とする．また，KCl は水溶液中で完全に電離するものとする．

76   2. 物 質 の 状 態

解答・解説　100.41 ℃

KCl 水溶液の質量モル濃度 m〔mol kg^{-1}〕は，（2・17）式から次式のように求められる．

$$m = \frac{2.98\ \mathrm{g}}{74.5\ \mathrm{g\ mol^{-1}}} \times \frac{1 \times 10^3\ \mathrm{g\ kg^{-1}}}{100\ \mathrm{g}} = 0.400\ \mathrm{mol\ kg^{-1}}$$

KCl は水溶液中で K$^+$ と Cl$^-$ に電離するので，溶質粒子の質量モル濃度は $2m$〔mol kg^{-1}〕となる．したがって，（2・20）式から沸点上昇度 ΔT_b〔K〕は，$\Delta T_b = K_b \times 2m = 0.412\ \mathrm{K}$ となる．∎

凝固点降下　　不揮発性の溶質を含む溶液の凝固点は，純粋な溶媒の凝固点よりも低くなる．この現象を**凝固点降下**という．凝固点降下についても，（2・20）式と類似の関係があることが知られている．すなわち，溶液の凝固点を T_f〔K〕，純粋な溶媒の凝固点を T_f^0〔K〕とすると，その差 ΔT_f〔K〕（凝固点降下度という）と溶液の質量モル濃度 m〔mol kg^{-1}〕の間には，次式の関係がある．

$$\Delta T_f = T_f^0 - T_f = K_f m \qquad\qquad (2 \cdot 21)$$

比例定数 K_f は溶媒の種類によって決まる定数であり，**モル凝固点降下**という．表2・6には，モル凝固点降下もあわせて示した．冬季に，融雪剤や凍結防止剤として塩化ナトリウム NaCl や塩化カルシウム CaCl$_2$ を道路に散布するのは，凝固点降下の身近な利用である．

浸 透 圧　　濃度の異なる二つの溶液を，溶媒粒子は通すが溶質粒子は通さない膜で仕切ると，溶媒粒子がこの膜を通って濃度の低い方から高い方へと移動する．この現象を**浸透**という．また，このように粒子の大きさによって選択的な透過性を示す膜を**半透膜**という．再生セルロース（セロハン）などの多孔質膜がこの性質を示す．

図2・19に，浸透を観測するための装置を模式的に示した．浸透を止めて液面の高さを等しく保つためには，溶液側に圧力を加える必要がある．この圧力を**浸透圧**という．浸透圧は，浸透が止まった後の液面の高さの差 h から求めることができる．

1886 年，オランダの化学者ファント・ホッフ（J. H. van't Hoff, 1852～1911）は，希薄溶液の浸透圧は，その溶液のモル濃度 C〔mol L^{-1}〕と絶対温度 T〔K〕に比例することを発見し，浸透圧 Π（パイと読む）〔Pa〕は次式によって与えられることを示した．

$$\Pi = CRT \qquad\qquad (2 \cdot 22)$$

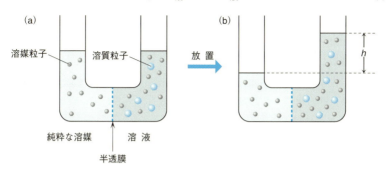

図2・19 浸透圧．(a) U字管の中央を半透膜で仕切り，純粋な溶媒と溶液を入れ，液面の高さを等しくする．(b) しばらく放置すると，溶媒粒子が溶液側に浸透して溶液側の液面が高くなり，ある高さhのところで停止する．

ここでRは気体定数である．この関係を**ファントホッフの法則**という．なお，溶質の物質量をn〔mol〕，溶液の体積をV〔L〕とすると，(2・16)式から$c = \frac{n}{V}$の関係があるので，(2・22)式は気体の状態方程式（§2・3・2参照）と同じ形であることがわかる．

生体を形成する細胞膜も半透膜としての性質をもつ．たとえば，赤血球を純水に投入すると，浸透圧により水が細胞内に流入するため，赤血球は膨張して破裂する（溶血という）．

例題2・20 27℃において，ある非電解質の白色固体1.14 gを水に溶かし，正確に100 mLとした．得られた水溶液の浸透圧を測定したところ，8.30×10^4 Paであった．この固体の分子量はいくつか．整数値で答えよ．ただし，気体定数を8.3×10^3 Pa L K^{-1} mol^{-1}とする．

解答・解説 342

固体の分子量をMとすると，モル質量はM〔g mol^{-1}〕であるから，物質量n〔mol〕は$n = \frac{1.14\,\text{g}}{M\,\text{g mol}^{-1}}$となる．したがって，ファントホッフの法則から，次式が成り立つ．

$$(8.30 \times 10^4)\,\text{Pa} = \frac{n}{0.100\,\text{L}} \times (8.3 \times 10^3)\,\text{Pa L K}^{-1}\,\text{mol}^{-1} \times (273 + 27)\,\text{K}$$

2・4・5 コロイド

これまでに扱った溶液は，溶質の粒子が1 nm（ナノメートル，10^{-9} m）以下の大きさであり，溶質と溶媒は分子のレベルで均一に混じり合っていた．これに

78　　　　　　　　　　　　2. 物 質 の 状 態

対して，たとえば牛乳やデンプン水溶液のような透明度の低い液体では，大きさが1〜100 nm 程度の粒子が水中に浮遊している状態にあり，これらは溶液とは異なった性質を示す．一般に，粒子の直径が1〜100 nm 程度の大きさの物質が，他の物質の中に浮遊する現象を**分散**といい，得られた物質系を**コロイド**という．粒子を分散させる物質を**分散媒**，その中に分散している粒子を**分散質**という．

　分散媒は液体に限らないため，コロイドにはさまざまな種類がある．表2・7にはコロイドの分類とそれぞれの身近な例を示した．身のまわりには多くのコロイドがあり，日常生活に深くかかわっていることがわかる．ここでは，おもに液体を分散媒とするコロイドの構造と性質を扱う．

表2・7　分散媒と分散質の状態によるコロイドの分類

分散媒	分散質	一般的な名称	例
気 体	液 体	エアロゾル	霧，雲，スプレー糊
	固 体	エアロゾル	煙，ほこり，黄砂
液 体	気 体	泡	ホイップクリーム，ヘアムース
	液 体	乳濁液（エマルション）	牛乳，マヨネーズ，木工用接着剤
	固 体	ゾル，懸濁液（サスペンション）	泥水，絵の具，インク，墨汁
固 体	気 体	ソリッドフォーム	発泡スチロール，軽石，シリカゲル
	液 体	ゲル†	ゼリー，寒天，こんにゃく，固形燃料
	固 体	ソリッドゾル	着色ガラス，合金，塗膜

†　液体を分散媒，固体を分散質とするコロイドに分類する場合もある．

　ゾルとゲル　　一般に，液体を分散媒とするコロイドを**ゾル**という．ただし，固体を分散質とするものに限る場合もある．ゾルを低温にしたり，反応によって分散質の間に結合を形成させると流動性が低下し，分散質がつくる網目状の構造体の間に分散媒が取込まれた固体となる場合がある．このようなコロイドを**ゲル**という．ゲルは，ゼリーなどの食品，コンタクトレンズ，固形燃料などとして，私たちの日常生活に重要な役割を果たしている．

　分散質の構造による分類　　液体を分散媒とするコロイドは，分散質の構造により，分散コロイド，会合コロイド，分子コロイドに分類される．

　分散コロイドは，分散媒に溶けない物質が微小な結晶や凝集体となって分散しているコロイドである．泥水のほか，水を分散媒とする金 Au のコロイドや水酸化鉄（III）コロイドなど多くの例がある．

多数の分子やイオンが会合，すなわち互いに寄り集まって粒子を形成し，分散しているコロイドを**会合コロイド**という．特に，水に溶媒和されにくい部分（**疎水基**という）と水に溶媒和されやすい部分（**親水基**という）をあわせもつ分子を**両親媒性分子**といい，水中である濃度以上になると多数の分子が会合し，疎水基を内側に取込んだ構造体を形成する．このような構造体を**ミセル**といい，水を分散媒とする会合コロイドとなる．図 2・20 には，代表的な両親媒性分子の構造式と，ミセルの模式図を示した．

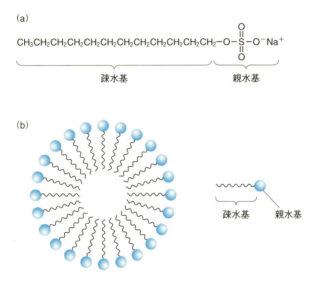

図 2・20 (a) 代表的な両親媒性分子．ドデシル硫酸ナトリウムの構造式．(b) ミセルの模式図．両親媒性分子は，多数の分子が会合して，疎水基を内側に取込み親水基を外側に配置した構造体を形成し，水に分散する．

第 6 章で詳しく述べるように，デンプンや卵白などのタンパク質は，分子量が 1 万以上の巨大分子である．これらは分子 1 個がコロイドを形成する大きさをもつので，水に溶かしただけでコロイドとなる．このようなコロイドを**分子コロイド**という．

コロイドの性質　コロイドには，溶液にはみられない特徴的な性質がある．コロイドに強い光線を当てて側面から見ると，光の通路が明るく輝いて見える．これはコロイドの粒子によって光が散乱されるためである．この現象は 19 世紀にアイルランドの物理学者チンダル (J. Tyndall, 1820〜1893) が発見したこと

から，**チンダル現象**とよばれている．また，コロイドの粒子は半透膜を通過できないので，半透膜を用いて，イオンや分子などの溶質とコロイドの粒子を分離することができる．この操作を**透析**という．腎臓は透析の機能をもち，これによって血液中の老廃物を体外に排出している．

コロイドには粒子の表面に電荷をもつものが多く，電極を差し込んで直流電圧をかけると，コロイドの粒子が一方の電極に移動する．この現象を**電気泳動**という．また，コロイドに電解質溶液を加えると，コロイドの粒子が集合化し，大きな粒子となって沈殿することがある．これは，加えられた電解質によってコロイドの粒子の表面電荷が打消され，粒子間にはたらいていた静電的な斥力が失われるためである．この現象を**凝析**という．

例題 2・21　分散コロイドである泥水の粒子は，おもに表面に負電荷をもつ微細な粘土からなる．浄水場ではこれらを除くために，凝析が利用される．次の四つの電解質のうち，浄水のための凝析に最も有効なものはどれか．

① 塩化ナトリウム　$NaCl$　　② 硫酸アルミニウム　$Al_2(SO_4)_3$
③ 硫酸マグネシウム　$MgSO_4$　　④ リン酸ナトリウム　Na_3PO_4

解答・解説　② 硫酸アルミニウム　$Al_2(SO_4)_3$

コロイドの粒子表面が負電荷をもつので，それを打消すには，価数の大きな正電荷をもつ電解質が最も有効である．

節末問題

1. 濃厚な溶液に溶媒を加えて，希薄な溶液を調製する操作を**希釈**という．モル濃度 $0.20\ mol\ L^{-1}$ の硝酸ナトリウム $NaNO_3$ 水溶液が $200\ mL$ ある．この水溶液に $NaNO_3$ を加え，さらに水で希釈することによって，$0.32\ mol\ L^{-1}$ の $NaNO_3$ 水溶液 $500\ mL$ を調製したい．加えるべき $NaNO_3$ の質量は何 g か．ただし，$NaNO_3$ のモル質量を $85\ g\ mol^{-1}$ とする．

2. 温度 $25\ ℃$，圧力 $1.0\ atm\ (1.013 \times 10^5\ Pa)$ における，水に対する酸素 O_2 の溶解度は $1.27 \times 10^{-3}\ mol\ L^{-1}$ である．$25\ ℃$，$5.0\ atm$ において，$2.0\ L$ の水に溶解する O_2 は，標準状態（$0\ ℃$，$1\ atm$）に換算すると何 L か．有効数字 2 桁で求めよ．ただし，標準状態における気体のモル体積を $22.4\ L\ mol^{-1}$ とする．

2·4 溶　　　液　　81

3. 寒冷地では自動車のエンジンの冷却水が凍結するのを防ぐために，**不凍液**が用いられる．一般的な不凍液は，エチレングリコール $C_2H_6O_2$（表5·5参照）の水溶液である．不凍液の凍結温度を予想するために，凝固点降下の式〔(2·21)式〕が適用できるとすると，凍結温度を $-10\,℃$ 以下にするためには，エチレングリコールの質量パーセント濃度を何%以上にしなければならないか．小数第1位まで求めよ．ただし，水のモル凝固点降下を $1.853\,\mathrm{K\,kg\,mol^{-1}}$，エチレングリコールのモル質量を $62\,\mathrm{g\,mol^{-1}}$ とする．

4. コロイドに関する記述として誤りを含むものを，次の①〜⑤のうちからすべて選べ．また，誤っている理由を説明し，正しい記述に修正せよ．

① デンプン水溶液は，多数のデンプン分子が集合したミセルからなる会合コロイドである．

② ドデシル硫酸ナトリウム $C_{12}H_{25}OSO_3^-Na^+$ が形成する会合コロイドに電気泳動を行うと，コロイドの粒子は陰極側に移動する．

③ 朝もやの中で太陽光の通路が輝いて見えるのは，チンダル現象の例である．

④ 寒天の粉末を加熱して水に溶かすとゲルになり，これを冷やすとゾルになる．

⑤ 豆乳に塩化マグネシウム $MgCl_2$ の水溶液を加えると豆腐ができるのは，透析の例である．

3 物質の変化

3·1 熱化学

§1·3·4 では,釣合いのとれた化学反応式とモル質量を用いることによって,化学反応は定量的に扱えることを述べた. 第3章では,化学反応に伴うエネルギー変化や代表的な反応を詳しく扱うことによって,さらに化学反応に関する理解を深める. 反応に伴うエネルギーの変化について,おもに熱の観点から解き明かす学問分野を**熱化学**という.

3·1·1 化学反応とエネルギー

私たちは日常的に,ガス(主成分はメタン CH_4)を燃やして得た熱を調理や暖房に利用している. この反応は燃焼反応の一つであり,次の反応式で表される.

$$CH_4 + 2O_2 \longrightarrow CO_2 + 2H_2O$$

発生した熱は,CH_4 に蓄えられていたエネルギーが,この反応によって放出されたものと理解される. このように,物質に保持されたエネルギーを,一般に**化学エネルギー**という. "化学エネルギー" は便利な用語ではあるが,厳密に定義されたものではない. 反応に伴うエネルギーの変化を定量的に理解するためには,より詳細な扱いが必要となる.

一般に,化学反応に伴って,系と外界との間でエネルギーのやり取りが起こる. ここで,**系**とは,私たちが注目している特定の領域のことであり,たとえば反応容器に入ったすべての物質をさす. 一方,**外界**とは,注目している系以外のすべての領域をいう. また,系がもつ全エネルギーを**内部エネルギー**といい,U で

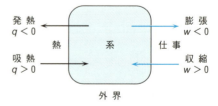

図 3·1 系と外界とのエネルギーのやり取り. 系と外界は,熱 q と仕事 w の形態でエネルギーのやり取りをする. いずれも外界から系にエネルギーが移動するときに,正の符号とする.

表す.Uは,系を構成する粒子の熱運動によるエネルギーや,化学結合がもつエネルギーの総和を意味する.

さて§2・1・2では,エネルギーの移動形態として,熱と仕事の二つがあることを述べた.反応に伴う系と外界とのエネルギーのやり取りも,熱と仕事によって行われる(図3・1).系に対して,外界からエネルギーが熱qと仕事wの形態で移動したとき,次式が成り立つ.

$$\Delta U = q + w \qquad (3・1)$$

ここでΔUは,反応後の内部エネルギーU_2と反応前の内部エネルギーU_1の差であり,"反応に伴う内部エネルギー変化"を表す($\Delta U = U_2 - U_1$).エネルギーが熱として系から外界へ移動する反応(熱を放出する反応,$q<0$)を**発熱反応**という.上記のメタンCH_4の燃焼反応は,典型的な発熱反応である.一方,エネルギーが熱として外界から系へ移動する反応(熱を吸収する反応,$q>0$)を**吸熱反応**という.また,反応に伴って系が外界とやり取りする熱qを**反応熱**という.

エンタルピー　一般に反応は,大気に対して開放された容器で行うことが多い.このとき,圧力は一定であり,反応に伴って外界から系に移動する仕事w(系の収縮あるいは膨張に伴うエネルギー)は次式で表される(図3・2).

$$w = -P\Delta V \qquad (3・2)$$

ここで,Pは圧力,ΔVは反応後の体積V_2と反応前の体積V_1の差である($\Delta V = V_2 - V_1$).(3・1)式と(3・2)式から,次の(3・3)式が成り立つ.

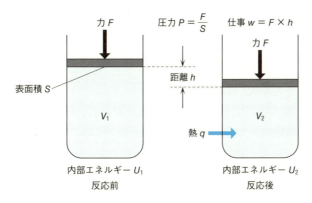

図3・2　一定の圧力下における反応の模式図.
$w = F \times h = P \times S \times h = P \times (V_1 - V_2) = -P\Delta V$が成り立つ.

84   3. 物 質 の 変 化

$$q = \Delta U + P\Delta V \qquad (3\cdot3)$$

さらに，Uの代わりに，$H = U + PV$によって定義される**エンタルピー**という物
理量 H を用いると，圧力 P が一定ならば，$\Delta H = \Delta U + P\Delta V$ であるから，次式
が成り立つことになる．

$$q = \Delta H \qquad (3\cdot4)$$

ΔH は，反応後のエンタルピー H_2 と反応前のエンタルピー H_1 の差であり，"反
応に伴うエンタルピー変化"である（$\Delta H = H_2 - H_1$）．すなわち，<u>一定の圧力下
で行われる反応では，反応熱 q は，反応に伴う系のエンタルピー変化 ΔH に等し
い</u>*．こうして，"エンタルピー"という物理量を用いることによって，私たちが
普通に行う反応において出入りする熱と，系のエネルギー変化を関係づけること
ができるのである．反応熱 q を測定すれば ΔH がわかり，また ΔH がわかれば反
応熱 q を知ることができる．

3・1・2 熱化学反応式

　一定の圧力下で行われる反応の反応熱を表記するときは，釣合いのとれた反応
式とともに，反応に伴う系のエンタルピー変化 ΔH を示す．単位は J あるいは kJ
（キロジュール，10^3 J）が用いられる．たとえば，前述のメタン CH_4 の燃焼反応
は，1 mol の CH_4 の燃焼によって 890.7 kJ が放出されるから，次式のように表記
される．

$$CH_4(g) + 2O_2(g) \longrightarrow CO_2(g) + 2H_2O(l) \qquad \Delta H = -890.7 \text{ kJ} \qquad (3\cdot5)$$

このような反応式を**熱化学反応式**という．熱化学反応式を書くときや解釈すると
きには，次の点に注意する必要がある．

• 反応に伴うエンタルピー変化 ΔH を議論するときは，<u>必ず対象となる反応式を
表記しなければならない</u>．ΔH は反応に固有の値ではなく，反応式の書き方に
依存する値である．たとえば，CH_4 の燃焼反応の反応式を O_2 の化学量論係数
が 1 になるように書くと，ΔH の値も (3・5)式の値の 2 分の 1 となる．

---

　*　厳密には，定温・定圧下で行われる反応に伴う系のエンタルピー変化は，**標準反応エンタル
ピー** $\Delta_r H^\circ$ という物理量で記述される〔上付き記号 "$\circ$" は標準状態（1 bar，10^5 Pa）における値
であることを表す〕．$\Delta_r H^\circ$ は "反応進行度に対する系の標準エンタルピーの変化量" で定義さ
れ，"表記された反応が 1 mol 回進行するときに，系が吸収あるいは放出する熱量" と言い換える
ことができる．単位は J mol^{-1}，あるいは kJ mol^{-1} である．本書で用いた "反応に伴う系のエン
タルピー変化 ΔH" は，標準状態では $\Delta_r H^\circ$ と同じ数値になる．

$$\frac{1}{2}CH_4(g) + O_2(g) \longrightarrow \frac{1}{2}CO_2(g) + H_2O(l) \qquad \Delta H = -445.4 \text{ kJ} \qquad (3\cdot6)$$

- 熱化学反応式では，すべての反応物と生成物の状態を付記しなければならない．これは状態によって物質のエネルギーが異なるので，ΔH の値も変化するためである．気体は(g)，液体は(l)，固体は(s)と付記する．また，同素体（§1・1・1 参照）がある場合は，(黒鉛)，(ダイヤモンド)などと付記する．

- 発熱反応は，外界に熱を放出して系のエンタルピーが減少するので，$\Delta H < 0$ である．一方，吸熱反応は，外界から熱を吸収して系のエンタルピーが増大するので，$\Delta H > 0$ である．

- 反応式を逆にすると，逆の過程を表す熱化学反応式が書ける．このとき，ΔH は符号が変わるが，絶対値は変わらない．たとえば，(3・5)式を逆にすると，次式が得られる．

$$CO_2(g) + 2H_2O(l) \longrightarrow CH_4(g) + 2O_2(g) \qquad \Delta H = 890.7 \text{ kJ} \qquad (3\cdot7)$$

例題 3・1 　25 ℃，1.0×10^5 Pa において，2 mol の水素ガスを燃焼させると，2 mol の液体の水が生成し，571.6 kJ の熱が放出される．次の問いに答えよ．
(1) この反応を熱化学反応式で表せ．
(2) 水 1.00 mL が生成するとき，この反応で放出される熱量は何 kJ か．ただし，水の密度を 1.00 g cm^{-3}，モル質量を 18.0 g mol^{-1} とする．

解答・解説

(1) $2H_2(g) + O_2(g) \longrightarrow 2H_2O(l) \qquad \Delta H = -571.6 \text{ kJ}$

(2) 15.9 kJ

　熱化学反応式から，2 mol の $H_2O(l)$ が生成するとき，571.6 kJ の熱が放出されることがわかる．水 1.00 mL の物質量は $\frac{1.00 \text{ cm}^3 \times 1.00 \text{ g cm}^{-3}}{18.0 \text{ g mol}^{-1}}$ によって得られるから，求める熱量 q 〔kJ〕は次式によって求めることができる．

$$q = \frac{1.00 \text{ cm}^3 \times 1.00 \text{ g cm}^{-3}}{18.0 \text{ g mol}^{-1}} \times \frac{571.6 \text{ kJ}}{2 \text{ mol}}$$

標準生成エンタルピー　　反応に伴う系のエンタルピー変化 ΔH は，原理的には，定圧熱量計を用いた**熱量測定**によって測定することができる．しかし多くの反応では，物質の**標準生成エンタルピー** $\Delta_f H°$ から計算することができる．ある物質の $\Delta_f H°$ は，次のように定義される．

86　　　　　　　　　　　3. 物 質 の 変 化

1 bar（バール，10^5 Pa）の圧力下において，1 mol の物質が，その成分元素の
1 bar における最も安定な単体から生成する反応の反応熱

たとえば，1 mol の液体の水 $H_2O(l)$ を，その成分元素の単体，すなわち $H_2(g)$
と $O_2(g)$ から生成する反応の熱化学反応式は次式で表されるから，$H_2O(l)$ の標
準生成エンタルピー $\Delta_f H^\circ$ は -285.8 kJ mol^{-1} となる.

$$H_2(g) + \frac{1}{2}O_2(g) \longrightarrow H_2O(l) \qquad \Delta H = -285.8 \text{ kJ}$$

ここで，圧力 1 bar の状態を**標準状態***とよび，上付き記号 "°" をつけて標準状
態における値であることを示す. $\Delta_f H^\circ$ は，標準状態において最も安定な単体が
もつエンタルピーをゼロとしたときの，それぞれの物質がもつエンタルピーを表
している. 多数の物質について $\Delta_f H^\circ$（25 ℃）の値が報告されており，便覧など
から入手することができる. 表3・1にその一部を示した.

標準生成エンタルピー $\Delta_f H^\circ$ を用いると，一定の圧力下（1 bar）で行われた反
応に伴う系のエンタルピー変化 ΔH は，次式によって容易に求めることができる.

$$\Delta H = [生成物の \Delta_f H^\circ の総和] - [反応物の \Delta_f H^\circ の総和] \qquad (3\cdot8)$$

表3・1　標準生成エンタルピー $\Delta_f H^\circ$（25 ℃）

物質（状態）	$\Delta_f H^\circ$ 〔kJ mol^{-1}〕	物質（状態）	$\Delta_f H^\circ$ 〔kJ mol^{-1}〕
水　$H_2O(g)$	-241.8	アンモニア　$NH_3(g)$	-46.1
水　$H_2O(l)$	-285.8	二酸化窒素　$NO_2(g)$	33.2
一酸化炭素　$CO(g)$	-110.5	四酸化二窒素　$N_2O_4(g)$	9.2
二酸化炭素　$CO_2(g)$	-393.5	塩化水素　$HCl(g)$	-92.3
メタン　$CH_4(g)$	-74.4	エタン　$C_2H_6(g)$	-83.8

例題3・2　　1 mol のエタン C_2H_6 の燃焼反応は，次の反応式によって表される.

$$C_2H_6(g) + \frac{7}{2}O_2(g) \longrightarrow 2CO_2(g) + 3H_2O(l)$$

この反応で放出される熱量は何 kJ か. ただし，反応は標準状態，25 ℃ で起こる
ものとし，計算に必要な数値があれば表3・1を参照せよ.

---

*　標準状態の温度は定義されず，標準状態を設定する際に指定される. 一般に，25 ℃
（298.15 K）とする場合が多い. なお，§2・3・2では，0 ℃，1 atm を "気体の標準状態" としたが，こ
れと混同しないように注意する必要がある.

3·1 熱 化 学　　87

解答・解説　1560.6 kJ

物質 X の標準生成エンタルピーを $\Delta_f H°[X]$ と書くと，この反応に伴う系のエンタルピー変化 ΔH〔kJ〕は，(3·8)式から次式によって求められる．

$$\Delta H = [2 \times \Delta_f H°[CO_2] + 3 \times \Delta_f H°[H_2O]] - [\Delta_f H°[C_2H_6] + \frac{7}{2} \times \Delta_f H°[O_2]]$$

$$= [2 \times (-393.5) + 3 \times (-285.8)] - [(-83.8) + \frac{7}{2} \times 0] = -1560.6 \text{ kJ}$$

したがって，反応は発熱反応であり，1560.6 kJ の熱が放出される．なお，$O_2(g)$ は標準状態において最も安定な酸素の単体であるから，$\Delta_f H°[O_2] = 0$ となる．■

さまざまな反応熱　反応熱には，燃焼熱，生成熱，溶解熱など特定の名称をもつものがある．これらは 1 mol の反応物あるいは生成物に着目して定義されており，$J \, mol^{-1}$ あるいは $kJ \, mol^{-1}$ の単位で表記される．

反応が一定の圧力下で行われた場合には，反応熱は"反応に伴うエンタルピー変化"に等しいので，燃焼エンタルピー，生成エンタルピー，溶解エンタルピーなどの用語が用いられる．ただし，この際，定義と符号に注意する必要がある．たとえば，**燃焼熱**は"1 mol の物質が完全燃焼したときに発生する熱量"であるので，メタン CH_4 の燃焼熱は (3·5)式から 890.7 $kJ \, mol^{-1}$ となる．しかし，この反応は発熱反応であるから $\Delta H < 0$ であり，CH_4 の燃焼エンタルピーは $-890.7 \, kJ \, mol^{-1}$ となる．

また，§2·1·2 では，状態変化に伴ってエネルギーが放出あるいは吸収されることを述べ，物質 1 mol の状態変化に対して融解熱，蒸発熱などを定義した．状態変化が一定の圧力下で起こる場合には，これらも融解エンタルピー，蒸発エンタルピーなどとよばれる．この場合にも，定義と符号に注意しなければならない．

例題 3·3　100 ℃，1 atm における水 H_2O の蒸発熱は 40.7 $kJ \, mol^{-1}$ である．この温度，圧力における水 1 mol の気体から液体への変化を，熱化学反応式を用いて表せ．

解答・解説

$$H_2O(g) \longrightarrow H_2O(l) \qquad \Delta H = -40.7 \text{ kJ}$$

気体から液体への変化，すなわち凝縮は発熱過程であるから，$\Delta H < 0$ となる．凝縮熱（凝縮が起こるときに放出する熱量）は蒸発熱（蒸発が起こるときに吸収する熱量）に等しく，40.7 $kJ \, mol^{-1}$ である．■

88   3. 物 質 の 変 化

3·1·3 ヘスの法則

1840 年, スイス生まれのロシアの化学者ヘス (G. H. Hess, 1802～1850) は, さ
まざまな反応の反応熱を測定し, その結果に基づいて次のような法則を発表した.

化学反応の反応熱は, 反応前と反応後の状態だけで決まり, 反応の経路により
ず一定となる.

この法則を**ヘスの法則**という. ヘスの時代にはまだ, エンタルピーの概念はな
かったが, この法則は, "一定の圧力下で行われる化学反応に伴う系のエンタル
ピー変化 ΔH は, 反応経路にかかわらず一定である"と言い換えることができる.
　ヘスの法則を用いると, 直接的に測定できない反応熱を, 計算によって間接的
に求めることができる. 実際に, 多くの物質の標準生成エンタルピー $\Delta_f H^\circ$ がこ
の方法によって得られている. 例題で, ヘスの法則の有用性を確認しよう.

例題3·4 標準状態における炭素 C(黒鉛), 一酸化炭素 CO(g) の燃焼熱はそ
れぞれ, 393.5 kJ mol^{-1}, 283.0 kJ mol^{-1} である. これらのデータに基づいて, CO(g)
の標準生成エンタルピー $\Delta_f H^\circ$ を求めよ.

解答・解説 -110.5 kJ mol^{-1}

　この種の問題ではまず, 与えられたデータを熱化学反応式で表すとよい. 本問
では次の二つの式になる.

$$C(黒鉛) + O_2(g) \longrightarrow CO_2(g) \qquad \Delta H_1 = -393.5 \text{ kJ} \qquad ①$$

$$CO(g) + \frac{1}{2}O_2(g) \longrightarrow CO_2(g) \qquad \Delta H_2 = -283.0 \text{ kJ} \qquad ②$$

また, 求める値を $\Delta_f H^\circ$[CO]と表すと, $\Delta_f H^\circ$ の定義から次式となる.

$$C(黒鉛) + \frac{1}{2}O_2(g) \longrightarrow CO(g) \qquad \Delta H_3 = \Delta_f H^\circ[\text{CO}] [\text{kJ}] \qquad ③$$

②の反応式を逆にして, ①の反応式と足し合わせると, 両辺から $CO_2(g)$ が消
去されて③の反応式となる. したがって, $\Delta H_1 - \Delta H_2 = \Delta H_3$ が成り立つ. これ
は, 右図に示すように C(黒鉛)と O_2 から CO_2 が生成する反応について, ヘスの
法則から, 直接生成する過程の反応熱
(ΔH_1) と, CO を経由する経路の反応熱
($\Delta H_3 + \Delta H_2$) が等しいことを利用してい
る. これによって, 直接的に測定するこ
とが難しい CO の標準生成エンタルピー
を得ることができる.

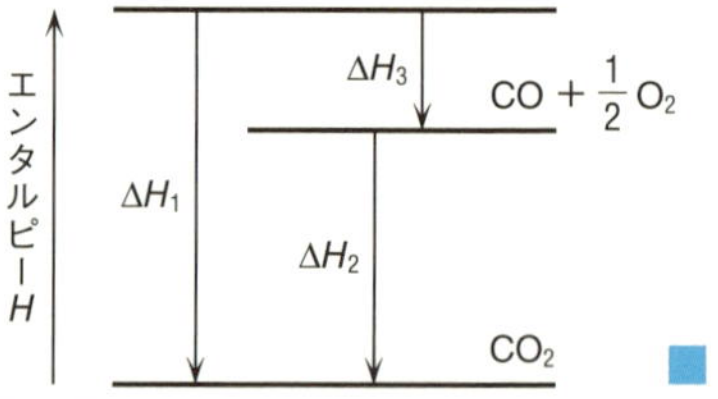

3・1・4 結合エンタルピー

多くの反応について，標準生成エンタルピー $\Delta_f H^\circ$ とヘスの法則から，反応熱，すなわち反応に伴うエンタルピー変化 ΔH を求めることができる．しかし，$\Delta_f H^\circ$ のデータがないときには，(3・8)式を用いることができない．このような場合には，結合エンタルピーを用いて ΔH を推測することができる．

ある結合 X−Y の**結合エンタルピー** D_{X-Y} は，次のように定義される．

> 標準状態において，1 mol の気体分子に含まれる特定の結合 X−Y を，2 個の電子を原子 X, Y に 1 個ずつ配分するように開裂させる反応に伴うエンタルピー変化

たとえば，H−H の結合エンタルピーは，次の熱化学反応式から $D_{H-H} = 436\,\mathrm{J\,mol^{-1}}$ となる．

$$H_2(g) \longrightarrow 2H(g) \qquad \Delta H = 436\,\mathrm{kJ}$$

結合を開裂させるにはエネルギーが必要であるから，必ず $D_{X-Y} > 0$ となる．また，C−C や C−H など分子の一部を形成する結合では，それぞれの分子で値が異なるため，それらの結合エンタルピーは多くの分子から求められた平均値となる．表3・2には，おもな結合について D_{X-Y} の値を示した．

表3・2　結合エンタルピー D_{X-Y}

結　合	$D\,[\mathrm{kJ\,mol^{-1}}]$	結　合	$D\,[\mathrm{kJ\,mol^{-1}}]$
H−H	436	C−C	347
C−H	414	C=C	615
N−H	390	C≡C	811
O−H	464	C−O	351
O=O	498	C=O [†]	745

　　† CO_2 における C=O の値は 799 kJ mol^{-1}.

結合エンタルピー D_{X-Y} を用いると，反応に伴う系のエンタルピー変化 ΔH は次式で表される．

$$\Delta H \approx [\text{反応物の } D_{X-Y} \text{ の総和}] - [\text{生成物の } D_{X-Y} \text{ の総和}] \qquad (3・9)$$

(3・9)式の第1項は反応物のすべての結合を開裂させて個々の原子にするために投入するエネルギー，また第2項は個々の原子が結合を形成して生成物になると

きに放出するエネルギーを表している．"近似的に等しい"ことを示す記号 ≈ を用いたのは，一般に D_{X-Y} は平均値であるため，ΔH も近似的な値となるからである．なお，液体や固体が関わる反応では，結合の開裂・形成だけでなく，分子間にはたらく力も反応熱に寄与するため，(3・9)式を適用することはできない．

例題 3・5　結合エンタルピーを用いて，標準状態における次の反応に伴うエンタルピー変化 ΔH 〔kJ〕を求めよ．この反応は発熱反応か，それとも吸熱反応か．

$$H_2(g) + Cl_2(g) \longrightarrow 2HCl(g)$$

ただし，H-H，Cl-Cl，H-Cl の結合エンタルピーは，それぞれ 436 kJ mol^{-1}，243 kJ mol^{-1}，432 kJ mol^{-1} とする．

解答・解説　-185 kJ，$\Delta H < 0$ であるから発熱反応
(3・9)式を適用すると，次式が成り立つ．

$$\Delta H = (436 \text{ kJ mol}^{-1} \times 1 \text{ mol} + 243 \text{ kJ mol}^{-1} \times 1 \text{ mol}) - (432 \text{ kJ mol}^{-1} \times 2 \text{ mol})$$

これは，右図のように，個々の原子となった状態（2H + 2Cl）を経由して，間接的に ΔH を求めていることになる．実際の反応はこのような経路で進行するわけではないが，この方法の妥当性はヘスの法則によって保証されている．

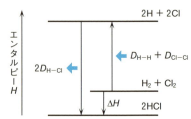

節末問題

1. 標準状態における炭素 C(黒鉛)，水素 $H_2(g)$，プロパン $C_3H_8(g)$ の燃焼熱はそれぞれ，393.5 kJ mol^{-1}，285.8 kJ mol^{-1}，2219.2 kJ mol^{-1} である．これらのデータに基づいて，$C_3H_8(g)$ の標準生成エンタルピー $\Delta_f H°$ を求めよ．

2. 質量 5.0 g のメタノール CH_3OH の完全燃焼で発生する熱によって，温度 20 ℃，質量 1.0 kg の水を加熱する．発生する熱がすべて水の温度上昇に用いられたとすると，燃焼後の水は何 ℃ になるか．整数値で答えよ．ただし，CH_3OH の燃焼エンタルピーは -725.7 kJ mol^{-1}，モル質量は 32 g mol^{-1}，水の比熱容量（§2・1・2 参照）は 4.18 J g^{-1} K^{-1} とする．

3. アンモニア NH_3 における $N-H$ 結合の平均的な結合エンタルピー D_{N-H} 〔$kJ\ mol^{-1}$〕は，次の熱化学反応式で表される．

$$NH_3(g) \longrightarrow N(g) + 3H(g) \qquad \Delta H = 3 \times D_{N-H}$$

NH_3 の標準生成エンタルピーを $-46\ kJ\ mol^{-1}$，$H-H$ および $N\equiv N$ の結合エンタルピーをそれぞれ $436\ kJ\ mol^{-1}$，$945\ kJ\ mol^{-1}$ とするとき，D_{N-H} は何 $kJ\ mol^{-1}$ になるか．整数値で答えよ．

3・2 酸と塩基の反応

　人類は古代から，柑橘類の果汁や酢には，なめると酸っぱく，金属を腐食したり牛乳を凝固させるなど共通の性質をもつ物質があることを知り，それらを acid（**酸**）とよんだ．一方，草木を燃やして得られる灰には，苦みをもち，酸のはたらきを打消す物質があることを知り，それらを base（**塩基**）とよんだ．私たちの日常生活において，酸と塩基は最も身近な物質群の一つである．本節では，酸と塩基の反応を扱う．

3・2・1 酸と塩基

　酸・塩基の科学的な定義は，まずスウェーデンの科学者アレニウス（S. Arrhenius, 1859〜1927）によってなされた．1884 年，水溶液中のイオンに関する研究をしていたアレニウスは，酸・塩基を次のように定義した．

> 水溶液中で水素イオン H^+ を生じる物質を酸という．また，水溶液中で水酸化物イオン OH^- を生じる物質を塩基という．

　アレニウスによって酸・塩基に明確な定義が与えられたが，この定義は水溶液だけに適用できる点で制限されたものであった．これに対して，1923 年，デンマークの化学者ブレンステッド（J. Brønsted, 1879〜1947）と英国の化学者ローリー（T. Lowry, 1874〜1936）は独立に，酸・塩基を次のように定義することを提案した．

> 水素イオン H^+ を供与する物質を酸という．また，H^+ を受容する物質を塩基という．

92   3. 物 質 の 変 化

この定義を**ブレンステッド–ローリーの定義**といい，今日では広く用いられている．たとえば，塩化水素 HCl を水 H_2O に溶かすと，次の反応が進行する．

$$HCl + H_2O \longrightarrow H_3O^+ + Cl^-$$

この反応では，HCl は H_2O に水素イオン H^+ を供与しているので，酸である．一方，H_2O は HCl から H^+ を受容しているので，塩基である．

　ブレンステッド–ローリーの定義では，同じ物質が反応によって，酸になる場合も，塩基になる場合もあることに注意しなければならない．たとえば，アンモニア NH_3 を水 H_2O に溶かすと，NH_3 の一部は H_2O と次式のように反応する．

$$NH_3 + H_2O \longrightarrow NH_4^+ + OH^-$$

この反応では，H_2O は NH_3 に水素イオン H^+ を供与しているので，酸としてはたらいている．一方，NH_3 は H_2O から H^+ を受容しているので，塩基である．

例題 3・6　　次の四つの反応のうち，下線部の物質がブレンステッド–ローリーの定義による酸としてはたらいているものをすべて選べ．

① $\underline{NH_4^+} + H_2O \longrightarrow NH_3 + H_3O^+$

② $\underline{H_2PO_4^-} + NH_3 \longrightarrow HPO_3^{2-} + NH_4^+$

③ $HNO_3 + \underline{H_2O} \longrightarrow H_3O^+ + NO_3^-$

④ $CO_3^{2-} + \underline{H_2O} \longrightarrow HCO_3^- + OH^-$

解答・解説　①，②，④

　下線部の物質が，水素イオン H^+ を供与している反応を選ぶ．なお，ブレンステッド–ローリーの定義において，酸が H^+ を供与して生成する物質をその酸の**共役塩基**，塩基が H^+ を受容して生成する物質をその塩基の**共役酸**という．たとえば，反応①では，NH_4^+ は酸であり，NH_3 はその共役塩基である．また，同じ反応で H_2O は塩基であり，H_3O^+ はその共役酸である．　■

酸・塩基の価数　　化合物が水素原子 H をもっていても，すべての H が水中で水素イオン H^+ になるとは限らない．酸の化学式において，電離して H^+ となることができる水素原子の数を，その酸の**価数**という．たとえば，塩化水素 HCl や硝酸 HNO_3 は 1 価の酸，硫酸 H_2SO_4 は 2 価の酸である．しかし，酢酸 $C_2H_4O_2$ は図 3・3 に示したような構造式をもち，4 個の水素原子のうち 1 個だけが水中で電離するので，1 価の酸である．なお，酢酸はこの構造により CH_3COOH と表記されることが多い．

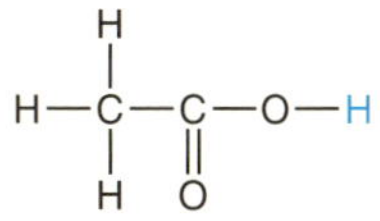

図 3・3 酢酸の構造式. 酢酸は 1 分子に 4 個の水素原子をもつが, 水中で電離して水素イオン H^+ となるのは, 酸素原子に結合した 1 個(青字で示す)だけである.

塩基では, 化学式に含まれる水酸化物イオン OH^- の数, あるいは化学式に示された 1 単位が受容できる水素イオン H^+ の数を, その塩基の価数という. たとえば, 水酸化ナトリウム NaOH やアンモニア NH_3 は 1 価の塩基, 水酸化カルシウム $Ca(OH)_2$ は 2 価の塩基である.

3・2・2 酸と塩基の強さ

§2・4・1 では, 水溶液中でほぼ完全に電離する物質を強電解質, 一部しか電離しない物質を弱電解質ということを述べた. 酸と塩基の強さも, 水溶液中のそれらの電離の程度によって評価することができる.

強電解質の酸を**強酸**, 強電解質の塩基を**強塩基**という. 塩化水素 HCl は強酸の例であり, 水酸化ナトリウム NaOH は強塩基の例である. 水溶液中のこれらの電離は, 次式で表される*.

$$HCl \longrightarrow H^+ + Cl^-$$
$$NaOH \longrightarrow Na^+ + OH^-$$

これに対して, 弱電解質の酸を**弱酸**, 弱電解質の塩基を**弱塩基**という. 酢酸 CH_3COOH は弱酸の例であり, 水溶液中の電離は次式で表される.

$$CH_3COOH \rightleftharpoons H^+ + CH_3COO^-$$

ここで二重の矢印 $\rightleftharpoons$ は, 右向きの反応と左向きの反応がどちらも起こっていることを示している. さらにここでは, 右向きの反応, すなわち酢酸 CH_3COOH の電離の速度と, 左向きの反応, すなわち水素イオン H^+ と酢酸イオン CH_3COO^- の結合反応の速度が正確に等しく, 正味の変化が観測されない平衡状態 (§2・1・3 参照) になっている. このような電離による平衡を, **電離平衡**という. 電離平衡の定量的な扱いは, §3・4・4 で詳しく述べる.

---

* 水素イオン H^+ は, 1 個の陽子と 1 個の電子からなる水素原子が電子を失って生じたイオンであるから, 陽子そのものである. このため, H^+ はしばしば**プロトン**(陽子の英語名)とよばれる. 水溶液中では, H^+ は単独では存在せず, 水 H_2O と配位結合 (§1・2・3 参照) により, オキソニウムイオン H_3O^+ を形成している. さらに H_3O^+ は数個の水分子によって水和されていることが知られており, 水溶液中の H^+ は, しばしば $H^+(aq)$ や $H_3O^+(aq)$ と表記される. しかし, 本書ではこれらの状況を理解したうえで, 実質的に反応に関わる化学種は H^+ であることから, 酸の電離によって生成する水素イオンを H^+ と表記する.

アンモニア NH_3 は弱塩基の例であり，水溶液中では次式で表されるような電離平衡の状態にある．

$$NH_3 + H_2O \rightleftharpoons NH_4^+ + OH^-$$

表3·3に，代表的な強酸，弱酸，強塩基，弱塩基を示した．

表3·3　おもな強酸，弱酸，強塩基，弱塩基

強　酸	弱　酸	強塩基	弱塩基
塩　酸　HCl	フッ化水素酸　HF	水酸化ナトリウム $NaOH$	アンモニア　NH_3
臭化水素酸　HBr	酢　酸　CH_3COOH	水酸化カリウム KOH	水酸化マグネシウム[†1] $Mg(OH)_2$
ヨウ化水素酸　HI	硫化水素酸　H_2S	水酸化カルシウム $Ca(OH)_2$	水酸化銅(II)[†1] $Cu(OH)_2$
硝　酸　HNO_3	炭　酸[†2]　H_2CO_3	水酸化バリウム $Ba(OH)_2$	水酸化アルミニウム[†1] $Al(OH)_3$
硫　酸　H_2SO_4	リン酸　H_3PO_4		

†1　水に対する溶解度がきわめて低いため，弱塩基に分類される．
†2　二酸化炭素 CO_2 の水溶液中に，CO_2 と水との反応（$CO_2 + H_2O \rightleftharpoons H_2CO_3$）によってわずかに存在する．

例題3·7　硫酸 H_2SO_4 は2価の酸であり，その電離は2段階で起こる．電離の第1段階は完全に進行するが，第2段階は一部しか進行しない．それぞれの段階を反応式で表せ．

解答・解説

第1段階　　$H_2SO_4 \longrightarrow H^+ + HSO_4^-$
第2段階　　$HSO_4^- \rightleftharpoons H^+ + SO_4^{2-}$

硫酸は電離の第1段階がほぼ完全に進行するので，強酸に分類される．電離によって生成する硫酸水素イオン HSO_4^- は弱酸である．■

電 離 度　　酸と塩基の強さを定量的に評価するには，電離度を用いる方法がある．**電離度**は，"溶解した電解質の濃度に対する電離した電解質の割合"で定義される．たとえば，次式で表される電離平衡にある弱酸 HA の水溶液を考えよう．

$$HA \rightleftharpoons H^+ + A^-$$

溶解した HA のモル濃度を c_0, 電離平衡にあるときの HA, A^- のモル濃度をそれぞれ [HA], [A^-] で表すと, 電離度 α は次式で表される.

$$\alpha = \frac{[A^-]}{c_0} = \frac{[A^-]}{[HA]+[A^-]} \tag{3・10}$$

電離度 α は濃度 c_0 に依存し, 一般に濃度が小さいほど電離度は大きくなる. しかし, 強酸, 強塩基では濃度によらず, $\alpha \approx 1$ となる. 弱酸の酢酸では 25℃, $c_0 = 0.10\ \mathrm{mol\ L^{-1}}$ のとき, $\alpha = 0.017$ である.

3・2・3 水素イオン濃度とpH

前項で述べたように, 水 H_2O は酸としても, また塩基としても振舞う. 純粋な水は非常に弱い電解質であり, 電気伝導性に乏しい. これは次式で表される H_2O の電離の程度が, きわめて小さいことを意味している.

$$H_2O \rightleftharpoons H^+ + OH^- \tag{3・11}$$

実験によると, 25℃ において, 純粋な水では H^+ と OH^- の濃度は等しく $1.0 \times 10^{-7}\ \mathrm{mol\ L^{-1}}$ であり, また水に酸, あるいは塩基を溶かしても, H^+ と OH^- の濃度の積は常に一定であることが知られている. すなわち, 25℃ の水溶液では, 常に次式が成り立つ.

$$K_w = [H^+][OH^-] = 1.0 \times 10^{-14}\ \mathrm{mol^2\ L^{-2}} \tag{3・12}$$

ここで [H^+], [OH^-] はそれぞれのイオンのモル濃度を表す. K_w を**水のイオン積**という.

一般に, [H^+] > [OH^-] のとき, "水溶液は**酸性**である"といい, [H^+] < [OH^-] のとき, "水溶液は**塩基性**である"という. [H^+] = [OH^-] のときには, "水溶液は**中性**である"という. (3・12)式から, 水溶液が酸性, 中性, 塩基性のいずれであるかは, **水素イオン濃度**[H^+] の大きさだけで表せることがわかる. すなわち, 25℃ において, [H^+]と水溶液の酸性, 中性, 塩基性には次の関係が成り立つ.

$$酸性: [H^+] > 10^{-7}\ \mathrm{mol\ L^{-1}}$$
$$中性: [H^+] = 10^{-7}\ \mathrm{mol\ L^{-1}}$$
$$塩基性: [H^+] < 10^{-7}\ \mathrm{mol\ L^{-1}}$$

例題3・8　　25℃ において, 次の水溶液の水素イオン濃度は何 $\mathrm{mol\ L^{-1}}$ か.

(1) 濃度 $1.0 \times 10^{-3}\ \mathrm{mol\ L^{-1}}$ の水酸化ナトリウム NaOH 水溶液. ただし, NaOH の電離度は 1 とする.

96 　　　　　　　　　　　3. 物 質 の 変 化

(2) 濃度 0.10 mol L^{-1} の酢酸 CH$_3$COOH 水溶液. ただし, CH$_3$COOH の電離度
は 0.017 とする.

解答・解説

(1) 1.0×10^{-11} mol L^{-1}

　電離度は 1 であるから, NaOH はすべて Na$^+$ と OH$^-$ に電離する. したがって,
[OH$^-$] $= 1.0 \times 10^{-3}$ mol L^{-1} となる. 25 ℃ の水溶液では (3・12)式が成り立つ
ので, 水素イオン濃度 [H$^+$] は次式によって求めることができる.

$$[H^+] = \frac{K_w}{[OH^-]} = \frac{1.0 \times 10^{-14} \, mol^2 \, L^{-2}}{1.0 \times 10^{-3} \, mol \, L^{-1}}$$

(2) 1.7×10^{-3} mol L^{-1}

　(3・10)式から, 電離によって生成した酢酸イオン CH$_3$COO$^-$ の濃度は,
[CH$_3$COO$^-$] $= c_0 \times \alpha = (0.10 \, mol \, L^{-1}) \times 0.017$ によって求められる. 水溶液が
電気的に中性であるために, [CH$_3$COO$^-$] $=$ [H$^+$] が成り立ち, これより [H$^+$]
を求めることができる. なお, きわめて希薄な水溶液では, 水の電離平衡〔(3・
11)式〕によって生じるイオンの寄与も考慮しなければならない. ■

　水溶液中の H$^+$ や OH$^-$ の濃度はきわめて小さいので, 取扱いが不便である.
1909 年, デンマークの化学者セーレンセン (S. Sørensen, 1868～1939) は次式で
定義される実用的な水素イオン濃度 [H$^+$] の表記法を提案した.

$$pH = -\log[H^+] \qquad (3 \cdot 13)$$

ここで log は常用対数を表す. なお, [H$^+$] の項には, 水素イオン濃度の数値部
分のみを用いる. この表記法を **pH** (ピーエイチと読む) あるいは**水素イオン指
数**という. たとえば, 水素イオン濃度 [H$^+$] $= 0.01$ mol L^{-1} の酸性水溶液の pH
は, pH $= -\log(0.01) = -\log(1 \times 10^{-2}) = 2$ となる.

　この表記法を用いると, 25 ℃ において, 水溶液の pH と酸性, 中性, 塩基性
との関係は, 次のように簡単に表すことができる.

酸性: pH ＜ 7

中性: pH ＝ 7

塩基性: pH ＞ 7

　水溶液の pH は, pH メーターや pH 試験紙によって容易に測定することがで
きる. 食品管理, 土壌保全, 医療, 水質検査など私たちの身近な多くの場面で,
日常的に pH 測定が行われている.

3・2 酸と塩基の反応　　　97

例題3・9　　　水溶液の pH に関する次の問いに答えよ.

(1) 水素イオン濃度 $[H^+] = 2.0 \times 10^{-4}\,mol\,L^{-1}$ の酸性水溶液の pH はいくつか.
小数第1位まで求めよ. ただし, $\log 2 = 0.30$ とする.

(2) pH = 2 の水溶液の水素イオン濃度は, pH = 5 の水溶液の水素イオン濃度
の何倍か.

解答・解説

(1) pH = 3.7

(3・13)式より,

$$pH = -\log(2.0 \times 10^{-4}) = -\log 2.0 - \log 10^{-4} = -0.30 - (-4)$$

となる.

(2) 1000 倍

pH の定義から, pH = 2 の水溶液では $[H^+] = 10^{-2}\,mol\,L^{-1}$, pH = 5 の水溶
液では $[H^+] = 10^{-5}\,mol\,L^{-1}$ であることに注意する.　■

3・2・4　中和反応と塩

酸と塩基が反応して, それぞれの性質を打消し合う反応を**中和反応**という. 一
般に, 水溶液中の中和反応では, 水と塩が生成する. **塩**とは, 酸から生じる陰イ
オンと塩基から生じる陽イオンが結合した化合物をいう. たとえば, 塩酸（塩化
水素 HCl の水溶液）と水酸化ナトリウム NaOH 水溶液の中和反応では, 塩とし
て塩化ナトリウム NaCl が水 H_2O とともに生成する. この反応の釣合いのとれ
た反応式は次式で表される.

$$HCl + NaOH \longrightarrow NaCl + H_2O \qquad (3・14)$$

この反応では, Na^+ と Cl^- は, 反応前後で変化せずに水溶液中に存在している.
したがって, 水溶液中で実質的に起こっている反応は, 次の反応である.

$$H^+ + OH^- \longrightarrow H_2O \qquad (3・15)$$

これは水溶液中で起こるあらゆる中和反応について共通している. すなわち, 中
和反応は, "酸から生じる H^+ と塩基から生じる OH^- が結合して, 水 H_2O が生
成する反応" と理解することができる.

排水処理, 土壌の pH 制御, 制酸薬の服用など, 中和反応は, 私たちの日常生
活においてなじみの深い反応である.

98   3. 物 質 の 変 化

例題 3・10　　次の酸と塩基の中和反応を, 釣合いのとれた化学反応式で表せ.
(1) 硝酸 HNO_3 と水酸化バリウム $Ba(OH)_2$
(2) 硫酸 H_2SO_4 と水酸化アルミニウム $Al(OH)_3$

解答・解説
(1) $2HNO_3 + Ba(OH)_2 \longrightarrow Ba(NO_3)_2 + 2H_2O$
(2) $3H_2SO_4 + 2Al(OH)_3 \longrightarrow Al_2(SO_4)_3 + 6H_2O$
　酸から生じる H^+ と塩基から生じる OH^- が過不足なく反応するように, 酸と塩基の化学量論係数を決める. ■

塩の加水分解　　中和反応で生成した塩の水溶液は, 必ずしも中性であるとは限らない. それは, 塩が電離して生じる陽イオン, あるいは陰イオンが水と反応して, H^+, あるいは OH^- を与える場合があるからである. この反応を**塩の加水分解**という.
　たとえば, 酢酸ナトリウム CH_3COONa を考えよう. CH_3COONa は強電解質であり, 水溶液中では次式のようにほぼ完全に電離する.

$$CH_3COONa \longrightarrow Na^+ + CH_3COO^-$$

ナトリウムイオン Na^+ は強塩基 $NaOH$ に由来する陽イオンであり, 水とは反応しない. 一方, 酢酸イオン CH_3COO^- は弱酸 CH_3COOH に由来する陰イオンであり H^+ と結びつきやすいため, 水 H_2O と次式のように反応する.

$$CH_3COO^- + H_2O \rightleftharpoons CH_3COOH + OH^-$$

この反応によって少量の OH^- が生成するため, 酢酸ナトリウム水溶液は弱い塩基性を示す.

例題 3・11　　次の五つの塩を, その水溶液が酸性, 中性, 塩基性であるものに分類せよ.
　　① 塩化アンモニウム NH_4Cl　　② 炭酸水素ナトリウム $NaHCO_3$
　　③ 硝酸ナトリウム $NaNO_3$　　④ フッ化カリウム KF
　　⑤ 硫酸水素ナトリウム $NaHSO_4$

解答・解説　酸性: ①と⑤, 中性: ③, 塩基性: ②と④
　弱酸に由来する陰イオンは水と反応して OH^- を生じ, 弱塩基に由来する陽イオンは水と反応して H^+ を生じる. したがって, 弱酸と強塩基からなる塩は塩基

性を示し，弱塩基と強酸からなる塩は酸性を示す．強酸と強塩基からなる塩は中性となる．弱酸と強塩基の塩である $NaHCO_3$ は，電離によって生じた炭酸水素イオン HCO_3^- が次式のように水と反応して OH^- を生成するため，水溶液は塩基性を示す．

$$HCO_3^- + H_2O \rightleftharpoons H_2CO_3 + OH^-$$

一方，強酸と強塩基の塩である $NaHSO_4$ は，硫酸水素イオン HSO_4^- が次式のようにさらに電離して H^+ を生成するため，水溶液は酸性を示す．

$$HSO_4^- \rightleftharpoons H^+ + SO_4^{2-}$$

3・2・5 中 和 滴 定

　化学に関する研究や測定ではしばしば，水溶液中の物質の量を正確に決定しなければならないことがある．この際には，完全に進行する化学反応の量的関係が用いられる．すなわち，量を決定したい物質を含む濃度未知の溶液に，それと反応する物質を含む濃度既知の溶液を加え，過不足なく反応する体積を求めるのである．この手法を**滴定**といい，特に中和反応を利用して，水溶液中の酸，あるいは塩基の量を決定する手法を**中和滴定**という．

　たとえば，濃度未知の塩酸 HCl と濃度既知の水酸化ナトリウム NaOH 水溶液の中和滴定を考えよう．HCl と NaOH の反応の釣合いのとれた反応式は (3・14)式で示されるから，§1・3・4 で述べたように，過不足なく反応した NaOH の物質量がわかれば HCl の物質量を知ることができる．ここで，あらゆる中和反応は (3・15)式に帰着できるから，中和滴定における量的関係は，次のように要約することができる．

$$（酸から生じる H^+の物質量） ＝ （塩基から生じる OH^- の物質量） \quad (3・16)$$

§2・4・3 で述べたように，溶質の物質量とモル濃度は (2・16)式の関係があるから，過不足なく反応した塩基の水溶液の体積から，酸の水溶液のモル濃度を求めることができる．

例題 3・12　濃度未知の硫酸 H_2SO_4 水溶液 15.0 mL を中和するために，濃度 $0.200 \ mol \ L^{-1}$ の水酸化ナトリウム NaOH 水溶液 22.5 mL を要した．この硫酸水溶液の濃度は何 $mol \ L^{-1}$ か．

100 　　　　　　　　　　3. 物 質 の 変 化

解答・解説 　0.150 mol L^{-1}

　H_2SO_4 と NaOH の中和反応の釣合いのとれた反応式は，次式で表される．

$$H_2SO_4 + 2NaOH \longrightarrow Na_2SO_4 + 2H_2O$$

H_2SO_4 は 2 価の酸なので，H_2SO_4 1 mol から 2 mol の H^+ が生じることに注意する必要がある．この点を考慮し，H_2SO_4 のモル濃度を c〔mol L^{-1}〕として (3・16)式を適用すると，次式が成り立つ．

$$c \times \frac{15.0}{1000}\,L \times 2 \;=\; 0.200\ \text{mol L}^{-1} \times \frac{22.5}{1000}\,L$$

例題 3・13　　濃度 0.115 mol L^{-1} の酢酸 CH_3COOH 水溶液が 25.0 mL ある．この水溶液を中和するためには，濃度 0.230 mol L^{-1} の水酸化ナトリウム NaOH 水溶液が何 mL 必要か．

解答・解説　　12.5 mL

　酢酸は弱酸であるから，水溶液中に存在する H^+ の量は少ない．しかし，中和反応により H^+ が消費されると，酢酸分子が電離して H^+ が供給される．こうして，酢酸 1 mol は最終的に 1 mol の H^+ を放出することができる．したがって一般に，中和反応の量的関係において，酸・塩基の強弱は考慮しなくてよい．中和に必要な NaOH 水溶液の体積を v〔mL〕として (3・16)式を適用すると，次式が成り立つ．

$$0.115\ \text{mol L}^{-1} \times \frac{25.0}{1000}\,L \;=\; 0.230\ \text{mol L}^{-1} \times \frac{v}{1000}\,L$$

　図 3・4 に，中和滴定の例として，塩酸の濃度を決定するための操作の概略を示す．**ホールピペット**を用いて，決まった体積の濃度未知の塩酸をはかりとり，コニカルビーカーに入れる．ついで，撹拌しながら，濃度既知の NaOH 水溶液を**ビュレット**から滴下し，反応が完結するまでに必要な NaOH 水溶液の体積を求める．

　滴定曲線と指示薬　　図 3・5 に，加えた NaOH 水溶液の体積に対する，混合水溶液の pH の変化を示した．このようなグラフを**滴定曲線**（または**中和滴定曲線**）といい，酸と塩基の反応が過不足なく完結する点を**中和点**という．中和点付近では pH が急激に変化することがわかる．

3・2 酸と塩基の反応

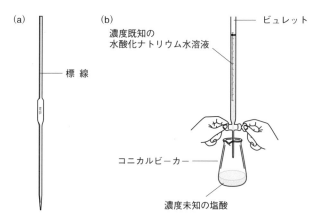

図3・4 滴定の器具と操作. (a) ホールピペット. 標線まで液体を吸い上げると規定の体積となる. (b) 中和滴定の操作.

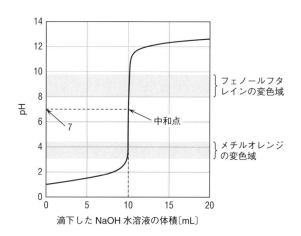

図3・5 0.1 mol L^{-1} の塩酸 10 mL を 0.1 mol L^{-1} の水酸化ナトリウム NaOH 水溶液で滴定したときの滴定曲線. 10 mL 滴下したところで, H$^+$ と OH$^-$ の反応が過不足なく完結することがわかる.

滴定が中和点に到達して反応が完結したことを知るために, pH によって色が大きく変化する物質をあらかじめ滴定する溶液に加えておく. このような物質を **pH 指示薬** といい, 指示薬の色が変わり始めてから変わり終わるまでの pH 領域をその指示薬の **変色域** という. たとえば, フェノールフタレインは pH 8.0～9.8

で無色から赤色に，またメチルオレンジは pH 3.1〜4.4 で赤色から橙色に変化するので，この中和滴定の指示薬として使用することができる．

例題 3・14 下図は，濃度 0.1 mol L^{-1} の酢酸 CH$_3$COOH 水溶液 10 mL を水酸化ナトリウム NaOH 水溶液で滴定したときの滴定曲線である．次の問いに答えよ．

(1) 滴定に用いた NaOH 水溶液の濃度は何 mol L^{-1} か．
(2) 図 3・5 に示した塩酸と NaOH 水溶液による滴定曲線とは異なり，中和点では pH ＝ 7 となっていない．その理由を説明せよ．
(3) この滴定の指示薬としてメチルオレンジを使うことはできない．その理由を説明せよ．

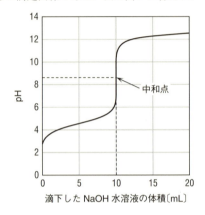

解答・解説
(1) 0.1 mol L^{-1}
酢酸水溶液の体積と同じ 10 mL を滴下すると中和点に到達している．酢酸は 1 価の酸であり，NaOH も 1 価の塩基なので，濃度も等しいことがわかる．
(2) 中和点では次式の反応が過不足なく進行する．

$$\text{CH}_3\text{COOH} + \text{NaOH} \longrightarrow \text{CH}_3\text{COONa} + \text{H}_2\text{O}$$

したがって，混合溶液は酢酸ナトリウム CH$_3$COONa 水溶液となる．CH$_3$COONa は弱酸と強塩基の塩であるから，その水溶液は加水分解により塩基性を示す．
(3) 中和点付近では pH が 6 から 11 に変化するので，変色域がこの範囲にある指示薬を選択する必要がある．メチルオレンジの変色域は pH 3.1〜4.4 であるので，中和点付近で pH が急激に変化する前に色が変わってしまうため，この滴定には使用できない．

節末問題

1. ある 1 価の酸 2.50 g を水に溶かして 100.0 mL の溶液とした．この溶液の 25.0 mL をとり，濃度 0.400 mol L^{-1} の水酸化ナトリウム NaOH 水溶液で滴定を行ったところ，中和に要した NaOH 水溶液の体積は 21.0 mL であった．この酸の分子量はいくつか．整数値で答えよ．

2. 濃度 0.100 mol L^{-1} の硫酸水溶液 5.0 mL に，濃度 0.100 mol L^{-1} の水酸化ナトリウム水溶液 15.0 mL を加えた．得られた溶液の pH はいくつか．小数第 1 位まで求めよ．ただし，温度は 25 ℃ とし，log 2 = 0.30 とする．

3. 酸と塩基に関する記述として誤りを含むものを，次の①〜⑤のうちからすべて選べ．また，誤っている理由を説明し，正しい記述に修正せよ．
① 0.20 mol L^{-1} の塩酸 HCl の pH と，0.10 mol L^{-1} の硫酸 H$_2$SO$_4$ 水溶液の pH は同じである．
② 濃度 10^{-8} mol L^{-1} の塩酸 HCl の pH は，7.0 よりも大きい．
③ 炭酸水素イオン HCO$_3^-$ は，ブレンステッド-ローリーの定義による酸としても塩基としてもはたらく．
④ 中和滴定では，ホールピペットは内部を純水で洗浄し，そのまま用いてよい．
⑤ 0.20 mol L^{-1} のアンモニア NH$_3$ 水溶液を，0.10 mol L^{-1} の塩酸 HCl で滴定すると，中和点では pH > 7 となる．

4. 濃度 0.10 mol L^{-1} の塩酸 HCl 10 mL に，濃度 0.10 mol L^{-1} の水酸化ナトリウム NaOH 水溶液を滴下する．滴下した NaOH 水溶液の体積に対して，混合水溶液中に存在する Na$^+$，および H$^+$ の物質量はどのように変化するか．変化の様子を，下図に示したグラフを用いて表せ．

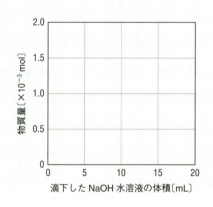

3・3 酸化還元反応

私たちは燃料や食物を酸化してエネルギーを獲得し，社会や生命を維持している．一方，天然に産出する酸化物や硫化物を還元して金属を入手し，日常生活を

104　　　　　　　　　3. 物 質 の 変 化

豊かにしてきた．私たちにとって酸化還元反応は，酸と塩基の反応とともに，き
わめて身近な化学反応である．緑色植物の光合成，乾電池のしくみ，金属の腐
食，漂白剤の作用もすべて酸化還元反応である．本節では，酸化還元反応とその
利用について述べる．

3・3・1　酸 化 と 還 元

　まず，**酸化還元反応**を化学的に定義しよう．最も識別しやすい酸化還元反応は
酸素原子，あるいは水素原子の授受を伴う反応である．すなわち，ある物質が酸
素原子を得るか，あるいは水素原子を失うと，その物質は"酸化された"といい，
ある物質が酸素原子を失うか，あるいは水素原子を得ると，その物質は"還元さ
れた"という．
　たとえば，赤鉄鉱〔主成分は酸化鉄(Ⅲ) Fe_2O_3〕は鉄鉱石の一つであり，鉄
Fe は，おもに次の反応によって赤鉄鉱から製造される．

$$Fe_2O_3 + 3CO \longrightarrow 2Fe + 3CO_2$$

この反応では，酸素原子が Fe_2O_3 から一酸化炭素 CO に移動しており，した
がって Fe_2O_3 が還元され，CO が酸化されている．また，硫化水素 H_2S と塩素 Cl_2
を反応させると硫黄 S が析出するが，この反応は次の反応式によって表される．

$$H_2S + Cl_2 \longrightarrow S + 2HCl$$

この反応では，水素原子が H_2S から Cl_2 に移動しており，したがって H_2S が酸
化され，Cl_2 が還元されている．
　化学反応に関する理解が進むとともに，このような酸素原子や水素原子の授受
は，電子の授受によって統一的に理解できることが明らかにされた．現在では，
酸化還元反応は次のように定義されている．

> ある物質が電子を失う反応を**酸化**といい，その物質は"酸化された"という．一
> 方，ある物質が電子を得る反応を**還元**といい，その物質は"還元された"とい
> う．

すなわち，酸化還元反応は，"ある物質から別の物質へ電子が移動する反応"と
理解することができる．ある物質が失った電子は，必ず別の物質が獲得するの
で，酸化と還元は同時に起こることに注意する必要がある．
　酸 化 数　　酸化された物質，還元された物質を明確にするためには，**酸化数**
とよばれる数値を用いると便利である．§1・1・5では，イオンがもつ電荷の大き

3・3 酸化還元反応　　105

さは，イオンが生成するときに授受した電子の数で表すことを述べた．酸化数は
これを一般化したものであり，次の規則によってそれぞれの原子について定められ
る．

- 単体における原子の酸化数は 0 とする．
- ある分子やイオンを構成するすべての原子の酸化数の総和は，その分子やイオンの電荷に等しい．
- 化合物中の水素原子の酸化数は +1 とする．ただし，NaH, CaH_2 などの金属水素化物では −1 とする．
- 化合物中の酸素原子の酸化数は −2 とする．ただし，H_2O_2 などの過酸化物では −1 とする．

例題 3・15　　次の分子，あるいはイオンの化学式について，下線をつけた原子の酸化数を求めよ．

① アンモニア $N H_3$　　② 硫酸 $H_2 S O_4$　　③ 酸化鉄(Ⅲ) $Fe_2 O_3$
④ 過マンガン酸イオン $Mn O_4{}^-$　　⑤ 二クロム酸イオン $Cr_2 O_7{}^{2-}$

解答・解説　　① −3，② +6，③ +3，④ +7，⑤ +6

　構成原子の酸化数の総和は，電気的に中性な分子では 0，多原子イオンではそのイオンの電荷に等しくなる．したがって，下線をつけた原子の酸化数を x とすると，水素原子の酸化数が +1，酸素原子の酸化数が −2 であるから，たとえば，①では $x + (+1) \times 3 = 0$，⑤では $x \times 2 + (-2) \times 7 = -2$ が成り立つ．■

酸化数を用いると，酸化還元反応は次のように明確に定義することができる．

> 反応によって原子の酸化数が増加すると，その原子またはその原子を含む物質は"酸化された"という．一方，原子の酸化数が減少すると，その原子またはその原子を含む物質は"還元された"という．

反応において，酸化数の増加分の総和は，必ず減少分の総和に等しくなる．

例題 3・16　　次の五つの反応のうち，酸化還元反応をすべて選べ．さらに，選んだ反応について，それぞれ酸化された原子と還元された原子を示し，酸化数の変化を記せ．

106　　　　　　　　3. 物 質 の 変 化

① $MnO_2 + 4HCl \longrightarrow MnCl_2 + Cl_2 + 2H_2O$

② $NH_4Cl + NaOH \longrightarrow NH_3 + NaCl + H_2O$

③ $H_2O_2 + SO_2 \longrightarrow H_2SO_4$

④ $Cu + 4HNO_3 \longrightarrow Cu(NO_3)_2 + 2NO_2 + 2H_2O$

⑤ $CH_4 + 2O_2 \longrightarrow CO_2 + 2H_2O$

解答・解説　（　）内は酸化数の変化を表す.

① 酸化された原子 Cl（$-1 \to 0$），還元された原子 Mn（$+4 \to +2$）

③ 酸化された原子 S（$+4 \to +6$），還元された原子 O（$-1 \to -2$）

④ 酸化された原子 Cu（$0 \to +2$），還元された原子 N（$+5 \to +4$）

⑤ 酸化された原子 C（$-4 \to +4$），還元された原子 O（$0 \to -2$）

　反応の前後で，原子の酸化数が変化する反応を選ぶ. なお，イオンから形成される化合物では，それぞれのイオンに電離させて原子の酸化数を考える. たとえば，$MnCl_2$ は Mn^{2+} と Cl^- から形成されるので，Mn の酸化数は $+2$，Cl の酸化数は -1 となる. ■

3・3・2　酸化剤と還元剤

　酸化還元反応では，ある反応物から別の反応物へ電子の移動が起こる. 電子を受容して，酸化数が減少する原子を含む反応物を**酸化剤**という. 一方，電子を供与して，酸化数が増加する原子を含む反応物を**還元剤**という. <u>酸化剤は別の物質を酸化して，それ自身は還元される試剤</u>であり，<u>還元剤は別の物質を還元して，それ自身は酸化される試剤</u>である.

例題3・17　次の反応式で表される酸化還元反応について，酸化剤，および還元剤は何か. また，それぞれにおいて酸化された原子，あるいは還元された原子を示し，酸化数の変化を記せ.

$$2KMnO_4 + 3H_2SO_4 + 5H_2O_2 \longrightarrow 2MnSO_4 + 5O_2 + 8H_2O + K_2SO_4$$

解答・解説　（　）内は酸化数の変化を表す.

　酸化剤は $KMnO_4$，還元された原子は Mn（$+7 \to +2$）. 還元剤は H_2O_2，酸化された原子は O（$-1 \to 0$）:

それぞれの原子について，反応の前後における酸化数の変化を調べる．

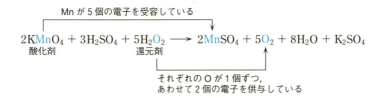

なお，過酸化水素 H_2O_2 はこの反応では還元剤としてはたらいているが，「例題 3・16」の③式では酸化剤としてはたらいている．このように，同じ物質でも反応する物質によって，酸化剤にも還元剤にもなる場合がある． ■

半反応と半反応式 酸化還元反応では酸化剤と還元剤の間で電子の授受が起こるから，酸化剤が電子を受容する反応と，還元剤が電子を供与する反応に分けて記述することができる．それぞれの反応を**半反応**といい，半反応を表した反応式を**半反応式**という．たとえば，塩素 Cl_2 と臭化物イオン Br^- の反応で臭素 Br_2 が生成する反応を考えよう．この反応は次の反応式で表される．

$$Cl_2 + 2Br^- \longrightarrow Br_2 + 2Cl^- \qquad (3\cdot 17)$$

この反応では Cl_2 が電子を受容しているので酸化剤であり，その作用を示す半反応は次式で表される．

$$Cl_2 + 2e^- \longrightarrow 2Cl^- \qquad (3\cdot 18)$$

ここで e^- は電子を表す．(3・18)式から，Cl_2 は2個の電子を受容して，2個の塩化物イオン Cl^- に還元されることがわかる．一方，Br^- は電子を供与しているので還元剤であり，その作用を示す半反応式は次のように表される．

$$2Br^- \longrightarrow Br_2 + 2e^- \qquad (3\cdot 19)$$

半反応式は，後述する電池の作用を説明する際に有用であり，また酸化還元反応の釣合いのとれた反応式を書く際にも利用される．

一般に，酸化剤・還元剤の半反応式は，次の手順によって書くことができる．例として，酸性水溶液中で MnO_4^- が酸化剤として作用し，Mn^{2+} に還元される半反応式を書いてみよう．

108　　　　　　　　　　**3. 物 質 の 変 化**

1) 酸化剤・還元剤を矢印の左側（左辺），生成物を矢印の右側（右辺）に書く．酸素と水素以外の原子について釣合いをとる．

$$MnO_4^- \longrightarrow Mn^{2+}$$

2) 両辺を比較し，酸素が不足している側に適切な数の水 H_2O を加え，酸素について釣合いをとる．

$$MnO_4^- \longrightarrow Mn^{2+} + 4H_2O$$

3) 両辺を比較し，水素が不足している側に適切な数の水素イオン H^+ を加え，水素について釣合いをとる．

$$MnO_4^- + 8H^+ \longrightarrow Mn^{2+} + 4H_2O$$

4) 両辺を比較し，正電荷が過剰な側，または負電荷が不足する側に適切な数の電子 e^- を加え，電荷の釣合いをとる．酸化，または還元されている原子の酸化数の変化と，加えた電子の数が対応しているかを確認する．

$$MnO_4^- + 8H^+ + 5e^- \longrightarrow Mn^{2+} + 4H_2O \qquad 釣合いのとれた半反応式$$

　たとえば，ある量の酸化剤と過不足なく反応する還元剤の量を求めたいときには，その酸化還元反応の釣合いのとれた化学反応式が必要となる．一般に，酸化還元反応は酸化剤と還元剤との間の電子の授受に帰着できるから，酸化還元反応における量的関係は，次のように要約することができる．

（酸化剤が受容した電子の物質量）＝（還元剤が供与した電子の物質量）　(3・20)

したがって，酸化剤と還元剤のそれぞれの半反応式があれば，それらを (3・20)式を満たすように足し合わせることにより，酸化還元反応の釣合いのとれた化学反応式を得ることができる．例題で確かめてみよう．

例題3・18　　硫酸 H_2SO_4 を含む硫酸鉄(II) $FeSO_4$ 水溶液に，二クロム酸カリウム $K_2Cr_2O_7$ 水溶液を加えると，Fe^{2+} は Fe^{3+} に酸化され，$Cr_2O_7^{2-}$ は Cr^{3+} に還元される．次の問いに答えよ．
(1) 酸化剤となる $Cr_2O_7^{2-}$ の半反応式を示せ．
(2) 還元剤となる Fe^{2+} の半反応式を示せ．
(3) この酸化還元反応を釣合いのとれた化学反応式で表せ．

3・3 酸化還元反応

解答・解説

(1) $Cr_2O_7^{2-} + 14H^+ + 6e^- \longrightarrow 2Cr^{3+} + 7H_2O$

Cr について釣合いのとれた式（$Cr_2O_7^{2-} \longrightarrow 2Cr^{3+}$）から出発し，右辺に $7H_2O$ を加えて酸素の釣合いをとり，ついで左辺に $14H^+$ を加えて水素の釣合いをとり，$Cr_2O_7^{2-} + 14H^+ \longrightarrow 2Cr^{3+} + 7H_2O$ を得る．さらに，電荷の釣合いをとるために左辺に $6e^-$ を加えることにより，すべてについて釣合いのとれた半反応式が得られる．

(2) $Fe^{2+} \longrightarrow Fe^{3+} + e^-$

Fe について釣合いのとれた式（$Fe^{2+} \longrightarrow Fe^{3+}$）から出発し，原子については釣合いがとれているので，電荷の釣合いをとるために右辺に e^- を加えることにより，半反応式が得られる．

(3) $K_2Cr_2O_7 + 7H_2SO_4 + 6FeSO_4 \longrightarrow Cr_2(SO_4)_3 + 3Fe_2(SO_4)_3 + K_2SO_4 + 7H_2O$

問(1)で得た酸化剤の半反応式（①式）と問(2)で得た還元剤の半反応式（②式）を，(3・20)式を満たすように，すなわち左辺と右辺に現れる電子の数が等しくなるように足し合わせる．

$$Cr_2O_7^{2-} + 14H^+ + 6e^- \longrightarrow 2Cr^{3+} + 7H_2O \qquad \text{①式}$$
$$6Fe^{2+} \longrightarrow 6Fe^{3+} + 6e^- \qquad \text{②式} \times 6$$

$$\overline{Cr_2O_7^{2-} + 14H^+ + 6Fe^{2+} + 6e^- \longrightarrow 2Cr^{3+} + 6Fe^{3+} + 7H_2O + 6e^-}$$

さらに，イオンを含まない化学反応式にするために，適切な数の水溶液中に存在しているイオン（本問では $2K^+ + 13SO_4^{2-}$）を両辺に加えることにより，釣合いのとれた化学反応式が得られる． ■

例題 3・19 シュウ酸$(COOH)_2$ は多くの植物に含まれている．シュウ酸は還元剤として作用するため，酸性水溶液中で過マンガン酸カリウム $KMnO_4$ との反応により，定量することができる．次の問いに答えよ．

(1) 過マンガン酸イオン MnO_4^- との反応により，$(COOH)_2$ は二酸化炭素 CO_2 に酸化される．$(COOH)_2$ が還元剤として作用するときの半反応式を示せ．

(2) シュウ酸を含む固体試料 1.00 g を水に溶かし，少量の硫酸を加えた．この水溶液に濃度 0.0200 mol L^{-1} の $KMnO_4$ 水溶液を滴下したところ，過不足なく反応するために 12.0 mL を必要とした．この試料のシュウ酸の含有率は何%か．ただし，シュウ酸のモル質量を 90.0 g mol^{-1} とし，試料に含まれるシュウ酸以外の物質は，$KMnO_4$ と反応しないものとする．なお，酸性水溶液に

110　　　　　　　　　3. 物 質 の 変 化

おける酸化剤 MnO_4^- の半反応式は，次式で表される．

$$MnO_4^- + 8H^+ + 5e^- \longrightarrow Mn^{2+} + 4H_2O$$

解答・解説

(1) $(COOH)_2 \longrightarrow 2CO_2 + 2H^+ + 2e^-$

　　C について釣合いのとれた式〔$(COOH)_2 \longrightarrow 2CO_2$〕から出発し，$O_2$ については釣合いがとれているので右辺に $2H^+$ を加えて水素の釣合いをとり，さらに右辺に $2e^-$ を加えて電荷の釣合いをとる．

(2) 5.40%

　　半反応式から，1 mol の $KMnO_4$ は 5 mol の電子を受容し，1 mol の $(COOH)_2$ は 2 mol の電子を供与することがわかる．したがって，試料に含まれるシュウ酸の質量を x〔g〕として，(3・20)式を適用すると，次式が成り立つ．

$$5 \times 0.0200 \text{ mol L}^{-1} \times \frac{12.0}{1000} \text{ L} = 2 \times \frac{x \text{ g}}{90.0 \text{ g mol}^{-1}}$$

これより $x = 0.0540$ g を得る．なお，この実験操作は滴定（§3・2・5 参照）によって行われる．酸化還元反応を利用して，水溶液中の酸化剤，あるいは還元剤の量を決定する手法を**酸化還元滴定**という．■

3・3・3　酸化還元反応の起こりやすさ

　酸化剤・還元剤にはそれぞれ"強さ"がある．前項で述べたように，同じ物質でも反応する物質によって，酸化剤にも還元剤にもなる場合があるのは，そのためである．

　単体の金属 M が水溶液中で電子を失い，陽イオンになる反応の半反応式は次式で表される．

$$M \longrightarrow M^{n+} + ne^- \tag{3・21}$$

ここで n は陽イオン M^{n+} の価数を表す．この反応の"起こりやすさ"，すなわち金属の還元剤としての強さは金属によって違いがある．たとえば，銅（Ⅱ）イオン Cu^{2+} を含む水溶液に亜鉛 Zn を投入すると，次の反応が進行して亜鉛 Zn は溶解し，銅 Cu が析出する．

$$Zn + Cu^{2+} \longrightarrow Zn^{2+} + Cu$$

亜鉛イオン Zn^{2+} を含む水溶液に銅 Cu を投入しても，亜鉛 Zn の析出は観測されない．これらの事実は，Cu よりも Zn の方が陽イオンになりやすい，すなわち

3・3 酸化還元反応   111

(3・21)式の反応を起こしやすいことを示している.

　一般に,金属が水溶液中で陽イオンになろうとする性質を,金属の**イオン化傾向**という.多くの実験の結果,おもな金属のイオン化傾向を大きいものから順に並べると,次のようになることが知られている.

イオン化傾向　大 ←———— Li K Ca Na Mg Al Zn Fe Ni Sn Pb H_2 Cu Hg Ag Pt Au ————→ 小

この系列を**イオン化列**という.なお,水素 H_2 は金属ではないが,陽イオンになるので,比較のためにイオン化列に加えてある.<u>イオン化傾向が大きい金属ほど酸化されやすく,強い還元剤となる.</u>

　金属の反応性はイオン化傾向と密接に関係している.表3・4には,金属の水や酸との反応性の違いを示した.特に,イオン化傾向が大きいリチウム Li,カリウム K,カルシウム Ca,ナトリウム Na は高い反応性を示し,常温でも水 H_2O と激しく反応する.このとき,次式のように,H_2O が還元されて水素 H_2 が発生し,金属の水酸化物が生成する.

$$2Na + H_2O \longrightarrow 2NaOH + H_2$$

表3・4　金属の反応性

金属	Li	K	Ca	Na	Mg	Al	Zn	Fe	Ni	Sn	Pb	Cu	Hg	Ag	Pt	Au
水との反応	常温の水と反応				高温の水蒸気と反応				反応しない							
酸との反応	塩酸や希硫酸[†1]と反応											熱濃硫酸や硝酸と反応			王水[†2]と反応	

　†1　濃度が低い硫酸水溶液.強い酸性を示すが,酸化力はない.
　†2　濃硝酸と濃塩酸の1:3の混合物.強い酸化力をもち,白金 Pt や金 Au も溶かす.

例題3・20　　4種類の金属 A, B, C, D がある.次の①〜③の実験事実に基づいて,これらの金属をイオン化傾向の大きいものから順に並べよ.

　① D は水と室温で反応したが,A, B, C は反応しなかった.

　② A, B, D は硝酸と反応したが,C は反応しなかった.

　③ A の化合物の水溶液に B を入れると,A が析出した.

解答・解説　イオン化傾向の大きいものから順に D ＞ B ＞ A ＞ C

　①から D が最もイオン化傾向が大きく,②から C が最も小さいことがわかる.③から A よりも B の方がイオン化傾向が大きいことがわかる. ■

金属のイオン化傾向は，次項で述べる標準電極電位によって定量的な指標が与えられる．一般に，酸化剤・還元剤の強さは，標準電極電位に基づいて定量的に評価することができる．

3・3・4 電　池

私たちの日常生活では，交通機関や照明などエネルギー源として電気を用いるものが多い．電気の実体は電荷をもつ粒子の振舞いである．すでに述べたように，酸化還元反応は電子，すなわち負電荷をもつ粒子が移動する反応であるから，電気と密接なかかわりがある．化学反応と電気との関係を研究する学問分野を**電気化学**という．電気化学は，電池，電気分解，製錬，半導体，金属の腐食防止など，私たちの生活を支えるさまざまな技術と深くかかわっている．

私たちにとって身近な機器である<u>**電池**（化学電池）は，酸化還元反応に伴って放出されるエネルギーを電気に変換する装置</u>である．電池では，酸化（電子を供与する反応）と還元（電子を受容する反応）を別々の場所（**電極**という）で行わせ，その間を導線で連結することによって，電子の流れを電流として外部に取出している．酸化が起こり，導線に電子が放出される電極を**負極**という．一方，導線から電子を受容して，還元が起こる電極を**正極**という．

なお，一般に**電流**とは，電荷をもつ粒子が連続的に移動する現象をいい，"正電荷の移動する向きが電流の向き"と定義されている．したがって，<u>電子が流れ</u>

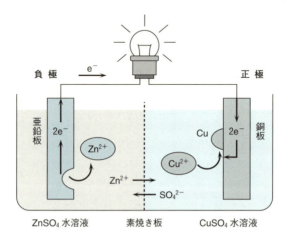

図3・6　ダニエル電池の模式図．正極と負極の水溶液が混合するのを抑制する一方で，イオンが通過できるように，二つの溶液を素焼き板やセロハンで仕切る．

3・3 酸化還元反応　　113

る向きと電流の向きは逆になることに注意する必要がある. また, 電流が生じる
のは, ちょうど位置の高低差によって水が流れ落ちるように, 二つの電極の間に
電気的なエネルギーの差があるためである. この差を**電位差**, あるいは電池の**起
電力**という. 電流の単位にはA (アンペアと読む), 電位差や起電力の単位には
V (ボルトと読む) が用いられる*.

　電池を初めて製作したのは, イタリアの科学者ボルタ (A. Volta, 1745～1827)
であった. 1800 年に彼は, 亜鉛 Zn と銅 Cu を希硫酸 H_2SO_4 に浸して導線でつな
ぐことにより, 外部に電流を取出すことに成功した. この電池を**ボルタ電池**とい
う. ボルタ電池にはすぐに起電力が低下する欠点があったが, 1836 年に英国の
科学者ダニエル (J. F. Daniell, 1790～1845) によって, 欠点を克服した電池が考
案された. 図3・6 には, 彼が考案した電池 (**ダニエル電池**という) の模式図を
示した. この電池では, 約 1.1 V の起電力が得られる.

例題 3・21　　ダニエル電池の負極と正極で起こっている反応を, それぞれ半反
応式で表せ.

解答・解説

　　負極　$Zn \longrightarrow Zn^{2+} + 2e^-$

　　正極　$Cu^{2+} + 2e^- \longrightarrow Cu$

　負極では亜鉛 Zn が酸化され, 正極では銅 (II) イオン Cu^{2+} が還元される. 電池
全体の反応は, これらを足し合わせた次の反応式で表される.

$$Zn + Cu^{2+} \longrightarrow Zn^{2+} + Cu$$

この反応はエネルギーが放出される反応であり, そのエネルギーが電池という装
置によって電気に変換されている.　■

標準電極電位　　すでに述べたように, 二つの電極の間に起電力が生じる
のは, それぞれの電極の電気的なエネルギー, すなわち電子の供与しやすさ (あ
るいは受容しやすさ) に差があるためである. したがって, 電子の供与しやすさ
(あるいは受容しやすさ) を調べたい物質を一方の電極とし, ある任意の基準電
極を組合わせて電池とすると, 測定される起電力はその物質の電子の供与しやす

---

　* 1Aは "1 s (秒) に 1 C (クーロン, §1・1・3 参照) の電荷を流す電流" と定義され, C＝A・sの
　　関係がある. 1Vは "1 C の電荷を運ぶのに 1 J (ジュール, §2・1・2 参照) の仕事が必要である
　　ときの電位差" と定義され, J＝C・Vの関係がある. 電気は仕事の一形態とみることができる.

さ（あるいは受容しやすさ）の定量的な指標となる．

ただし，起電力は温度や電解質溶液の濃度に依存するので，温度を一定とし，電解質溶液の濃度を $1\,\mathrm{mol\,L^{-1}}$，気体が関与する電極では気体の圧力を $1\,\mathrm{bar}$（バール，$10^5\,\mathrm{Pa}$）に統一する（これを標準状態という．§3・1・2 参照）．このような条件で測定された起電力を，その電極の**標準電極電位**といい $E°$（酸化体/還元体）で表す．基準電極には，水素イオン濃度 $1\,\mathrm{mol\,L^{-1}}$ の水溶液に白金板を浸し，$1\,\mathrm{bar}$ の水素 $\mathrm{H_2}$ を吹き込んだ**標準水素電極**がよく用いられる．

一例として，図 3・7 に，銅電極，すなわち銅 Cu が銅(II)イオン $\mathrm{Cu^{2+}}$ に酸化

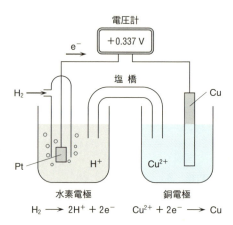

図 3・7 銅電極の標準電極電位の測定(25 ℃)．水素電極の $\mathrm{H^+}$ 濃度は $1\,\mathrm{mol\,L^{-1}}$，$\mathrm{H_2}$ の圧力は $1\,\mathrm{bar}$，銅電極の $\mathrm{Cu^{2+}}$ の濃度は $1\,\mathrm{mol\,L^{-1}}$ である．塩橋は電解質溶液を満たした管であり，図 3・6 の素焼き板と同じ役割を果たす．

表 3・5　標準電極電位 $E°$ (25 ℃)

電極反応†	$E°$ [V]
$\mathrm{Li^+(aq) + e^- \longrightarrow Li(s)}$	-3.045
$\mathrm{Na^+(aq) + e^- \longrightarrow Na(s)}$	-2.714
$\mathrm{Zn^{2+}(aq) + 2e^- \longrightarrow Zn(s)}$	-0.763
$\mathrm{2H^+(aq) + 2e^- \longrightarrow H_2(g)}$	0
$\mathrm{Cu^{2+}(aq) + 2e^- \longrightarrow Cu(s)}$	0.337
$\mathrm{Ag^+(aq) + e^- \longrightarrow Ag(s)}$	0.799
$\mathrm{O_2(g) + 4H^+(aq) + 4e^- \longrightarrow 2H_2O(l)}$	1.229
$\mathrm{Cl_2(g) + 2e^- \longrightarrow 2Cl^-(aq)}$	1.358
$\mathrm{Cr_2O_7^{2-}(aq) + 14H^+(aq) + 6e^- \longrightarrow 2Cr^{3+}(aq) + 7H_2O(l)}$	1.36
$\mathrm{F_2(g) + 2e^- \longrightarrow 2F^-(aq)}$	2.87

左側：酸化剤の強さ（下が強）　右側：還元剤の強さ（上が強）

† （ ）は物質の状態を示す：s 固体，l 液体，g 気体，aq 水溶液

3・3 酸化還元反応　　　115

される（Cu^{2+} が Cu に還元される）反応の標準電極電位 $E°(Cu^{2+}/Cu)$ を測定する方法を模式的に示す．慣用的に，測定対象となる電極の反応を還元反応で表すことになっているため，その電極が正極になる場合に $E°$ は正となる．たとえば，25℃ における銅電極の $E°$ は次のように表記される．

$$Cl^{2+} + 2e^- \longrightarrow Cu \qquad E°(Cu^{2+}/Cu) = 0.337\ V$$

多数の物質について標準電極電位 $E°(25℃)$ が報告されており，便覧などから入手することができる．表3・5にその一部を示した．

$E°$ が小さいほど，還元体（電極反応の右辺の物質）が電子を供与しやすい，すなわち強い還元剤となる．一方，$E°$ が大きいほど，酸化体（電極反応の左辺の物質）が電子を受容しやすい，すなわち強い酸化剤となる．さらに，二つの電極を組合わせて電池を作成すると，$E°$ が小さい電極が負極，$E°$ が大きい電極が正極になり，その電池の起電力は二つの電極の $E°$ の差となる．たとえば，標準状態におけるダニエル電池の起電力 $E°_{cell}$ は，次のように求められる．

$$E°_{cell} = E°(Cu^{2+}/Cu) - E°(Zn^{2+}/Zn) = 1.100\ V$$

ただし，この値は 25℃ で，電解質溶液の濃度が $1\ mol\ L^{-1}$ のときの値であることに注意しなければならない．

例題 3・22　　　次の反応式で表される酸化還元反応が進行するどうかを予測せよ．判断した理由も述べること．ただし，標準状態，25℃ における反応を考えるものとし，予測に必要な数値があれば表3・5を参照せよ．

$$Cl_2 + 2F^- \longrightarrow F_2 + 2Cl^-$$

解答・解説　進行しない．

表3・5より，塩素 Cl_2 とフッ素 F_2 の標準電極電位 $E°$ を比較すると，$E°(F_2/F^-) > E°(Cl_2/Cl^-)$ であることがわかる．したがって，Cl_2 よりも F_2 の方が強い酸化剤である．問題に示された反応式は，Cl_2 が酸化剤としてはたらく反応を表しているので，この反応は進行しないと予想される．　■

実用電池　　　私たちの日常生活や工場などで実際に使われている電池を，特に**実用電池**という．実用電池の作動原理は，これまでに述べた電池と同じであるが，実用電池には使いやすさや安全性の点で，さまざまな工夫がなされている．表3・6には，いくつかの実用電池について，電池の構成や用途をまとめた．

表 3・6 実用電池の例

名 称	電池の構成 負極	電池の構成 電解質	電池の構成 正極	起電力 〔V〕	用 途
マンガン乾電池	Zn	$ZnCl_2$ NH_4Cl	MnO_2	1.5	置時計，電卓，リモコン
酸化銀電池	Zn	KOH	Ag_2O	1.55	電子体温計，補聴器
鉛蓄電池	Pb	H_2SO_4	PbO_2	2.0	自動車のバッテリー
リチウムイオン電池	黒鉛	有機溶媒 リチウム塩	$LiCoO_2$	3.7	パソコン，携帯電話
リン酸形燃料電池	H_2	H_3PO_4	O_2	1.23	工場やビルの定置型電源

　私たちにとって最も身近な電池である**乾電池**は，電池の電解質溶液を固体に染み込ませることにより，扱いやすくしたものである．図3・8には，代表的な乾電池であるマンガン乾電池の構造を模式的に示した．

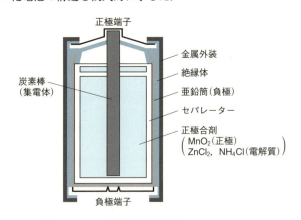

図3・8　マンガン乾電池の構造

　乾電池は一般に使い捨てであるが，繰返して使える電池があると便利である．このような電池を**二次電池**（または**蓄電池**）といい，繰返して使うことができない電池を**一次電池**という．一般に，電池から電気を取出す過程を**放電**といい，逆に電池に外部から電気を加えて化学エネルギーを蓄積させる過程を**充電**という．二次電池は充電ができる電池である．

　自動車のバッテリーなどに用いられる**鉛蓄電池**は，代表的な二次電池である．

3·3 酸化還元反応　　117

鉛蓄電池の負極は鉛 Pb, 正極は酸化鉛(Ⅳ) PbO$_2$ であり, 電解質溶液には硫酸 H$_2$SO$_4$ が用いられる. 放電時に起こる反応は次の反応式で表される.

負極　$Pb + SO_4{}^{2-} \longrightarrow PbSO_4 + 2e^-$

正極　$PbO_2 + 4H^+ + SO_4{}^{2-} + 2e^- \longrightarrow PbSO_4 + 2H_2O$

両方の電極で生成する硫酸鉛(Ⅱ) PbSO$_4$ は, それぞれの電極表面に付着する. 充電時はそれぞれの電極で逆向きの反応が起こり, 放電する前の状態に戻るので繰返し使用することができる.

例題 3·23　　電子体温計などに利用される酸化銀電池は, 負極に亜鉛 Zn, 正極に酸化銀 Ag$_2$O, 電解質溶液に水酸化カリウム KOH を用いた一次電池である. 電池全体の反応は次の反応式で表される.

$$Zn + Ag_2O \longrightarrow ZnO + 2Ag$$

酸化銀電池の負極と正極で起こっている反応を, それぞれ半反応式で表せ.

解答・解説

負極　$Zn + 2OH^- \longrightarrow ZnO + H_2O + 2e^-$

正極　$Ag_2O + H_2O + 2e^- \longrightarrow 2Ag + 2OH^-$

負極は $Zn \longrightarrow ZnO$, 正極は $Ag_2O \longrightarrow 2Ag$ から出発して, §3·3·2 で述べた方法に従って釣合いのとれた半反応式をつくる. ただし, この電池の電解質溶液は塩基性なので, 得られた半反応式の両辺に適切な数の OH$^-$ を加え, H$^+$ を消去する必要がある.

3·3·5　電　気　分　解

水 H$_2$O に電気を通しやすくするために少量の硫酸を加え, 電極として2枚の白金板を入れ, 電池などの電源につないで電流を通じる. すると, 次式のように H$_2$O の分解が起こり, それぞれの電極から水素 H$_2$ と酸素 O$_2$ が発生する.

$$2H_2O \longrightarrow 2H_2 + O_2 \qquad (3·22)$$

逆反応は H$_2$ の燃焼であり発熱反応であるから, (3·22)式はエネルギーを必要とする反応である. このように, 電気の形態でエネルギーを投入することによって, 化学反応を起こさせる操作を**電気分解**という.

電気分解では, 電源の正極とつないだ電極を**陽極**, 電源の負極とつないだ電極を**陰極**という. 陽極では外部へ電子が引上げられるので酸化が起こり, 陰極では

外部から電子が流れ込むので還元が起こる．電池は化学反応に伴って放出されるエネルギーを電気に変換する装置であったが，逆に，エネルギーが必要な化学反応を電気によって駆動する操作が電気分解である．

図 3・9 には，硫酸 H_2SO_4 を添加した水 H_2O の電気分解の様子を模式的に示した．陽極と陰極のそれぞれで起こっている反応は，次の半反応式で表される．

陽極　$2H_2O \longrightarrow O_2 + 4H^+ + 4e^-$　（H_2O が酸化される）

陰極　$2H^+ + 2e^- \longrightarrow H_2$　（H^+ が還元される）

これらを足し合わせることにより，全体の反応は (3・22) 式となる．この反応では，添加した H_2SO_4 は実質的に消費されないことに注意してほしい．

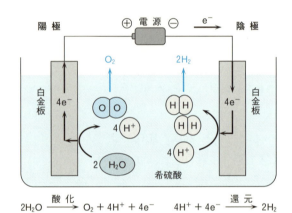

図 3・9　水 H_2O の電気分解の模式図． 陽極では H_2O が酸化されて酸素 O_2 が発生し，陰極では H^+ が還元されて水素 H_2 が発生する．

電気分解において，電極でどのような反応が起こるかは，電極の種類，電解質，溶媒に依存する．一般に，陽極では最も酸化されやすい（電子を供与しやすい）物質が酸化され，陰極では最も還元されやすい（電子を受容しやすい）物質が還元される．具体的な例について，例題で考えてみよう．

例題 3・24　次の電気分解において，陽極と陰極で起こる反応をそれぞれ半反応式で表せ．
(1) 白金板 Pt を電極とする硝酸銀 $AgNO_3$ 水溶液の電気分解
(2) 炭素棒 C を電極とする塩化ナトリウム NaCl 水溶液の電気分解
(3) 銅板 Cu を電極とする硫酸銅(Ⅱ) $CuSO_4$ 水溶液の電気分解

3·3 酸 化 還 元 反 応　　119

解答・解説

(1) 陽極　$2H_2O \longrightarrow O_2 + 4H^+ + 4e^-$　　陰極　$Ag^+ + e^- \longrightarrow Ag$

(2) 陽極　$2Cl^- \longrightarrow Cl_2 + 2e^-$　　陰極　$2H_2O + 2e^- \longrightarrow H_2 + 2OH^-$

(3) 陽極　$Cu \longrightarrow Cu^{2+} + 2e^-$　　陰極　$Cu^{2+} + 2e^- \longrightarrow Cu$

　陽極では酸化が起こるので，電極が陽イオンになって溶出するか，陰イオンが単体に酸化されるか，あるいは H_2O が酸化されて O_2 が発生する．ただし，炭素 C や白金 Pt の電極や，硫酸イオン $SO_4{}^{2-}$ や硝酸イオン $NO_3{}^-$ は安定であるため酸化されない．一方，陰極では還元が起こるので，H^+ より還元されやすい金属の陽イオンが存在すれば金属が析出し，存在しなければ H^+ あるいは H_2O が還元されて H_2 が発生する．

　電気分解の法則　　1833 年，電気分解における化学量論を研究していた英国の科学者ファラデー（M. Faraday, 1791〜1867）は，次のような法則を発見した．

　電気分解において，変化したイオンの物質量は，流れた電気量に比例する．

これを**ファラデーの電気分解の法則**という．ファラデーの時代には電子は知られていなかったが，後に，電気量は"電子の物質量"と結びつけて理解されるようになった．すなわち，電気分解において流れた電気量 Q〔C（クーロン）〕は，電流 I〔A（アンペア）〕と時間 t〔s（秒）〕の積に等しいから，流れた電子の物質量 n〔mol〕は次式で与えられる．

$$n = \frac{Q}{F} = \frac{It}{F} \qquad (3 \cdot 23)$$

ここで，定数 F は 1 mol の電子がもつ電気量の絶対値であり，ほぼ $9.65 \times 10^4 \, C \, mol^{-1}$ の値をとる．F を**ファラデー定数**という*．(3·23)式を用いることによって，電気が関与する化学反応も，釣合いのとれた化学反応式に基づいて定量的に扱うことができる．

---

*　1 mol の電子がもつ電気量の絶対値 F〔$C \, mol^{-1}$〕は，電子 1 個の電気量 e〔C〕（電気素量，§1·1·3 参照）とアボガドロ定数 N_A〔mol^{-1}〕（§1·3·3 参照）の積で与えられる．2019 年 5 月に施行された単位改正により，これらの定数には厳密な値が定義された．この結果，ファラデー定数も次のような厳密な値となった．

$$F = 96485.332\,123\,310\,018\,4 \, C \, mol^{-1}$$

120 3. 物 質 の 変 化

例題 3・25 白金電極を用い，硫酸銅(Ⅱ) $CuSO_4$ 水溶液を 1.00 A の一定電流で 32 分 10 秒間電気分解した．次の問いに答えよ．ただし，銅のモル質量を $63.5\,g\,mol^{-1}$，ファラデー定数を $9.65\times10^4\,C\,mol^{-1}$ とする．

(1) 流れた電気量は何 C か．

(2) 陰極で析出した銅 Cu の質量は何 g か．

解答・解説

(1) $1.93\times10^3\,C$

求める電気量 Q 〔C〕は流れた電流〔A〕と時間〔s〕の積であるから，次式が成り立つ．時間を秒単位にすることに注意．

$$Q = 1.00\,A \times (32\times60 + 10)\,s$$

(2) 0.635 g

陰極で起こる反応の反応式は，次式で表される．

$$Cu^{2+} + 2e^- \longrightarrow Cu$$

したがって，析出する Cu の物質量は，流れた電子の物質量の $\frac{1}{2}$ であるから，求める質量を x〔g〕とすると，次式が成り立つ．

$$\frac{1.93\times10^3\,C}{9.65\times10^4\,C\,mol^{-1}} \times \frac{1}{2} = \frac{x\,g}{63.5\,g\,mol^{-1}}$$

電気分解は，アルミニウム Al，ナトリウム Na，塩素 Cl_2，水酸化ナトリウム NaOH など多くの物質の工業的な製造に利用されている．また，装飾やさび止めのために，鉄 Fe などの金属の表面に金 Au，ニッケル Ni，クロム Cr などの金属を析出させる**電気めっき**も，電気分解を応用した技術である．

節末問題

1. 次の五つの反応のうち，下線部の物質が酸化剤としてはたらいているものをすべて選べ．さらに，選んだ反応について，それぞれ酸化数が変化した原子を示し，反応前後の酸化数を記せ．

① $\underline{Br_2} + 2KI \longrightarrow 2KBr + I_2$

② $2\underline{H_2S} + SO_2 \longrightarrow 3S + 2H_2O$

③ $\underline{Fe_2O_3} + 3CO \longrightarrow 2Fe + 3CO_2$

④ $Cu + 2\underline{AgNO_3} \longrightarrow Cu(NO_3)_2 + 2Ag$

⑤ $2Na + \underline{S} \longrightarrow Na_2S$

2. ある空気の試料に含まれるオゾン O_3 の量は，その試料をヨウ化カリウム KI 水溶液に通じて，O_3 によりヨウ化物イオン I^- をヨウ素 I_2 に酸化した後，生成した I_2 をチオ硫酸ナトリウム $Na_2S_2O_3$ 水溶液を用いて滴定することによって求められる．次の問いに答えよ．ただし，O_3 のモル質量を $48.0\ \text{g mol}^{-1}$ とする．なお，酸化剤となる O_3，および還元剤となるチオ硫酸イオン $S_2O_3^{2-}$ の半反応式はそれぞれ次式で表される．

$$O_3 + 2H^+ + 2e^- \longrightarrow O_2 + H_2O$$
$$2S_2O_3^{2-} \longrightarrow S_4O_6^{2-} + 2e^-$$

(1) O_3 による I^- の酸化，および $S_2O_3^{2-}$ による I_2 の還元について，それぞれの反応を釣合いのとれた反応式で表せ．

(2) ある空気の試料を十分な量の KI 水溶液と反応させ，生成した I_2 を濃度 $2.50 \times 10^{-3}\ \text{mol L}^{-1}$ の $Na_2S_2O_3$ 水溶液で滴定したところ，32.0 mL を要した．試料に含まれる O_3 の質量は何 mg か．

3. 燃料の酸化を用いた電池を**燃料電池**という．この電池では，反応物が連続的に供給される．下図に，水素 H_2 を燃料とするリン酸形燃料電池の模式図を示した．電池全体の反応は H_2 の燃焼反応であり，次式で示される．

$$2H_2 + O_2 \longrightarrow 2H_2O$$

この燃料電池に関する次の問いに答えよ．

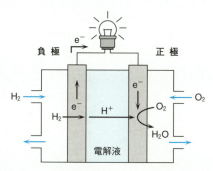

(1) 負極と正極で起こっている反応を，それぞれ半反応式で表せ．

(2) 電池を作動させたところ，0.500 A の電流が 7720 秒間流れた．このとき燃料として消費された H_2 の標準状態（0 ℃，1 atm）における体積は何 L か．ただし，ファラデー定数を $9.65 \times 10^4\ \text{C mol}^{-1}$，標準状態における気体

のモル体積を 22.4 L mol^{-1} とし，消費された H$_2$ はすべて水に酸化されたものとする．

3・4　反応速度と化学平衡

私たちは化学反応によってさまざまな物質を合成し，日常生活に利用している．目的とする物質を効率よく得るためには，反応が適切な速さで進行し，高い収量が得られる条件を見つけなければならない．このため化学者は，反応の速さと反応が進む方向に関する研究を行った．本節では，反応における速度と平衡の概念について述べる．

3・4・1　反応速度

一般に，反応の速さは，"単位時間における反応物，あるいは生成物の濃度変化"によって表される．次式で表される仮想的な反応を例に，反応の速さについて考えてみよう．

$$A \longrightarrow 2B \qquad (3 \cdot 24)$$

図 3・10 は，反応開始後，時間 t の経過に伴って反応物 A の濃度 [A]，および生成物 B の濃度 [B] が変化する様子を示したものである．時間の経過に伴って，一様に [A] は減少し，[B] は増大していることがわかる．

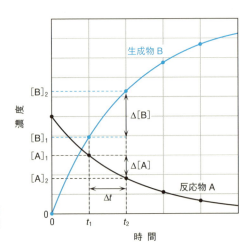

図 3・10　反応 A → 2B における時間の経過に伴う反応物 A，および生成物 B の濃度変化

3・4 反応速度と化学平衡　　123

　図のように，時刻 t_1 における A, B の濃度をそれぞれ $[A]_1, [B]_1$ とし，時刻 t_2 における濃度をそれぞれ $[A]_2, [B]_2$ とすると，この反応の速さは次式を用いて表すことができる．

$$\text{時刻 } t_1 \text{ から } t_2 \text{ までの反応物 A の平均の分解速度（減少速度）} = -\frac{\Delta[A]}{\Delta t} \qquad (3 \cdot 25)$$

$$\text{時刻 } t_1 \text{ から } t_2 \text{ までの生成物 B の平均の生成速度（増加速度）} = \frac{\Delta[B]}{\Delta t} \qquad (3 \cdot 26)$$

ここで §3・1・1 と同様に，Δ は変化量を表し，$\Delta[A] = [A]_2 - [A]_1$, $\Delta[B] = [B]_2 - [B]_1$, $\Delta t = t_2 - t_1$ である．$(3 \cdot 25)$ 式に負符号がついているのは，$\Delta[A] < 0$ であるので，速度を正の値にするためである．さて，反応の速さを定量的に扱う際には，次の二つの注意が必要である．

- 反応の速さは時間とともに変化する．これはこの反応では，A の分解速度が，存在する A の濃度に依存するためである．したがって，$(3 \cdot 25)$ 式，$(3 \cdot 26)$ 式の値は，時刻 t_1 から t_2 における変化の平均を表したものであり，これを**平均速度**という．一方，特定の時刻 t_1 における速さは**瞬間速度**といい，"濃度変化を表す曲線の接線の傾きの絶対値" として与えられる．
- 反応物の分解速度と生成物の生成速度は，必ずしも等しくない．これは，釣合いのとれた反応式〔$(3 \cdot 24)$ 式〕が示すように，A が 1 mol 反応すると B が 2 mol 生成するためである．この反応では，B の生成速度は A の分解速度の 2 倍となる．

　ある反応の速さを議論する際に，着目する物質によって値が異なると不便である．このため，一般に，次の反応式で表される反応について，

$$a\text{A} + b\text{B} \longrightarrow c\text{C} + d\text{D}$$

次式で表される値 v を，この反応の**反応速度**と定義する．

$$v = -\frac{1}{a}\frac{\Delta[A]}{\Delta t} = -\frac{1}{b}\frac{\Delta[B]}{\Delta t} = \frac{1}{c}\frac{\Delta[C]}{\Delta t} = \frac{1}{d}\frac{\Delta[D]}{\Delta t} \qquad (3 \cdot 27)$$

なお，反応速度の単位は，（濃度）（時間）$^{-1}$ となる．一般に，濃度にはモル濃度 $[\text{mol L}^{-1}]$ が用いられ，時間には秒〔s〕，分〔min〕，時〔h〕が用いられる．

124 3. 物質の変化

例題 3・26   過酸化水素 H_2O_2 の分解反応は，次の化学反応式で表される．

$$2H_2O_2 \longrightarrow 2H_2O + O_2$$

ある温度において，濃度 $0.100\ mol\ L^{-1}$，体積 $10.0\ mL$ の H_2O_2 水溶液を用いて分解反応を行い，5.0 分ごとに H_2O_2 の濃度を測定したところ，右表を得た．次の問いに答えよ．

$t\ [min]$	$[H_2O_2]$ $[mol\ L^{-1}]$
0	0.100
5.0	0.084
10.0	0.071
15.0	0.059
20.0	0.050

(1) 反応開始後，5.0 分から 10.0 分までの H_2O_2 の平均の分解速度を求めよ．また，15.0 分から 20.0 分までの H_2O_2 の平均の分解速度を求めよ．

(2) 反応開始から 20.0 分までに，発生した酸素 O_2 の物質量は何 mol か．

(3) この反応について，反応開始から 5.0 分までの平均の反応速度を求めよ．

解答・解説

(1) $2.6 \times 10^{-3}\ mol\ L^{-1}\ min^{-1}$，$1.8 \times 10^{-3}\ mol\ L^{-1}\ min^{-1}$

(3・25)式に基づいて求める．時間の経過に伴って，平均の分解速度が小さくなっていることがわかる．

(2) $2.5 \times 10^{-4}\ mol$

20.0 分までに消費された H_2O_2 の物質量 $x\ [mol]$ は次式で与えられる．

$$x = (0.100 - 0.050)\ mol\ L^{-1} \times \frac{10.0}{1000}\ L$$

反応式から，消費された H_2O_2 の物質量と発生した O_2 の物質量の比は $2:1$ であるから，求める O_2 の物質量を $n\ [mol]$ とすると，$n = x \times \frac{1}{2}$ が成り立つ．

(3) $1.6 \times 10^{-3}\ mol\ L^{-1}\ min^{-1}$

(3・27)式から，反応速度 $v\ [mol\ L^{-1}\ min^{-1}]$ は次式で求められる．反応式における H_2O_2 の化学量論係数に注意すること．

$$v = -\frac{1}{2}\frac{\Delta[H_2O_2]}{\Delta t} = -\frac{1}{2}\frac{(0.084 - 0.100)\ mol\ L^{-1}}{(5.0 - 0.0)\ min}$$

反応速度式   反応速度について最も重要なことは，それが反応物の濃度にどのように依存しているかを明らかにすることである．これによって，反応のしくみを解明する手掛かりが得られるとともに，反応を適切な速さで進行させる条件を探すことができる．再び，次のような一般的な反応式で表される反応を考えよう．

$$a\mathrm{A} + b\mathrm{B} \longrightarrow c\mathrm{C} + d\mathrm{D}$$

この反応の反応速度 v は，反応物の濃度 [A]，および [B] に依存し，一般に次式のように表すことができる．

$$v = k[A]^x[B]^y \qquad (3 \cdot 28)$$

このように，反応速度と反応物の濃度との関係を表す式を**反応速度式**という．ここで，比例定数 k は反応の種類と温度によって決まる定数であり，これを**速度定数**という．また，濃度に付された指数 x, y を**反応次数**といい，"この反応は A について x 次，B について y 次，全体の反応次数は $(x+y)$ 次である"という．

理解すべき重要なことは，反応次数 x, y は，反応式の化学量論係数 a, b とは関係がないことである．反応速度式を決定するには，実験によらねばならない．たとえば，(3・28)式の反応物 A の反応次数 x を決めるためには，B の濃度を固定し，A の濃度 [A] を変えて反応速度 v を測定し，[A] に対する v の依存性を調べる．このとき，反応の初期段階のデータを用いることが多い．すなわち，"反応開始時の A の濃度"（**初期濃度**という）を $[A]_0$ として，反応開始から短い反応時間で反応速度を測定し，それを"反応開始時の反応速度"（**初速度**という）v_0 とするのである．$[A]_0$ を変えて実験を繰返し，たとえば，$[A]_0$ を 2 倍にしたときに v_0 が 2 倍になれば $x = 1$，v_0 が 4 倍になれば $x = 2$ であることがわかる．

例題 3・27　　体積一定の反応容器に五酸化二窒素 $N_2O_5(g)$ を入れて 45 ℃ に加熱すると，N_2O_5 の分解反応が進行する．この反応は次の反応式で表される．

$$2N_2O_5 \longrightarrow 4NO_2 + O_2$$

この反応について，N_2O_5 の初期濃度 $[N_2O_5]_0$ を変えて，反応の初速度 v_0 を測定したところ，右表に示す結果を得た．この反応の反応速度 v を $v = k[N_2O_5]^x$ と表すとき，反応次数 x と速度定数 k を求めよ．

$[N_2O_5]_0$ $[\mathrm{mol\,L^{-1}}]$	v_0 $[\mathrm{mol\,L^{-1}\,min^{-1}}]$
0.010	3.0×10^{-4}
0.020	6.0×10^{-4}
0.040	1.2×10^{-3}

解答・解説　$x = 1$, $k = 3.0 \times 10^{-2}\,\mathrm{min^{-1}}$

表から，$[N_2O_5]_0$ が 2 倍になれば v_0 も 2 倍となり，$[N_2O_5]_0$ が 4 倍になれば v_0 も 4 倍になることがわかる．したがって，$x = 1$ と決定できる．これにより，$v = k[N_2O_5]$ となるから，たとえば，$[N_2O_5]_0 = 0.010\,\mathrm{mol\,L^{-1}}$，$v_0 = 3.0 \times 10^{-4}\,\mathrm{mol\,L^{-1}\,min^{-1}}$ のデータを代入することによって，k を求めることができる．なお，k の単位は，$[N_2O_5]$ の単位（$\mathrm{mol\,L^{-1}}$）と v の単位（$\mathrm{mol\,L^{-1}\,min^{-1}}$）から，$\mathrm{min^{-1}}$ と決まる．

「例題 3・27」で取上げた五酸化二窒素 N_2O_5 の分解のように,反応速度がただ一つの反応物の濃度に比例する反応を **1 次反応** という.反応物を A とすると,1 次反応の反応速度式は,次式で表される.

$$v = -\frac{\Delta[A]}{\Delta t} = k[A] \tag{3・29}$$

(3・29)式を微分形で表し,積分法を適用すると,次式のように反応物 A の濃度 [A] と反応時間 t との関係を表す式を得ることができる.

$$[A] = [A]_0 e^{-kt} \tag{3・30}$$

あるいは,

$$\ln\frac{[A]}{[A]_0} = -kt \tag{3・31}$$

ここで e は自然対数の底であり,ln は自然対数を表す.$[A]_0$ は"時刻 $t = 0$ のときの A の濃度"である.(3・30)式または (3・31)式を用いると,任意の反応時間 t における A の濃度 [A] を知ることができ,また A の濃度が [A] になるときの反応時間 t を知ることができる.図 3・11 には,1 次反応の反応時間に対する反応物の濃度の変化を示した.1 次反応は,放射性物質の崩壊,蛍光強度の減少など,自然界や実験室での現象にしばしば見られる.

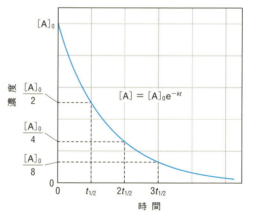

図 3・11　1 次反応の反応時間に対する反応物の濃度の変化. 反応物の濃度が初期濃度の半分まで減少するのに必要な時間を **半減期** といい,$t_{1/2}$ で表す.1 次反応では,半減期が初期濃度に依存しない.

反応速度の温度依存性　一般に,温度が高くなると反応速度は増大する.反応速度 v は (3・28)式で表されるから,温度の上昇に伴って v が増大するのは,速度定数 k が大きくなるためである.速度定数 k の温度依存性を最初に定式化したのは,アレニウスであった.1889 年,彼は実験に基づいて,速度定数 k

と絶対温度 T の関係式として次のような式を提案した.

$$k = A\mathrm{e}^{-\frac{E_\mathrm{a}}{RT}} \tag{3・32}$$

ここで R は気体定数（§2・3・2参照）である.この式を**アレニウスの式**という.導入された二つの定数 A,および E_a は反応に固有の定数であり,A を**頻度因子**,E_a を**活性化エネルギー**という.

アレニウスの式が提案されて以来,その理論的な解釈をめぐってさまざまな議論がなされ,それとともに反応に関する理解が深まった.特に,反応物から生成物に至る過程には,"反応物から形成される高いエネルギーをもつ原子の集合体を経由する"という考え方が確立した.この集合体を**活性錯体**という.アレニウスの式に現れる活性化エネルギー E_a は,反応物と活性錯体のエネルギー差を表す.E_a 以上のエネルギーをもつ反応物だけが,活性錯体を経て生成物に至るのである.

図3・12 は,反応物 A と B から活性錯体を経て,生成物 C と D に至る過程のエネルギー変化を模式的に示したものである.横軸は,反応経路に沿った反応物原子の位置の変化を座標として表したものであり,**反応座標**とよばれる.反応は,反応物から生成物に至る無数の経路のうちで,加えるべきエネルギーが最も少なくてすむ経路に沿って進行する.活性錯体はその経路の中で最もエネルギーの高い位置にあり,反応物の結合が部分的に開裂し,生成物の結合が部分的に形成した状態にある.この状態を,反応の**遷移状態**ともいう.なお,図3・12 において,生成物と反応物のエネルギー差 ΔH は,§3・1・1 で述べた反応熱に対応する.

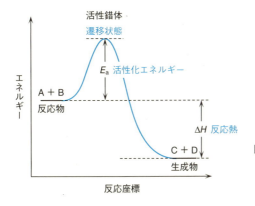

図3・12 **反応物 A と B から生成物 C と D が生成する反応に伴うエネルギーの変化**.この図は発熱反応 ($\Delta H < 0$) を表している.

例題 3・28　ある反応 A → B において，1 mol 当たりの反応に伴うエンタルピー変化 ΔH が $-70\ \mathrm{kJ\ mol^{-1}}$，活性化エネルギー E_a が $30\ \mathrm{kJ\ mol^{-1}}$ であった．このとき，逆反応 B → A の活性化エネルギーは何 $\mathrm{kJ\ mol^{-1}}$ になるか．

解答・解説　$100\ \mathrm{kJ\ mol^{-1}}$

　反応 A → B がある反応座標に沿って進行するとき，逆反応 B → A はその反応座標を逆にたどり，同じ遷移状態を経由して進行する．問題の反応は $\Delta H < 0$，すなわち発熱反応であるから，図 3・12 を参考に考えると，逆反応の活性化エネルギーは $E_a + |\Delta H|$ となることがわかる．

　反応に必要な活性化エネルギーは反応物の衝突によって与えられるとする理論（衝突説という）によると，アレニウスの式〔(3・32)式〕の頻度因子 A は，反応物の濃度が $1\ \mathrm{mol\ L^{-1}}$ のとき，"単位時間に起こる反応に都合のよい配向をもった反応物粒子の衝突の数"である．一方，$\mathrm{e}^{-\frac{E_a}{RT}}$ の項は，"活性化エネルギー E_a 以上の運動エネルギーをもつ反応物粒子の割合"を表す．図 3・13 は，英国の物理学者マクスウェル（J. C. Maxwell, 1831〜1879）とオーストリアの物理学者ボルツマン（L. Boltzmann, 1844〜1906）が導いた気体分子の運動エネルギー分布を，二つの温度について示したものである．温度が高くなると，確かに，あるエネルギー E_a 以上をもつ分子の割合が増大することがわかる．以上のことから，温度が高くなると速度定数 k が大きくなるのは，<u>活性化エネルギーよりも大きいエネルギーをもつ反応物粒子の割合が，温度の上昇とともに急速に増大すること</u>がおもな要因であると結論される．

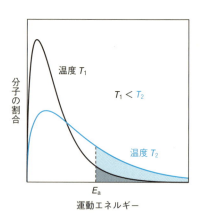

図 3・13　二つの温度 T_1, T_2 ($T_1 < T_2$) における気体分子の運動エネルギー分布．着色した領域は，反応に必要な E_a 以上のエネルギーをもつ分子に対応し，温度が高いほどその割合が大きいことがわかる．

3・4　反応速度と化学平衡　　129

(3・32)式で表されるアレニウスの式は，両辺の自然対数をとることによって，次式のように変形することができる．

$$\ln k = -\frac{E_a}{RT} + \ln A \qquad (3 \cdot 33)$$

狭い温度範囲では活性化エネルギー E_a と頻度因子 A は一定とみなせるため，いくつかの温度 T で速度定数 k を測定し，$\frac{1}{T}$ に対して $\ln k$ をプロットすると，直線が得られることになる．その直線の傾きと切片から，それぞれ E_a と A を求めることができ，これらの値は，その反応のしくみを明らかにするための重要な手がかりとなる．

例題 3・29　　しばしば"温度が 10 度高くなると，化学反応の速さはほぼ 2 倍になる"といわれる．ある反応について，温度が 300 K から 310 K になったとき速度定数が正確に 2 倍になったとすると，その反応の活性化エネルギーは何 $kJ\,mol^{-1}$ か．小数第 1 位まで求めよ．ただし，気体定数を $8.31\,J\,K^{-1}\,mol^{-1}$，$\ln 2 = 0.693$ とし，この温度範囲では頻度因子は一定であるとする．

解答・解説　　$53.6\,kJ\,mol^{-1}$

300 K, 310 K における速度定数をそれぞれ k_1, k_2 とすると，$k_2 = 2k_1$ となる．したがって，活性化エネルギーを E_a，頻度因子を A として，それぞれの温度について (3・33)式を適用し，$\ln A$ を消去すると次式が得られる．

$$\ln 2 = -\frac{E_a}{R}\left(\frac{1}{310} - \frac{1}{300}\right)$$

反応機構　　図 3・12 に示した反応は，反応物 A と B から直接，生成物 C と D が生成する反応であり，いわば 1 段階で進行する反応である．このような反応を**素反応**という．しかし，一般に，反応は複数の段階を経て進行するものが多い．例として，二酸化窒素 NO_2 と一酸化炭素 CO が反応して，一酸化窒素 NO と二酸化炭素 CO_2 が生成する反応を考えよう．この反応は，(3・34)式に示した化学反応式で表されるが，実際には，NO_2 と CO が直接反応するのではなく，①式と②式で示される素反応が連続して起こることによって，NO と CO_2 が生成することが知られている．

$$NO_2 + CO \longrightarrow NO + CO_2 \qquad (3 \cdot 34)$$

$$NO_2 + NO_2 \longrightarrow NO_3 + NO \qquad \qquad ①$$

$$NO_3 + CO \longrightarrow NO_2 + CO_2 \qquad \qquad ②$$

①式と②式を足し合わせることによって，全体の反応を表す (3・34)式が得られる．このとき，両辺から消去される NO_3 は，反応の初期の段階で生成し，後続の過程で消費される物質である．このように反応の過程に過渡的に存在する物質を，一般に**反応中間体**という．

また，(3・34)式で示した反応の反応速度式は，実験によって $v = k[NO_2]^2$ と決定されており，全体の反応の速さは CO の濃度に依存しないことが知られている．これは，①式で示される素反応が，②式の素反応に比べて著しく遅いので，全体の反応の速さが，①式の素反応の速さで決まってしまうためである．このように一連の素反応のうちで，最も遅い素反応を**律速段階**という．

上記の例で示したように，釣合いのとれた化学反応式を見ただけでは，その反応が素反応であるか，それとも段階的に進行する反応であるかはわからない．反応速度式の反応次数が，実験によらなければ決定できないのはそのためである．一般に，反応物から生成物に至るまでの過程を表した一連の素反応の系列を，**反応機構**という．反応機構は，反応速度式の決定や反応中間体の検出など，さまざまな実験結果に基づいて推定される．実験結果と矛盾しない反応機構を決定することは，化学における重要な研究領域になっている．

触 媒　反応速度を増大させるために，化学反応式に現れない物質が有効にはたらく場合がある．たとえば，次式で表される過酸化水素 H_2O_2 の分解反応は，冷暗所ではほとんど進行しないが，少量の酸化マンガン(IV) MnO_2 を加えると速やかに進行する．

$$2H_2O_2 \longrightarrow O_2 + 2H_2O$$

この反応の MnO_2 のように，それ自身は消費されることなく，反応の速度を増大させる物質を**触媒**という．触媒によって反応速度が増大するのは，触媒の添加によって触媒がないときと反応機構が変わり，より活性化エネルギーが小さい経路によって反応が進行するからである．生体内の反応では，タンパク質からなる**酵素**が触媒として作用し，反応を円滑に進行させている．また，工業的にも，私たちの生活に有用な物質を効率よく安価に製造するために，有効な触媒の探索が進められている．

3・4・2 化 学 平 衡

これまではおもに，反応物から生成物へと一方向に進む化学反応を考えてきた．しかし，一般には逆向きの反応も進行する場合が多い．たとえば，四酸化二窒素 $N_2O_4(g)$ を密閉容器に入れて一定温度に保つと，分解して二酸化窒素 $NO_2(g)$ が生成する．一方，NO_2 を密閉容器に入れて一定温度に保つと，逆向きの反応が進行し，N_2O_4 が生成する．このように，両方向の反応が進行するとき，その反応を**可逆反応**といい，次のように表記する．

$$N_2O_4(g) \rightleftarrows 2NO_2(g)$$

このとき，右向きの反応を**正反応**，左向きの反応を**逆反応**という．

さて，図3・14(a) には，一定体積の容器に濃度 $2\,mol\,L^{-1}$ の N_2O_4 を入れ，100 ℃ に保ったときの，時間の経過に伴う N_2O_4，および NO_2 の濃度の変化を示した．反応初期には N_2O_4 の分解が進行して NO_2 が生成するが，分解は完全には進行せず，ある時間後には N_2O_4 と NO_2 の濃度はいずれも一定になることがわかる．これは，反応が進行するとともに NO_2 の濃度が増大したため，正反応である N_2O_4 の分解の反応速度と，逆反応である N_2O_4 の生成の反応速度が等しくなったからである．このように，可逆反応において正反応と逆反応の反応速度が正確に等しく，正味の変化が観測されない状態を，一般に**化学平衡**の状態という．§3・2・2 で述べた弱酸・弱塩基の電離平衡も，化学平衡の一つとみることができる．

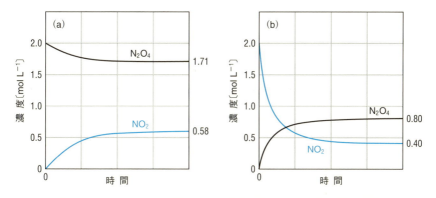

図3・14 反応 $N_2O_4 \rightleftarrows 2NO_2$ における時間経過に伴う N_2O_4，NO_2 の濃度変化(100 ℃)．(a) 初期濃度 $[N_2O_4]_0 = 2.0\,mol\,L^{-1}$，$[NO_2]_0 = 0\,mol\,L^{-1}$ の場合．(b) 初期濃度 $[N_2O_4]_0 = 0\,mol\,L^{-1}$，$[NO_2]_0 = 2.0\,mol\,L^{-1}$ の場合．右端の数字は平衡状態におけるそれぞれの濃度を示す．どちらの場合も $[NO_2]^2/[N_2O_4] = 0.20\,mol\,L^{-1}$ が成り立っていることに注意．

132 　　　　　　　　　　3. 物 質 の 変 化

　化学平衡の状態には反応物，あるいは生成物のどちらの側からも到達させることができる．図3・14(b) には，同じ体積の容器に 2 mol L^{-1} の NO_2 を入れ，100 ℃ に保ったときの N_2O_4 と NO_2 の濃度の時間変化を示した．時間の経過に伴って，それぞれの濃度はいずれも一定となり，平衡状態に到達することがわかる．注目すべきことは，図3・14 の (a) と (b) では平衡状態における N_2O_4, NO_2 の濃度は異なっているが，どちらの場合も次式の関係が成り立っていることである．

$$\frac{[NO_2]^2}{[N_2O_4]} = 0.20 \text{ mol L}^{-1} \qquad (3 \cdot 35)$$

　多くの実験から，温度が一定であれば初期濃度に関わらず，平衡状態における N_2O_4 と NO_2 の濃度の間には (3・35)式が成り立つことが示された．$[NO_2]^2$ に付された指数2は，化学反応式における NO_2 の化学量論係数と一致していることに注意してほしい．

　あらゆる可逆反応に対して，平衡状態における反応物と生成物の濃度の間に類似の関係が成り立つことが知られている．次のような一般的な反応式で表される可逆反応を考えよう．

$$a\text{A} + b\text{B} \rightleftharpoons c\text{C} + d\text{D} \qquad (3 \cdot 36)$$

この反応が平衡状態に到達したとき，一定の温度では初期濃度によらず，次式で定義される K は一定の値となる．

$$K = \frac{[\text{C}]^c[\text{D}]^d}{[\text{A}]^a[\text{B}]^b} \qquad (3 \cdot 37)$$

ここで $[\text{A}]$, $[\text{B}]$ などは平衡状態におけるそれぞれの濃度を表す*．(3・37)式を**化学平衡の法則**（または**質量作用の法則**）といい，K を**平衡定数**とよぶ．平衡状態における反応物と生成物の濃度がわかれば，平衡定数を求めることができる．また，初期濃度と平衡定数が既知であれば，平衡状態におけるそれぞれの物質の濃度を求めることができる．

　＊　平衡定数の理論的な扱いでは，濃度〔圧平衡定数では分圧，(3・39)式参照〕ではなく，濃度（あるいは分圧）の標準状態（1 mol L^{-1} あるいは 1 bar）に対する比（**活量**という）を用いる．したがって，数値部分は同一になるが単位は除去されるため，平衡定数は単位をもたない．しかし，本書では，実験的に得られる平衡定数を想定して，平衡定数には (3・37)式，または (3・39)式から導かれる単位をつけるものとする．

3・4 反応速度と化学平衡　　133

例題 3・30　　体積 2.0 L の反応容器に一酸化炭素 CO(g) 0.40 mol と塩素 Cl$_2$(g) 0.40 mol を入れ，一定の温度で反応させるとホスゲン COCl$_2$(g) が生成し，次の反応式で表される平衡状態となった．

$$CO(g) + Cl_2(g) \rightleftharpoons COCl_2(g)$$

平衡状態における COCl$_2$ の濃度を測定したところ，0.080 mol L^{-1} であった．この温度におけるこの反応の平衡定数を求めよ．

解答・解説　　5.6 mol^{-1} L

(3・37)式を適用すると，この反応の平衡定数 K は次式で表される．

$$K = \frac{[COCl_2]}{[CO][Cl_2]} \tag{3・38}$$

したがって，与えられた初期濃度と平衡状態における COCl$_2$ の濃度から各物質の濃度を求め，(3・38)式に代入すればよい．初期濃度は $[CO] = [Cl_2] = 0.20$ mol L^{-1} である．なお，この種の問題では，与えられた条件を，初期濃度，変化量，平衡濃度を別々の行に書いた下のような表で整理するとよい．

濃度〔mol L^{-1}〕	CO(g) +	Cl$_2$(g) $\rightleftharpoons$	COCl$_2$(g)
初期濃度	0.20	0.20	0
変化量	$-x$	$-x$	$+x$
平衡濃度	$0.20 - x$	$0.20 - x$	x

　平衡状態に到達するまでに反応によって減少した CO の濃度を x〔mol L^{-1}〕とすると，釣合いのとれた反応式の化学量論係数から，Cl$_2$ の減少量と COCl$_2$ の生成量はいずれも x〔mol L^{-1}〕となる．平衡濃度は初期濃度と変化量の和となる．本問では，平衡状態における COCl$_2$ の濃度として $x = 0.080$ mol L^{-1} が与えられているので，平衡状態における CO と Cl$_2$ の濃度はいずれも $0.20 - 0.080 = 0.12$ mol L^{-1} となる．■

例題 3・31　　体積 1.0 L の反応容器に水素 H$_2$(g) 1.0 mol とヨウ素 I$_2$(g) 1.0 mol を入れて一定の温度で反応させ，次の反応式で表される平衡状態に到達させた．

$$H_2(g) + I_2(g) \rightleftharpoons 2HI(g)$$

この温度におけるこの反応の平衡定数は 36 である．平衡状態におけるヨウ化水素 HI の濃度は何 mol L^{-1} か．

134　　　　　　　　　　　　　　3. 物 質 の 変 化

解答・解説　1.5 mol L^{-1}

(3・37)式を適用すると，この反応の平衡定数 K は次式で表される．

$$K = \frac{[\mathrm{HI}]^2}{[\mathrm{H_2}][\mathrm{I_2}]}$$

$\mathrm{H_2}$ と $\mathrm{I_2}$ の初期濃度はいずれも 1.0 mol L^{-1} である．平衡状態に到達するまでに反応して減少した $\mathrm{H_2}$ の濃度を x [mol L^{-1}] とすると，それぞれの濃度の変化は下の表のように整理することができる．

濃度 [mol L^{-1}]	$\mathrm{H_2(g)}$	+	$\mathrm{I_2(g)}$	$\rightleftharpoons$	$2\mathrm{HI(g)}$
初期濃度	1.0		1.0		0
変化量	$-x$		$-x$		$+2x$
平衡濃度	$1.0-x$		$1.0-x$		$2x$

　本問では平衡定数が与えられているので，表の値を代入することにより次式が得られる．

$$K = \frac{(2x)^2}{(1.0-x)(1.0-x)} = 36$$

一般には二次方程式を解くことになるが，本問では両辺の平方根をとることにより，容易に x を求めることができる．解答は $2x$ [mol L^{-1}] となることに注意．■

圧平衡定数　　気体だけが関わる反応では，濃度よりも分圧を用いて平衡定数を表記した方が便利な場合が多い．再び，(3・36)式で表される一般的な可逆反応を考えると，反応物と生成物がいずれも気体の場合には，化学平衡の法則は次のように表すことができる．

$$K_p = \frac{p_\mathrm{C}{}^c p_\mathrm{D}{}^d}{p_\mathrm{A}{}^a p_\mathrm{B}{}^b} \qquad (3・39)$$

ここで p_A, p_B などは平衡状態におけるそれぞれの分圧を表す．K_p を**圧平衡定数**という．濃度を用いて (3・37)式のように定義した平衡定数は，K_p と区別する場合には K_c と表記し，**濃度平衡定数**とよぶ．

例題 3・32　　体積一定の反応容器に四酸化二窒素 $\mathrm{N_2O_4(g)}$ 1 mol を入れ，一定の温度で反応させた．十分な時間が経過した後，その 60% が解離して次の反応式で表される平衡状態に到達し，圧力は 2.0 bar (1 bar = 10^5 Pa) を示した．

$$\mathrm{N_2O_4(g)} \rightleftharpoons 2\mathrm{NO_2(g)}$$

3・4 反応速度と化学平衡 135

この温度におけるこの反応の圧平衡定数を求めよ.

解答・解説　4.5 bar

（3・39)式を適用すると，この反応の圧平衡定数 K_p は次式で表される.

$$K_p = \frac{p_{NO_2}^2}{p_{N_2O_4}}$$

ここで $p_{N_2O_4}$, p_{NO_2} はそれぞれ平衡状態における N_2O_4 と NO_2 の分圧（単位: bar）である．**分圧は，全圧とそれぞれの気体のモル分率の積で与えられるので**（§2・3・3 参照），本問では，平衡状態に到達するまでに反応によって減少した N_2O_4 の物質量を x 〔mol〕として表を作成するとよい.

物質量〔mol〕	$N_2O_4(g)$	$\rightleftharpoons$	$2NO_2(g)$
初期状態	1.0		0
変化量	$-x$		$+2x$
平衡状態	$1.0 - x$		$2x$

平衡状態における全体の物質量 n_T〔mol〕は $n_T = (1.0-x)+2x$ となるから，全圧を p_T〔bar〕とすると次式が得られる.

$$p_{N_2O_4} = \frac{1.0 - x}{n_T} \times p_T \qquad p_{NO_2} = \frac{2x}{n_T} \times p_T$$

本問では $x = 0.6$ mol, $p_T = 2.0$ bar が与えられているので，$p_{N_2O_4} = 0.5$ bar, $p_{NO_2} = 1.5$ bar が得られ，K_p を求めることができる． ■

3・4・3　化学平衡の移動

平衡状態にある可逆反応系に対して，温度や圧力などの反応条件を変化させると，いったん平衡状態ではなくなるが，正反応または逆反応が進行して，新しい平衡状態になる．これを**化学平衡の移動**という.

1884 年，フランスの化学者ル・シャトリエ（H. Le Chatelier, 1850〜1936）は，化学平衡の移動に関して次のような考え方を提案した.

> 化学反応が平衡状態にあるとき，濃度，圧力，温度などの反応条件を変化させると，その変化を部分的に打消す方向に反応が進行し，新しい平衡状態になる.

これを**ルシャトリエの原理**という．この原理は，化学平衡が移動する方向を予測するためによく用いられる．この原理に基づいて，平衡状態にある反応系に対し

136   3. 物 質 の 変 化

て，反応条件の変化が及ぼす効果を考えてみよう．

- 反応物，あるいは生成物の濃度や分圧を増大させると，平衡は，その物質を消費して濃度や分圧を減少させる方向へ移動する．一方，反応物，あるいは生成物の濃度や分圧を減少させると，平衡は，その物質を生成して濃度や分圧を増大させる方向に移動する．
- 気体だけが関わる反応において，反応の体積を減少させ，全圧を増大させると，平衡は，全体の物質量が減少して全圧を減少させる方向へ移動する．一方，反応の体積を増大させ，全圧を減少させると，平衡は，全体の物質量が増大して全圧を増大させる方向へ移動する．
- 反応の温度を上昇させると，平衡は，加えられた熱を吸収する方向，すなわち吸熱反応の方向に移動する．一方，反応の温度を低下させると，平衡は，熱を供給する方向，すなわち発熱反応の方向に移動する．

なお，濃度や圧力の変化は，平衡状態における反応物，および生成物の濃度，分圧を変化させるが，温度が一定であれば平衡定数は変化しないことに注意すべきである．温度が変化すると，平衡定数も変化する．

例題 3・33　　窒素 $N_2(g)$ と水素 $H_2(g)$ からアンモニア $NH_3(g)$ が生成する反応は可逆反応であり，次の熱化学反応式で表される．

$$N_2(g) + 3H_2(g) \rightleftharpoons 2NH_3(g) \qquad \Delta H = -91.8\,kJ$$

ここで ΔH は正反応に伴う系のエンタルピー変化（§3・1・1 参照）を示している．この反応が平衡状態にあるとき，次の変化に対して，平衡はどちらに移動するか．
　　① 一定の温度・体積で H_2 を加える．
　　② 一定の温度で混合気体を圧縮する．
　　③ 一定の圧力で混合気体を加熱する．

解答・解説　① NH_3 生成の方向，② NH_3 生成の方向，③ NH_3 分解の方向
　　いずれもルシャトリエの原理に基づいて判断する．混合気体を圧縮すると全圧が増大するが，反応物の物質量は N_2 1 mol と H_2 3 mol の合計 4 mol であり，生成物の物質量は NH_3 2 mol であるから，全体の物質量が減少する NH_3 生成の方向へ移動する．正反応は発熱反応（$\Delta H < 0$）なので，逆反応は吸熱反応（$\Delta H > 0$）となる．

例題 3・34 四酸化二窒素 $N_2O_4(g)$ と二酸化窒素 $NO_2(g)$ の化学平衡は次式で表される．

$$N_2O_4(g) \rightleftarrows 2NO_2(g)$$

ピストンの付いた密閉容器に N_2O_4 と NO_2 の混合気体を入れ，平衡状態に到達させた．一定温度において，容器にアルゴン Ar を加えると，平衡はどちらに移動するか．次の二つの場合について答えよ．ただし，Ar は反応には関係しないものとする．
　① ピストンを固定して体積を一定にする．
　② ピストンにかかる圧力を一定にする．

解答・解説　① 平衡は移動しない，② NO_2 生成の方向

体積を一定にして Ar を加えると，全圧は増大するが，N_2O_4，NO_2 の分圧は変化しないため，平衡は移動しない．一方，全圧を一定にして Ar を加えると，N_2O_4 と NO_2 の分圧の和が Ar を加えた分だけ減少するため，平衡状態にある混合気体の全圧を減少させたことと同じ効果になる．したがって，平衡は，全体の物質量が増大する NO_2 生成の方向へ移動する．　■

§3・4・1 では，触媒は反応の活性化エネルギーを低下させることにより，反応速度を増大させることを述べた．触媒を加えると，正反応だけでなく逆反応の反応速度も増大するので，速やかに平衡に到達する．しかし，平衡定数は反応物と生成物のエネルギー差によって決まるので，触媒が存在しても平衡定数は変化しない．したがって，平衡状態にある化学反応系に触媒を加えても，平衡は移動しない．図 3・15 は，平衡反応における生成物の生成に対する触媒の効果を模式的

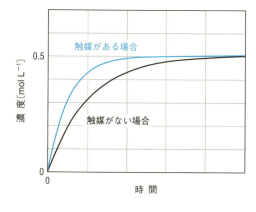

図 3・15　平衡反応における触媒の効果． 反応 $A \rightleftarrows B$ ($K=1$, $[A]_0 = 1.0 \text{ mol L}^{-1}$, $[B]_0 = 0 \text{ mol L}^{-1}$) における時間経過に伴う生成物濃度 $[B]$ の変化を表す．触媒がある場合の速度定数は，触媒がない場合の 2 倍としている．

に示したものである．触媒が存在しても平衡定数は変わらないが，触媒は平衡状態に到達するまでの時間の短縮に有効であることがわかる．

3・4・4 電 離 平 衡

§3・2・2 では，酢酸 CH_3COOH のように，一部しか電離しない酸を弱酸といい，弱酸は水溶液中で電離平衡の状態にあることを述べた．電離平衡も化学平衡の一つであるから，化学平衡の法則が適用できる．すなわち，一般に，水中で弱酸 HA が，次の反応式で表される電離平衡にあるとき，

$$HA \rightleftharpoons H^+ + A^- \qquad (3・40)$$

一定の温度では HA の初期濃度によらず，次式で与えられる平衡定数は一定の値となる．

$$K_a = \frac{[H^+][A^-]}{[HA]} \qquad (3・41)$$

ここで $[HA]$，$[H^+]$，$[A^-]$ は，それぞれ平衡状態における電離していない HA の濃度，水素イオン濃度，および共役塩基 A^- の濃度である．酸の電離平衡の平衡定数 K_a を，**酸の電離定数**（または**酸解離定数**）という．

アンモニア NH_3 のような弱塩基も同様に扱うことができる．すなわち，一般に，水中で弱塩基 B が，次の反応式で表される電離平衡にあるとき，

$$B + H_2O \rightleftharpoons BH^+ + OH^- \qquad (3・42)$$

一定の温度では B の初期濃度によらず，次式で与えられる平衡定数は一定の値となる．

$$K_b = \frac{[BH^+][OH^-]}{[B]} \qquad (3・43)$$

ここで $[B]$，$[BH^+]$，$[OH^-]$ はそれぞれ，平衡状態における電離していない B の濃度，共役酸 BH^+ の濃度，および水酸化物イオンの濃度である．なお，(3・42) 式の左辺にある水 H_2O は溶媒であり濃度は変化しないとみなすため，平衡定数の表記には含めない．塩基の電離平衡の平衡定数 K_b を，**塩基の電離定数**（または**塩基解離定数**）という．

酸の電離定数 K_a を用いると，弱酸の強さを定量的に評価することができる．K_a が大きいほど，平衡状態における水素イオン濃度 $[H^+]$ が大きくなるため，強い酸となる．同様に，塩基の電離定数 K_b が大きいほど，強い塩基となる．表 3・7 には，いくつかの弱酸・弱塩基について電離平衡の反応式と電離定数を示

3・4　反応速度と化学平衡　　139

表 3・7　おもな弱酸，弱塩基の電離定数（25 ℃）

弱　酸	電離平衡の反応式	K_a〔mol L^{-1}〕
フッ化水素酸	$HF \rightleftarrows H^+ + F^-$	6.8×10^{-4}
酢　酸	$CH_3COOH \rightleftarrows H^+ + CH_3COO^-$	2.8×10^{-5}
硫化水素酸	$H_2S \rightleftarrows H^+ + HS^-$ $HS^- \rightleftarrows H^+ + S^{2-}$	9.5×10^{-8} 1.3×10^{-14}
炭　酸	$H_2CO_3 \rightleftarrows H^+ + HCO_3^-$ $HCO_3^- \rightleftarrows H^+ + CO_3^{2-}$	4.5×10^{-7} 4.7×10^{-11}
弱塩基	電離平衡の反応式	K_b〔mol L^{-1}〕
アンモニア	$NH_3 + H_2O \rightleftarrows NH_4^+ + OH^-$	1.7×10^{-5}
メチルアミン	$CH_3NH_2 + H_2O \rightleftarrows CH_3NH_3^+ + OH^-$	4.4×10^{-4}

した．なお，硫化水素酸 H_2S などの 2 価の酸では，電離は 2 段階で起こり，そ
れぞれの電離について電離定数が存在する．一般に，第 2 段階の電離定数は，第
1 段階の電離定数に比べてかなり小さい．

§3・4・2 では，初期濃度と平衡定数が既知であれば，平衡状態におけるそれぞ
れの物質の濃度が求められることを述べた．同様の方法を電離平衡に適用する
と，弱酸・弱塩基の水溶液の水素イオン濃度や pH，および電離度を計算するこ
とができる．

例題 3・35　濃度 0.20 mol L^{-1} の酢酸 CH_3COOH 水溶液の水素イオン濃度
$[H^+]$ と電離度 α を求めよ．ただし，酢酸の電離定数を $K_a = 2.8 \times 10^{-5}$ mol L^{-1}，
$\sqrt{5.6} = 2.4$ とする．

解答・解説　$[H^+] = 2.4 \times 10^{-3}$ mol L^{-1}, $\alpha = 0.012$

酢酸の初期濃度が $c_0 = 0.20$ mol L^{-1} であり，平衡状態に到達したときの電離
していない酢酸の濃度を $[CH_3COOH]$，水素イオンの濃度を $[H^+]$，酢酸イオン
の濃度を $[CH_3COO^-]$ とすると，次式が成り立つ．

$$K_a = \frac{[H^+][CH_3COO^-]}{[CH_3COOH]} \qquad ①$$

したがって，「例題 3・30」と同様に，平衡状態に到達するまでに電離して減少
した酢酸の濃度を x〔mol L^{-1}〕とすると，次のような表を書くことができる．

140　　　　　　　　　　　3. 物 質 の 変 化

濃度 $[mol L^{-1}]$	CH_3COOH	$\rightleftarrows$	H^+	$+$	CH_3COO^-
初期濃度	c_0		0		0
変化量	$-x$		$+x$		$+x$
平衡濃度	c_0-x		x		x

①式に代入すると，次式が得られる．

$$K_a = \frac{x^2}{c_0 - x} \qquad ②$$

ここで，初期濃度 c_0 に対して変化量 x は非常に小さいため，$c_0-x \approx c_0$ と近似することができるので，$x^2 = K_a c_0$ となる*．これより，水素イオン濃度 $[H^+] = x [mol L^{-1}]$，電離度 $\alpha = \frac{x}{c_0}$ を得ることができる．　　　　■

緩 衝 液　　　§3·2·5 では，中性付近の水溶液に塩基を少量加えると，その pH は急激に上昇することを述べた．一方，たとえば私たちの血液の pH は 7.4 にきわめて一定に維持されており，大気中の二酸化炭素や，代謝によって生成する酸や塩基の影響をほとんど受けない．一般に，少量の酸や塩基を加えても，ほとんど pH が変化しないことを**緩衝作用**といい，このような作用をもつ溶液を**緩衝液**という．

緩衝液は，弱酸あるいは弱塩基とその塩が共存する溶液である．代表的な緩衝液である酢酸 CH_3COOH と酢酸ナトリウム CH_3COONa の混合溶液を用いて，緩衝作用について考えてみよう．水溶液中では，それぞれは次式のように電離している．

$$CH_3COOH \rightleftarrows H^+ + CH_3COO^- \qquad (3·44)$$
$$CH_3COONa \longrightarrow Na^+ + CH_3COO^- \qquad (3·45)$$

強電解質である塩 CH_3COONa は，ほぼ完全に電離する．生じた酢酸イオン CH_3COO^- によって (3·44) 式の平衡は左方向に移動するので，酢酸はほとんど電離せずに CH_3COOH として存在する．ここに少量の酸を加えると，生じた水素イオン H^+ は，次式のように溶液中の CH_3COO^- と反応して消費される．

$$H^+ + CH_3COO^- \longrightarrow CH_3COOH$$

---

* 初期濃度 c_0 が $10^{-2} mol L^{-1}$ 程度になると，近似 $c_0-x \approx c_0$ が成立しなくなる．この場合には，②式から導かれる二次方程式 $x^2 + K_a x - K_a c_0 = 0$ を解いて x を得る．さらに，c_0 が $10^{-5} mol L^{-1}$ よりも小さくなると，水の電離によって生じる H^+ の寄与を考慮した計算をしなければならない．

一方, 少量の塩基を加えると, 生じた水酸化物イオン OH^- は, 次式のように溶液中の CH_3COOH によって中和されるので, pH はほとんど変化しない.

$$CH_3COOH + OH^- \longrightarrow CH_3COO^- + H_2O$$

用いる弱酸・弱塩基と塩の種類, およびそれらの濃度を変えることによって, さまざまな pH をもつ緩衝液を調製することができる. 血液はおもに, 炭酸 H_2CO_3 と炭酸水素イオン HCO_3^- のはたらきによって緩衝作用を示す. 緩衝液は, 生体や生物学的な実験のみならず, 食品や化粧品などにも利用されている.

例題 3・36 次の五つの混合溶液のうち, 緩衝液となるものをすべて選べ.
① 塩化カリウム KCl と塩酸 HCl
② アンモニア NH_3 と硝酸アンモニウム NH_4NO_3
③ リン酸水素二ナトリウム Na_2HPO_3 とリン酸二水素ナトリウム NaH_2PO_3
④ 過塩素酸ナトリウム $NaClO_4$ と過塩素酸 $HClO_4$
⑤ 炭酸ナトリウム Na_2CO_3 と炭酸水素ナトリウム $NaHCO_3$

解答・解説 ②, ③, ⑤
　　弱酸あるいは弱塩基とその塩の混合溶液を選ぶ. ③はリン酸二水素イオン $H_2PO_4^-$, ⑤は炭酸水素イオン HCO_3^- がそれぞれ弱酸としてはたらく. ∎

3・4・5 溶 解 平 衡

　　§2・4・2で述べたように, 一定量の溶媒に溶解できる最大量の溶質が溶けた溶液を, 飽和溶液という. 飽和溶液中に溶質の固体が存在しているとき, 固体が溶解する速度と溶液から固体が析出する速度が正確に等しく, 平衡状態になっている. このような溶解による平衡を**溶解平衡**という. 溶解平衡にも化学平衡の法則を適用することができる.

　　たとえば, 硝酸銀 $AgNO_3$ 水溶液に, 塩化ナトリウム NaCl 水溶液を加えると, 水に溶けにくい性質 (難溶性という) をもつ塩化銀 AgCl の固体が生成する. 一般に, 化学反応などによって, 溶液から分離する難溶性の固体を**沈殿**という. AgCl はきわめてわずかに水に溶解し, ほぼ完全に電離しているので, 次の溶解平衡が成り立つ.

$$AgCl(s) \rightleftharpoons Ag^+(aq) + Cl^-(aq) \qquad (3・46)$$

142 　3. 物 質 の 変 化

このとき，一定の温度では，次式で与えられる平衡定数は一定の値となる．

$$K_{sp} = [Ag^+][Cl^-] \tag{3・47}$$

ここで $[Ag^+]$，$[Cl^-]$ はそれぞれ平衡状態における Ag^+，Cl^- の濃度である．なお，(3・46)式の左辺にある AgCl は固体であり濃度は変化しないため，平衡定数の表記には含めない．溶解平衡の平衡定数 K_{sp} を**溶解度積**という．

表3・8には，いくつかの難溶性の塩の溶解度積を示した．溶解度積から，難溶性の塩が沈殿するかどうかを予測することができる．たとえば，$AgNO_3$ 水溶液と NaCl 水溶液を混合する際に，混合後の銀イオン濃度 $[Ag^+]$ と塩化物イオン濃度 $[Cl^-]$ の積が溶解度積 K_{sp} よりも大きいときには，平衡に到達するまで，すなわちイオン濃度の積が K_{sp} に等しくなるまで，AgCl の沈殿が生成する．

表3・8　おもな難溶性塩の溶解度積(25℃)

化 合 物	K_{sp}
塩化銀　AgCl	$1.8 \times 10^{-10}\ mol^2\,L^{-2}$
炭酸カルシウム　$CaCO_3$	$6.7 \times 10^{-5}\ mol^2\,L^{-2}$
炭酸バリウム　$BaCO_3$	$8.3 \times 10^{-9}\ mol^2\,L^{-2}$
水酸化マグネシウム　$Mg(OH)_2$	$1.9 \times 10^{-11}\ mol^3\,L^{-3}$
硫化銅(Ⅱ)　CuS	$6.5 \times 10^{-30}\ mol^2\,L^{-2}$
硫化亜鉛　ZnS	$2.1 \times 10^{-18}\ mol^2\,L^{-2}$

例題3・37　　ある温度における水酸化カルシウム $Ca(OH)_2$ の飽和水溶液1Lには，1.48 g の $Ca(OH)_2$ が含まれている．この温度における $Ca(OH)_2$ の溶解度積はいくつか．有効数字2桁で答えよ．ただし，$Ca(OH)_2$ のモル質量を 74 g mol^{-1} とする．

解答・解説　$3.2 \times 10^{-5}\ mol^3\,L^{-3}$

$Ca(OH)_2$ の溶解平衡は次の反応式で表される．

$$Ca(OH)_2(s) \rightleftharpoons Ca^{2+}(aq) + 2OH^-(aq)$$

したがって，$Ca(OH)_2$ の溶解度積 K_{sp} の表記は次式のようになる．

$$K_{sp} = [Ca^{2+}][OH^-]^2 \tag{①}$$

3・4 反応速度と化学平衡　　143

「例題 3・30」と同様に，平衡状態に到達するまでに溶解した $Ca(OH)_2$ のモル濃度を s 〔mol L^{-1}〕とすると，次のような表を書くことができる．

濃度〔mol L^{-1}〕	$Ca(OH)_2$	$\rightleftharpoons$	Ca^{2+}	+	$2OH^-$
初期濃度	−		0		0
変化量	−		$+s$		$+2s$
平衡濃度	−		s		$2s$

①式に代入すると，次式が得られる．

$$K_{sp} = (s) \times (2s)^2 = 4s^3$$

s 〔mol L^{-1}〕は飽和溶液のモル濃度であるから，次のように求めることができる．なお，この反応の溶解度積 K_{sp} の単位は，mol^3 L^{-3} となることに注意．

$$s = \frac{1.48 \text{ g L}^{-1}}{74 \text{ g mol}^{-1}} = 0.020 \text{ mol L}^{-1}$$

■

例題 3・38　　濃度 0.10 mol L^{-1} の硝酸バリウム $Ba(NO_3)_2$ 水溶液 100 mL に濃度 0.10 mol L^{-1} の炭酸カルシウム Na_2CO_3 水溶液 0.10 mL を加えた．炭酸バリウム $BaCO_3$ の沈殿は生成するか．判断した理由とともに述べよ．ただし，$BaCO_3$ の溶解度積を $K_{sp} = 8.3 \times 10^{-9}$ mol^2 L^{-2} とし，$Ba(NO_3)_2$ 水溶液の体積は変化しないものとする．

解答・解説　$Ba(NO_3)_2$ 水溶液の体積は変化しないので，混合後の Ba^{2+} の濃度は $[Ba^{2+}] = 0.10$ mol L^{-1} である．一方，CO_3^{2-} の濃度は 0.10 mL が 100 mL に希釈されるので，次式で求められる．

$$[CO_3^{2-}] = 0.10 \text{ mol L}^{-1} \times \frac{0.10 \text{ mL}}{1000 \text{ mL L}^{-1}} \times \frac{1000 \text{ mL L}^{-1}}{100 \text{ mL}}$$
$$= 1.0 \times 10^{-4} \text{ mol L}^{-1}$$

したがって，水溶液のイオン濃度の積 $[Ba^{2+}][CO_3^{2-}]$ は，$[Ba^{2+}][CO_3^{2-}] = 0.10 \times (1.0 \times 10^{-4}) = 1.0 \times 10^{-5}$ mol^2 L^{-2} となり，$[Ba^{2+}][CO_3^{2-}] > K_{sp}$ であるので，沈殿が生成する．

■

144   3. 物 質 の 変 化

節 末 問 題

1. 原子力発電所の事故によって放出される放射性同位体の一つに，質量数 131 のヨウ素（I-131）がある．I-131 は 1 次反応の反応速度式に従って分解するが，分解に伴って高エネルギーの放射線が放出され，比較的半減期が長いため，人体への影響が懸念される．一定体積の空間に放出された I-131 の濃度が，初期濃度の 128 分の 1 以下になるには何日かかるか．整数値で答えよ．ただし，I-131 の半減期を 8.0 日とする．

2. 次の熱化学反応式で表される可逆反応が，ピストンの付いた密閉容器内で平衡状態にある．

$$N_2O_4(g) \rightleftharpoons 2NO_2(g) \qquad \Delta H = 58.0 \text{ kJ}$$

この反応に関する記述として誤りを含むものを，次の①〜⑤のうちからすべて選べ．また，誤っている理由を説明し，正しい記述に修正せよ．

① 平衡状態では，正反応と逆反応の反応速度は等しい．
② 逆反応は吸熱反応である．
③ 一定の温度でピストンを押して圧縮すると，NO_2 の分子数が増大する．
④ 一定の温度・体積で NO_2 を加えると，平衡定数が増大する．
⑤ 一定の圧力で容器を冷却すると，NO_2 の分子数が増大する．

3. メタノール CH_3OH は，工業的に次の反応によって製造される．

$$CO(g) + 2H_2(g) \rightleftharpoons CH_3OH(g)$$

ある温度において，2.40 mol L^{-1} の一酸化炭素 CO と 2.10 mol L^{-1} の水素 H_2 を反応容器に入れ，平衡状態に到達させた．平衡状態における CO の濃度を調べたところ，1.60 mol L^{-1} であった．この温度におけるこの反応の平衡定数を求めよ．

4. 沈殿が生成する反応を利用して，滴定により水溶液中のイオンの濃度を決定する手法を**沈殿滴定**という．ある温度において，濃度未知の塩化ナトリウム NaCl 水溶液 25.0 mL に，濃度 1.00×10^{-5} mol L^{-1} の硝酸銀 AgNO$_3$ 水溶液を滴下すると，10.0 mL を加えたところで塩化銀 AgCl の白色沈殿が生じ始めた．NaCl 水溶液のモル濃度はいくつか．有効数字 2 桁で答えよ．ただし，この温度における AgCl の溶解度積を 1.8×10^{-10} mol^2 L^{-2} とする．

4 無 機 物 質

4・1 元素と周期表

第1章から第3章では，物質の構成，状態，反応を理解するための基本的な事項を解説した．本章以降では，これらを基礎として，身のまわりのさまざまな物質を具体的に取上げ，その構造や性質を述べる．物質は，炭素原子を骨格として構成される**有機化合物**と，それ以外の化合物と元素の単体を含む**無機物質**に分けられる*．まず本章では後者を扱う．

4・1・1 電子配置と周期表

§1·1·6では，元素の性質は周期性を示し，それは原子の電子配置の周期性に由来することを述べた．図4・1に，現在用いられている周期表を示す．周期表

族	1	2	3	4	5	6	7	8	9	10	11	12	13	14	15	16	17	18
第1周期	1 H																	2 He
第2周期	3 Li	4 Be											5 B	6 C	7 N	8 O	9 F	10 Ne
第3周期	11 Na	12 Mg											13 Al	14 Si	15 P	16 S	17 Cl	18 Ar
第4周期	19 K	20 Ca	21 Sc	22 Ti	23 V	24 Cr	25 Mn	26 Fe	27 Co	28 Ni	29 Cu	30 Zn	31 Ga	32 Ge	33 As	34 Se	35 Br	36 Kr
第5周期	37 Rb	38 Sr	39 Y	40 Zr	41 Nb	42 Mo	43 Tc	44 Ru	45 Rh	46 Pd	47 Ag	48 Cd	49 In	50 Sn	51 Sb	52 Te	53 I	54 Xe
第6周期	55 Cs	56 Ba	ランタノイド	72 Hf	73 Ta	74 W	75 Re	76 Os	77 Ir	78 Pt	79 Au	80 Hg	81 Tl	82 Pb	83 Bi	84 Po	85 At	86 Rn
第7周期	87 Fr	88 Ra	アクチノイド	104 Rf	105 Db	106 Sg	107 Bh	108 Hs	109 Mt	110 Ds	111 Rg	112 Cn	113 Nh	114 Fl	115 Mc	116 Lv	117 Ts	118 Og

ランタノイド	57 La	58 Ce	59 Pr	60 Nd	61 Pm	62 Sm	63 Eu	64 Gd	65 Tb	66 Dy	67 Ho	68 Er	69 Tm	70 Yb	71 Lu
アクチノイド	89 Ac	90 Th	91 Pa	92 U	93 Np	94 Pu	95 Am	96 Cm	97 Bk	98 Cf	99 Es	100 Fm	101 Md	102 No	103 Lr

図4・1 元素の周期表

* 炭素の化合物のうち，一酸化炭素 CO，二酸化炭素 CO_2，炭酸塩（炭酸イオン CO_3^{2-} を含む化合物），シアン化合物（シアン化物イオン CN^- を含む化合物）は無機物質に分類される．

146　　　　　　　　　　　　4. 無 機 物 質

は性質の類似した元素が縦に並ぶように配列されており，その類似性は，価電子の数が等しいことによる．§1・1・4で述べた通り，原子の電子配置は，電子が内側の電子殻から順に収容されることによって基本的には説明できるが，周期表全体を見たときには，もう少し詳しい説明が必要になる．たとえば，$_{18}$Ar は K 殻に 2 個，L 殻に 8 個，M 殻に 8 個の電子をもつが，次の $_{19}$K では，M 殻がまだ電子を収容できるにもかかわらず，電子は N 殻に配置される．なぜだろうか．

　1926 年，オーストリアの物理学者シュレーディンガー（E. Schrödinger, 1887〜1961）は，電子のような極微小の粒子の振舞いを記述する基本方程式を提案し，水素原子における電子の振舞いを数学的に記述することに成功した．その理論は直ちに，適切な近似のもとに，複数の電子をもつ原子に適用された．得られた結果は，§1・1・4で述べた原子モデル（図1・3参照）に理論的な根拠を与えたのみならず，あらゆる元素に適用できるきわめて一般性の高いものであった．その要点は，次のようにまとめることができる．

- それぞれの電子殻は，一つ，または複数の**副殻**から構成される．
- 副殻は，慣用的に s 副殻，p 副殻，d 副殻，f 副殻とよばれる．それぞれ異なるエネルギーをもち，s, p, d, f の順にエネルギーが高くなる．
- それぞれの副殻は収容できる電子の最大数が決まっており，s 副殻は 2 個，p 副殻は 6 個，d 副殻は 10 個，f 副殻は 14 個である．
- s 副殻は K 殻からすべての電子殻に存在するが，p 副殻は L 殻以降，d 副殻は M 殻以降，f 副殻は N 殻以降の電子殻のみに存在する．副殻を区別するために，K 殻を 1，L 殻を 2，M 殻を 3 などと番号をつけ，たとえば K 殻の s 副殻は 1s 副殻，L 殻の p 副殻は 2p 副殻などとよぶ．

　さて，電子は，より内側にあるエネルギーが低く安定な電子殻から収容される．しかし，たとえば M 殻の d 副殻（3d 副殻）は，N 殻の s 副殻（4s 副殻）よりもエネルギーが高くなってしまうので，電子は 3d 副殻よりも先に 4s 副殻に収容されることになる．これが，M 殻が満たされないうちに，N 殻に電子が収容される理由である．

　図4・2には，それぞれの電子殻を構成する副殻と，収容できる電子の最大数を示した．また，青矢印は副殻のエネルギーに従って，副殻に電子が収容される順序を示している．たとえば，電子は 3p 副殻を満たしたあと，3d 副殻ではなく 4s 副殻に収容される．同様に，電子は 5p 副殻を満たしたあと，まだ満たされて

いない 4f 副殻や 5d 副殻よりも先に，6s 副殻に収容される．

さらに，このような電子が収容される順序によって，図 4・2 に示したように，周期表のそれぞれの周期を占有する元素の数が見事に説明されることがわかる．たとえば，第 4 周期は，電子が 4s → 3d → 4p 副殻の順に収容された 18 個の元素から構成され，これが $_{19}$K から $_{36}$Kr の元素に対応する．また，第 6 周期は，電子が 6s → 4f → 5d → 6p 副殻の順に収容された 32 個の元素から構成され，これが $_{55}$Cs から $_{86}$Rn の元素に対応する．

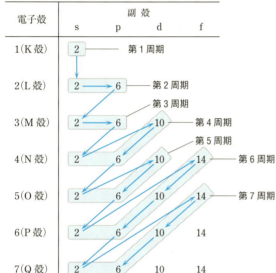

図 4・2　電子殻の副殻に収容される電子数．青矢印は電子が収容される順序を示す．

例題 4・1　　113 番元素は，2004 年にわが国で初めて合成され，それにちなんで**ニホニウム**（元素記号 Nh）と命名された．図 4・1 と図 4・2 を参考にして，$_{113}$Nh の最も外側にある電子殻の名称，およびその電子殻を構成する副殻に収容されている電子数を答えよ．

解答・解説　　Q 殻，s 副殻に 2 個と p 副殻に 1 個

$_{113}$Nh は第 7 周期，13 族の元素であり，最外殻は Q 殻となる．$_{113}$Nh では，$_{86}$Rn の電子殻に加えて，7s 副殻に 2 個，ついで 5f 副殻に 14 個，6d 副殻に 10 個が収容されてそれらの副殻を満たしたのち，7p 副殻に 1 個の電子が収容される．

4・1・2 元素の分類

§1・1・6では，元素は周期表の位置によって，いくつかに分類されることを述べた．1族，2族と13〜18族の元素を**典型元素**（p.16脚注参照）という（図4・3）．これらの元素は，周期によらず最外殻のs副殻に2個，ついでp副殻に6個の電子が順に収容された電子配置をもつ．同族体は価電子の数が等しいため，よく似た性質を示す．このため，次のように固有の名称でよばれることが多い．

- 水素Hを除く1族元素を**アルカリ金属**という．s副殻に1個の電子が収容され，価電子の数は1である．1価の陽イオンになりやすい．
- 2族元素を**アルカリ土類金属**という．s副殻に2個の電子が収容され，価電子の数は2である．2価の陽イオンになりやすい．
- 17族元素を**ハロゲン**という．s副殻に2個，p副殻に5個の電子が収容され，価電子の数は7である．1価の陰イオンになりやすい．
- 18族元素を**貴ガス**（§1・1・4参照）という．s副殻に2個，p副殻に6個の電子が収容され，これらの副殻が電子で満たされているため，きわめて安定でイオンになりにくい．価電子の数は0とみなす．

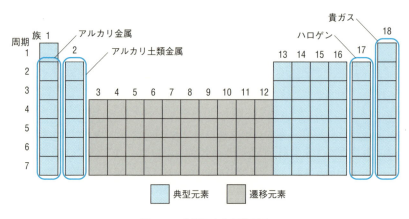

図4・3 典型元素と遷移元素

---

* 12族元素の亜鉛 $_{30}$Zn，カドミウム $_{48}$Cd，水銀 $_{80}$Hg は，陽イオンになってもd副殻は完全に満たされたままであり，遷移元素に特有の性質を示さない．このため，12族元素を典型元素に含める場合もある．

一方，3～12族の元素を**遷移元素**という（図4・3）*．これらは，完全には満たされていないd副殻をもつか，あるいは完全には満たされていないd副殻をもつ陽イオンを与える元素である．遷移元素は，複数の酸化数をとりやすく，さまざまな塩基と配位結合（§1・2・3参照）を形成しやすいなど，典型元素にはみられない性質をもつ．遷移元素が示す特有の性質は，d副殻に収容された電子の振舞いによるものである．

図4・1の周期表に示したように，遷移元素のうち，57番元素のランタンLaから15元素を**ランタノイド**，89番元素のアクチニウムAcから15元素を**アクチノイド**という．図4・2の元素の電子配置からわかるように，これらは完全には満たされていないf副殻をもつか，あるいは完全には満たされていないf副殻をもつ陽イオンを与える元素である．

§1・1・6では，元素はそれぞれの性質に基づいて，大きく**金属元素**と**非金属元素**に分類されることを述べた．図4・4には，周期表における金属元素と非金属元素の位置を示した．金属元素には典型元素と遷移元素があるが，非金属元素はすべて典型元素である．なお，金属元素と非金属元素の境界領域にあるホウ素 $_5$B，ケイ素 $_{14}$Si，ゲルマニウム $_{32}$Ge，ヒ素 $_{33}$As，アンチモン $_{51}$Sb，テルル $_{52}$Te，ポロニウム $_{84}$Po，アスタチン $_{85}$At の8元素は，金属元素と非金属元素の中間的な性質を示すため，別に分類し，**半金属**（または**メタロイド**）とよぶ場合もある．

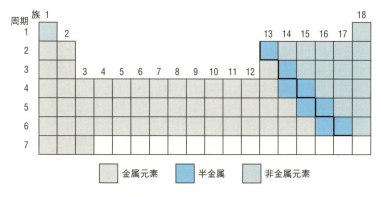

図4・4 金属元素と非金属元素． 太線は金属元素と非金属元素の境界を示す．境界領域にある8元素を半金属とよぶ場合もある．104番以降の元素はすべて人工的に合成された元素であり，化学的性質はよくわかっていない．

150 　　　　　　　　　　　　4. 無 機 物 質

節末問題

1. 右図は，周期表の第1〜4周期の概
略を表したものである．図に示した元
素ア〜ケに関する記述として誤りを含
むものを，次の①〜⑤のうちからすべ
て選べ．また，誤っている理由を説明
し，正しい記述に修正せよ．

周期 \ 族	1	2	3〜12	13	14	15	16	17	18
1									
2	ア				イ				
3	ウ			エ		オ	カ	キ	
4	ク								ケ

① ア，ウ，クのうち，イオン化エネルギーが最も大きい元素はクである．

② イ，エはどちらも非金属元素である．

③ オ，カ，キのうち，原子半径が最も大きい元素はキである．

④ ケの原子は d 副殻に電子をもたない．

⑤ キとクから形成される化合物は共有結合をもつ．

2. 次の①〜⑤の記述を，（ア）典型元素だけにあてはまるもの，（イ）遷移元素
だけにあてはまるもの，（ウ）典型元素と遷移元素の両方にあてはまるもの，
に分類せよ．

① 周期表の同じ周期では，族番号が小さいほど最外殻電子が少ない．

② すべて金属元素である．

③ 複数の異なる酸化数をとる元素が多い．

④ 原子が最外殻の s 副殻に1個または2個の電子をもつ．

⑤ 周期表の同族体では，化学的性質がよく似ている．

4・2　典 型 元 素

　無機物質の種類は膨大であり，その性質もきわめて多様である．本書では，周
期表の分類に従って代表的な元素を取上げ，その単体と身近な化合物の性質を述
べる．本節では典型元素を扱い，次節では遷移元素を扱う．

4・2・1　水素と典型金属元素

　水 素　　水素 H は，s 副殻に1個の価電子をもつ点では他の1族元素（アル
カリ金属）と同一であるが，性質はかなり異なっている．非金属元素であり，ア
ルカリ金属と同様に1価陽イオン H^+ になりやすいが，一方で電子を獲得して
H^- を形成する．H^- を**水素化物イオン**（または**ヒドリド**）という．

　単体 H_2 は，常温では無色無臭の気体（沸点：$-252.9\,℃$）であり，水に溶けに

4·2 典型元素　　151

くい．空気中では炎をあげて燃え，多量の熱を放出する〔(4·1)式〕．

$$2H_2(g) + O_2(g) \longrightarrow 2H_2O(l) \qquad \Delta H = -571.6\,kJ \qquad (4·1)$$

また，化合物から酸素を奪う性質が強く，金属酸化物を金属に還元する〔(4·2)式〕．

$$CuO + H_2 \longrightarrow Cu + H_2O \qquad\qquad\qquad (4·2)$$

H_2 は実験室では，亜鉛 Zn などの金属と希塩酸 HCl などの酸との反応で発生させ，水上置換で捕集する（§2·3·3 参照）．工業的には，水 H_2O の電気分解（§3·3·5 参照）か，あるいは水を高温で触媒の存在下，天然ガス（主成分はメタン CH_4）により還元することによって製造される〔(4·3)式〕．

$$CH_4(g) + H_2O(g) \longrightarrow CO(g) + 3H_2(g) \qquad \Delta H = 205.7\,kJ \quad (4·3)$$

H_2 はさまざまな化学物質の製造原料となるほか，燃料電池（表3·6 参照）の燃料になるなど，化石燃料にかわる次世代のエネルギーとして注目されている．

水素は貴ガスを除く非金属元素と共有結合を形成し，分子からなる**水素化合物**をつくる．一方で，金属元素とは，水素化物イオン H^- としてイオン結合からなる**水素化物**を形成する．代表的な水素化物として，水素化ナトリウム NaH，水素化カルシウム CaH_2 がある．水素化物は常温で水 H_2O と激しく反応し，水素 H_2 が発生する〔(4·4)式〕．

$$CaH_2 + 2H_2O \longrightarrow Ca(OH)_2 + 2H_2 \qquad\qquad (4·4)$$

例題 4·2　　第2周期の非金属元素の水素化合物はメタン CH_4，アンモニア NH_3，水 H_2O，フッ化水素 HF であり，いずれも重要な化合物である．これら4種類の化合物を酸性の強いものから順に並べよ．そのように判断した理由も述べよ．

解答・解説　酸性の強いものから順に HF ＞ H_2O ＞ NH_3 ＞ CH_4 となる．一般に，酸 HX の強さは ①式で示される電離平衡の電離定数 K_a で評価される（§3·4·4 参照）．

$$HA \rightleftharpoons H^+ + A^- \qquad\qquad\qquad ①$$

このとき，共役塩基 A^- が安定なほど平衡は右側にかたよるので，K_a は大きくなり，強い酸となる．4種類の化合物について，それぞれの共役塩基 F^-，OH^-，NH_2^-，CH_3^- の安定性を比較すると，負電荷をもつ元素の電気陰性度が C ＜ N ＜ O ＜ F の順に大きくなるため，F^- が最も安定であり，続いて OH^- ＞ NH_2^- ＞ CH_3^- の順となる．　　■

アルカリ金属　主要な元素は，リチウム $_3$Li，ナトリウム $_{11}$Na，カリウム $_{19}$K である．いずれも，最外殻の s 副殻に 1 個の価電子をもつ．

アルカリ金属を含む化合物をバーナーの高温部（外炎という）に入れると，Li は赤，Na は黄，K は赤紫と，それぞれの元素に特有の炎の色を示す（図 4・5）．この現象を**炎色反応**といい，アルカリ金属の存在の確認に利用される．

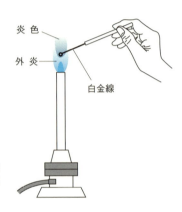

図 4・5　炎色反応．試料水溶液を白金線につけて外炎に入れると，試料に含まれる元素に特有の炎色が現れる．

アルカリ金属の単体は天然には存在せず，アルカリ金属を含む塩を融解して電気分解する方法（**溶融塩電解**という）で得る．いずれも常温では銀白色の固体である．軟らかく，比較的融点が低い（Li: 180.5 ℃，Na: 97.8 ℃，K: 63.4 ℃）．イオン化傾向が大きく，常温でも水 H_2O と激しく反応する（§3・3・3 参照）．空気中の酸素や水とも反応するので，石油中に保存する．

アルカリ金属は，1 価の陽イオンとなってさまざまなイオン性の化合物をつくる．水酸化ナトリウム NaOH など水酸化物イオン OH^- を含む化合物を**水酸化物**という．いずれも白色固体で水によく溶け，強い塩基性を示す．

炭酸ナトリウム Na_2CO_3 など炭酸イオン CO_3^{2-} を含む化合物を**炭酸塩**，また，炭酸水素ナトリウム $NaHCO_3$ など炭酸水素イオン HCO_3^- を含む化合物を**炭酸水素塩**という．いずれも白色固体で水に溶け，水溶液は加水分解により弱い塩基性を示す（§3・2・4 参照）．炭酸塩や炭酸水素塩に炭酸より強い酸を加えると，分解して二酸化炭素 CO_2 が発生する〔(4・5)式〕．

$$Na_2CO_3 + 2HCl \longrightarrow 2NaCl + H_2O + CO_2 \qquad (4・5)$$

表 4・1 には，身近にみられるアルカリ金属の化合物について，性質や用途を示した．

4・2 典型元素

表 4・1 身近なアルカリ金属の化合物

名 称	製 法	特 徴	用 途
塩化ナトリウム NaCl	海水から単離	水溶液は中性	・食 塩 ・化学物質の製造原料
水酸化ナトリウム NaOH	NaCl 水溶液の電気分解	・強塩基 ・潮 解 [†1]	・排水管洗浄剤 ・化学物質の製造原料
炭酸ナトリウム Na_2CO_3	アンモニアソーダ法	十水和物は風解 [†2]	ガラスやセッケンの原料
炭酸水素ナトリウム $NaHCO_3$	アンモニアソーダ法	加熱により分解 [†3]	・胃腸薬 ・発泡入浴剤 ・ベーキングパウダー

[†1] 空気中の水分を吸収して溶解する現象を**潮解**という.
[†2] 一定の割合の水を含む結晶を**水和物**といい,空気中で水和された水が失われる現象を**風解**という.
[†3] $2NaHCO_3 \longrightarrow Na_2CO_3 + H_2O + CO_2$

例題 4・3 炭酸ナトリウム Na_2CO_3 は,工業的には塩化ナトリウム NaCl と炭酸カルシウム $CaCO_3$ から製造される.その過程を下図に示した.反応過程で生成する CO_2 や NH_3 は無駄なく再利用される.この方法を**アンモニアソーダ法**(またはソルベー法)という.175.5 kg の NaCl がすべて反応して Na_2CO_3 と $CaCl_2$ を生成するとき,$CaCO_3$ は少なくとも何 kg 必要か.ただし,NaCl と $CaCO_3$ の式量をそれぞれ 58.5, 100 とする.

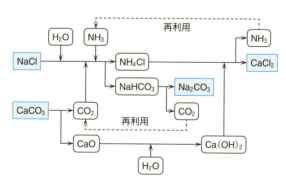

解答・解説 150.0 kg

アンモニアソーダ法により Na_2CO_3 が生成する全体の反応式は,次式で表される.

$$2NaCl + CaCO_3 \longrightarrow Na_2CO_3 + CaCl_2$$

したがって,反応する NaCl と $CaCO_3$ の物質量の比は 2:1 であるから,求める

154　　4. 無 機 物 質

$CaCO_3$ の質量を x kg とすると，次式が成り立つ.

$$\frac{175.5 \times 10^3 \, \text{g}}{58.5 \, \text{g mol}^{-1}} \times \frac{1}{2} = \frac{x \times 10^3 \, \text{g}}{100 \, \text{g mol}^{-1}}$$

■

　アルカリ土類金属　　主要な元素は，マグネシウム $_{12}$Mg，カルシウム $_{20}$Ca，バリウム $_{58}$Ba である．いずれも，最外殻の s 副殻に 2 個の価電子をもつ．Ca は橙赤，Ba は黄緑の炎色反応を示し，これらの元素の確認に利用される．

　アルカリ金属と同様に，単体は天然には存在せず，化合物を溶融塩電解することによって製造される．銀白色の固体であり，同周期のアルカリ金属よりも融点が高い（Mg: 648.8 ℃，Ca: 839 ℃，Ba: 725 ℃）．Ca, Ba は常温でも水 H_2O と激しく反応する．Mg は冷水とは反応しないが，高温では反応する．

　アルカリ土類金属は，2 価の陽イオンとなってさまざまなイオン性の化合物をつくる．Ca, Ba の水酸化物は水に溶けて強い塩基性を示すが，水酸化マグネシウム $Mg(OH)_2$ は水にほとんど溶けないため，弱塩基に分類される（§3・2・2 参

表 4・2　身近なアルカリ土類金属の化合物

名　称 （別　名）	製　法	特　徴	用　途
塩化カルシウム $CaCl_2$	アンモニアソーダ法	• 潮　解 • 溶解熱が大きい	• 乾燥剤 • 融雪剤
酸化カルシウム CaO（生石灰）	$CaCO_3$ の熱分解	• 塩基性酸化物 • 吸湿性	• 乾燥剤 • 発熱剤
水酸化カルシウム $Ca(OH)_2$（消石灰）	CaO と水の反応	強塩基	• CO_2 の検出[†1] • 建築材料（しっくい）
炭酸カルシウム $CaCO_3$	石灰岩・大理石として産出	加熱により 熱分解[†2]	化学物質の製造原料
硫酸カルシウム $CaSO_4$	セッコウ[†3] として産出	水に不溶	• 建築材料 • 塑　像 • 医療用ギプス
硫酸バリウム $BaSO_4$	重晶石として産出	水に不溶	X 線造影剤

†1　$Ca(OH)_2$ の飽和水溶液を**石灰水**という．CO_2 を吹き込むと $CaCO_3$ の白色沈殿を生じる．
　　過剰に吹き込むと $Ca(HCO_3)_2$ となり溶解する．
†2　$CaCO_3 \longrightarrow CaO + CO_2$
†3　二水和物 $CaSO_4 \cdot 2H_2O$ を**セッコウ**という．

照). アルカリ土類金属の炭酸塩はいずれも白色固体で, 水に溶けにくい.

硫酸イオン SO_4^{2-} を含む化合物を **硫酸塩** という. アルカリ土類金属の硫酸塩はいずれも白色固体であり, Ca, Ba の硫酸塩は水にほとんど溶けないが, 硫酸マグネシウム $MgSO_4$ はよく溶ける. 表4・2には, 身近なアルカリ土類金属の化合物の性質や用途を示した.

例題 4・4 下の図は単体のカルシウム Ca とその化合物 A〜D の相互関係を示したものである. 次の問いに答えよ. ただし, Ca, C, O の原子量はそれぞれ 40, 12, 16 とし, 標準状態 (0℃, 1 atm) における気体のモル体積を 22.4 L mol^{-1} とする.

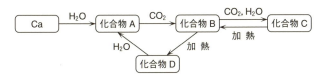

(1) 化合物 A〜D として最も適切な物質の名称と化学式を記せ.
(2) 化合物 B を加熱したところ, 化合物 D が 7.0 g 生成した. この反応で発生した気体の体積は標準状態で何 L か.

解答・解説
(1) A: 水酸化カルシウム $Ca(OH)_2$, B: 炭酸カルシウム $CaCO_3$, C: 炭酸水素カルシウム $Ca(HCO_3)_2$, D: 酸化カルシウム CaO
(2) 2.8 L
化合物 B から化合物 D が得られる反応は次の化学反応式で表される.

$$CaCO_3 \longrightarrow CaO + CO_2$$

したがって, 生成する CaO (化合物 D) と CO_2 の物質量の比は 1:1 であるから, 発生した気体の体積を v L とすると, 次式が成り立つ.

$$\frac{7.0 \text{ g}}{56 \text{ g mol}^{-1}} = \frac{v \text{ L}}{22.4 \text{ L mol}^{-1}}$$

13〜15族の金属元素 1族, 2族以外の典型金属元素のうち, 主要な元素としてアルミニウム $_{13}Al$, スズ $_{50}Sn$, 鉛 $_{82}Pb$ がある. 13族元素の Al は最外殻の s 副殻に 2個, p 副殻に 1個の合計 3個の価電子をもち, 3価の陽イオンになりやすい. 一方, 14族元素の Sn と Pb は, 最外殻の s 副殻に 2個, p 副殻に 2個

の合計 4 個の価電子をもち，＋2 と ＋4 の酸化数をとる．Sn は ＋4 価の方が安定であるが，Pb は ＋2 価の方が安定である．表 4・3 には，これらの金属の単体の性質や用途を示した．

表4・3　13族，14族に属する主要な金属元素の単体の性質と用途

元　素	形　状〔融点，℃〕	主要な鉱石（主成分）	用　途
アルミニウムAl	銀白色固体〔660〕	ボーキサイト(Al_2O_3)	・硬貨，箔，缶・ジュラルミン[†1]として航空機の機体
スズSn	銀白色固体〔232〕	スズ石(SnO_2)	・ブリキ[†2]として缶詰，玩具・青銅[†3]として銅像，硬貨
鉛Pb	青灰色固体〔328〕	方鉛鉱(PbS)	・鉛蓄電池（§3・3・4を参照）・X線遮蔽材料

† 1　ジュラルミンは Al に少量の Cu, Mg を加えた合金．軽量で強度が高い．
† 2　ブリキは Fe を Sn で表面処理した鋼板．水と接触してもさびにくい．
† 3　**青銅**は Cu に Sn, Zn を加えた合金．展性・延性（表2・3参照）があり，加工しやすい．

　これら 3 種類の金属元素に特徴的な性質は，酸にも塩基の水溶液にも反応する酸化物や水酸化物を与えることである．このような金属を**両性金属**という．特に Al は，単体が次式のように酸，および塩基と反応して，水素 H_2 が発生する．

$$2Al + 6HCl \longrightarrow 2AlCl_3 + 3H_2 \tag{4・6}$$

$$2Al + 2NaOH + 6H_2O \longrightarrow 2Na[Al(OH)_4] + 3H_2 \tag{4・7}$$

$[Al(OH)_4]^-$ をテトラヒドロキシドアルミン酸イオンという．なお，Al は濃硝酸 HNO_3 には溶けない．これは Al が HNO_3 によって酸化され，酸化アルミニウム Al_2O_3 の被膜が生じて，金属が保護されるためである．このような状態を**不動態**という．また，鉛 Pb は塩酸や希硫酸には表面に不溶性の塩化鉛(II) $PbCl_2$ や硫酸鉛(II) $PbSO_4$ が生じるため，ほとんど溶けない．

　アルミニウム Al の主要な化合物として，酸化アルミニウム Al_2O_3（**アルミナ**ともいう）や水酸化アルミニウム $Al(OH)_3$ がある．どちらも酸とも強塩基とも反応する．

　また，硫酸アルミニウム $Al_2(SO_4)_3$ と硫酸カリウム K_2SO_4 の混合水溶液を冷却すると，$AlK(SO_4)_2 \cdot 12H_2O$ の組成をもつ無色透明の結晶が得られる．この物質を**ミョウバン**といい，染色の安定剤や水道の清澄剤などに利用されている．

4・2・2 14〜16族の非金属元素

14〜16族では，それぞれの族に属する元素の最外殻の電子配置は同一であるが，化学的性質は周期によってかなり異なっている．周期が小さい元素は非金属元素であるが，周期が大きくなるにつれて金属的な性質が強くなる．特に，14族では，前項で述べたように第5,6周期のスズSnと鉛Pbは金属であるが，第2周期の炭素Cは非金属元素であり，第3,4周期のケイ素Siとゲルマニウム Geは非金属と金属の中間的な性質を示す．

14族の非金属元素　第2周期の炭素 $_6$C と第3周期の $_{14}$Si が属するが，Siは半金属（§4・1・2参照）に分類される場合もある．いずれも最外殻のs副殻に2個，p副殻に2個の合計4個の価電子をもつ．陽イオンにも陰イオンにもなりにくく，共有結合の化合物をつくる．

炭素Cの単体にはいくつかの同素体（§1・1・1参照）がある．代表的なものがダイヤモンドと黒鉛であり，それぞれの構造や性質はかなり異なっている（§2・2・5参照）．ダイヤモンドは宝飾品や研磨剤などに利用され，黒鉛は電極や鉛筆の芯として使われている．このほかに，黒鉛の微結晶が不規則に配列した構造をもつ**無定形炭素**や，C_{60} などの組成をもつ球状分子の**フラーレン**（図4・6）などがある．

図4・6　フラーレン C_{60} の構造． 60個の炭素原子がサッカーボール状に配列している．

表4・4　14族の非金属元素の身近な化合物

名 称	形 状	製 法	特 徴	用 途
一酸化炭素 CO	無色 気体	ギ酸と濃硫酸の反応[†1]	・有 毒 ・可燃性 ・還元性	鉄の製錬
二酸化炭素 CO_2	無色 気体	石灰石と希塩酸の反応	水に少し溶ける[†2]	固体（ドライアイス）として冷却剤
二酸化ケイ素 SiO_2	白色 固体	石英として産出	フッ化水素と反応	ガラスの製造
ケイ酸ナトリウム Na_2SiO_3	白色 固体	SiO_2 と強塩基の反応	水に溶け高粘度の溶液	乾燥剤（シリカゲル）の製造[†3]

[†1] HCOOH ⟶ CO + H_2O （濃硫酸 H_2SO_4 は脱水剤としてはたらく）
[†2] 水溶液は弱酸性を示す（§3・2・2参照）．
[†3] Na_2SiO_3 水溶液に塩酸 HCl を加えて白色ゲル状のケイ酸 H_2SiO_3 を生成させ，それを加熱・脱水させる．

158　　　　　　　　　4. 無 機 物 質

　ケイ素 Si の単体は天然には存在せず，豊富に存在する酸化物 SiO_2 を，高温で
コークス（石炭の乾留によって得られる高純度の炭素）で還元することにより製
造される．黒灰色の共有結合結晶（融点: 1410℃）であり，わずかに電気を通
す．Si のように，金属などの電気伝導体とプラスチックなどの絶縁体の中間の
電気伝導性をもつ物質を**半導体**といい，電子回路素子や太陽電池などの材料に用
いられる．

　表 4・4 には，14 族の非金属元素の身近な化合物の性質や用途を示した．

15 族の非金属元素　　　　主要な元素は，窒素 $_7N$，リン $_{15}P$ である．いずれも，
最外殻の s 副殻に 2 個，p 副殻に 3 個の合計 5 個の価電子をもつ．一般に共有結
合の化合物を形成するが，N は 3 個の電子を受容して窒化物イオン N^{3-} となり，
窒化リチウム Li_3N などのイオン性の化合物をつくる傾向がある．

　窒素 N の単体は二原子分子 N_2 として存在する．常温で無色の気体であり（沸
点: -195.8℃），空気中に体積で約 78% 含まれる．工業的には液体空気の分留
によって得られ，実験室では亜硝酸アンモニウム NH_4NO_2 の熱分解で合成され

表 4・5　15 族の非金属元素の身近な化合物

名　称	形　状	製　法	特　徴	用　途
アンモニア NH_3	無色気体	NH_4Cl と $Ca(OH)_2$ を加熱[†1]	・刺激臭 ・水に可溶 ・弱塩基	NH_4^+ 塩として窒素肥料
一酸化窒素 NO	無色気体	銅と希硝酸の反応	水に不溶	硝酸の製造原料
二酸化窒素 NO_2	赤褐色気体	銅と濃硝酸の反応	・有　毒 ・水に可溶	大気汚染の要因
硝　酸 HNO_3	無色液体	オストワルト法	・強　酸[†2] ・酸化力が強い ・光で分解	化学物質の製造原料
十酸化四リン P_4O_{10}	白色固体	P を空気中で燃焼	潮解性	乾燥剤
リン酸 H_3PO_4	無色固体	P_4O_{10} と水の反応	・水に可溶 ・潮解性 ・弱　酸	$H_2PO_4^-$ 塩としてリン酸肥料

　†1　工業的には，Fe_3O_4 を主成分とする触媒を用いて，窒素 N_2 と水素 H_2 から製造される（ハー
　　　バー・ボッシュ法という）．
　†2　アルミニウム Al，鉄 Fe，ニッケル Ni などは希硝酸には溶けるが，濃硝酸には不動態と
　　　なって溶けない．

る〔(4・8)式〕．液体窒素は冷却剤に用いられる．

$$NH_4NO_2 \longrightarrow N_2 + 2H_2O \qquad (4・8)$$

リン P の単体は天然には存在せず，リン鉱石〔主成分 $Ca_3(PO_4)_2$〕をケイ砂 (SiO_2) の存在下，コークスで還元することにより製造される．P の単体には黄リンや赤リンなどの同素体がある．**黄リン**は淡黄色固体であり，P_4 の組成をもつ分子である．猛毒で自然発火性をもつ．**赤リン**は暗赤色固体であり，多数の P 原子が共有結合で連結した複雑な構造をもつ．赤リンの毒性や発火性は低く，マッチの側薬（箱の側面に塗布された薬品）に利用されている．

表 4・5 には，15 族の非金属元素の身近な化合物の性質や用途を示した．

例題 4・5 硝酸 HNO_3 は工業的にはアンモニア NH_3 の酸化によって製造される．この方法は，これを考案したドイツの化学者オストワルト (F. W. Ostwald, 1853〜1932) の名をつけて**オストワルト法**とよばれる．その過程を下図に示した．反応過程で生成する一酸化窒素 NO は無駄なく再利用される．次の問いに答えよ．

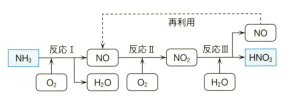

(1) 反応 I では，白金 Pt を触媒として 800〜900 ℃ で NH_3 を酸化し，NO を得る．この反応を釣合いのとれた反応式で表せ．
(2) 反応 III は，二酸化窒素 NO_2 が水に溶ける反応である．この反応を釣合いのとれた反応式で表せ．
(3) この過程が完全に進行し，NO がすべて再利用されたとすると，5 mol の NH_3 から得られる HNO_3 の物質量は何 mol か．

解答・解説
(1) $4NH_3 + 5O_2 \longrightarrow 4NO + 6H_2O$
(2) $3NO_2 + H_2O \longrightarrow 2HNO_3 + NO$
(3) 5 mol

一般的な反応式の釣合いのとり方については，§1・3・4 を参照．なお，反応 III は NO_2 の分子間で電子の授受が起こる "自己酸化還元反応" である．NO_2 が HNO_3

160 4. 無 機 物 質

に酸化される際には N の酸化数は +1 変化し，NO_2 が NO へ還元される際には −2 変化する．酸化還元反応では，酸化数の増加量と減少量が釣合わなければならない（§3·3·2 参照）．反応物 NH_3 の窒素原子はすべて生成物 HNO_3 の窒素原子になるので，生成する HNO_3 の物質量は反応する NH_3 の物質量に等しい．なお，オストワルト法の全体の反応式は，反応 I～III の反応式を足し合わせて NO と NO_2 を消去することにより，次式のように表される．

$$NH_3 + 2O_2 \longrightarrow HNO_3 + H_2O$$

16族の非金属元素　　主要な元素は，酸素 $_8O$，硫黄 $_{16}S$ である．いずれも，最外殻の s 副殻に 2 個，p 副殻に 4 個の合計 6 個の価電子をもつ．非金属元素とは共有結合の化合物を形成する．一方，金属元素とは，2 個の電子を受容して酸化物イオン O^{2-}，硫化物イオン S^{2-} となり，イオン性の化合物をつくる．

　酸素 O の単体は二原子分子 O_2 として存在する．常温で無色の気体であり（沸点: −183.0℃），空気中に体積で約 21％含まれる．工業的には液体空気の分留によって得られ，実験室では，酸化マンガン(IV) MnO_2 を触媒とする過酸化水素 H_2O_2，あるいは塩素酸カリウム $KClO_3$ の分解により合成される〔(4·9)式〕．

$$2KClO_3 \longrightarrow 2KCl + 3O_2 \qquad (4\cdot9)$$

オゾン O_3 は酸素の単体の一つであり，O_2 とは互いに同素体である．淡青色の有毒な気体であり（沸点: −111.3℃），O_2 への放電や紫外線照射によって生成する．強い酸化力をもち，殺菌や消臭，繊維の漂白などに利用されている．

　硫黄 S の単体は火山地帯などで天然に産出し，また石油精製の副産物として多量に得られる．常温では黄色の固体であり，S_8 の組成をもつ環状分子からなる**斜方硫黄**（融点: 112.8℃）や**単斜硫黄**（融点: 119.0℃），S 原子がさまざまな長さの鎖状に連結した構造の**ゴム状硫黄**など，多くの同素体が存在する．空気中で点火すると青い炎をあげて燃え，二酸化硫黄 SO_2 となる〔(4·10)式〕．

$$S + O_2 \longrightarrow SO_2 \qquad (4\cdot10)$$

　酸素 O や硫黄 S は，さまざまな元素と化合物を形成する．O あるいは S を含む化合物のうち，これらの原子が −2 の酸化数をもつ化合物を，それぞれ**酸化物，硫化物**という．表 4·6 には，第 3 周期の元素の酸化物について，構造や性質を比較して示した．周期表を左から右に移動するにつれて，元素の金属的性質

4·2 典型元素　　　161

が減少するに伴い，その酸化物は塩基性から両性，さらに酸性へと変化すること
がわかる．また，表4·7には，硫黄Sの身近な化合物の性質や用途を示した．

表4·6　第3周期の元素の酸化物の構造と性質[1]

族	1	2	13	14	15	16	17
元素	Na	Mg	Al	Si	P	S	Cl
化学式	Na_2O	MgO	Al_2O_3	SiO_2	P_4O_{10}	SO_3	Cl_2O_7
融点〔℃〕	920	2826	2054	1550	580	62.4	−91.5
構造	イオン結晶			共有結合結晶	分子		
性質	塩基性酸化物[2]		両性酸化物[3]	酸性酸化物[4]			

†1　リンP，硫黄S，塩素Clは複数の酸化物をつくるため，その元素が最も大きな酸化数をもつ酸化物を示している．
†2　塩基性酸化物は，水に溶けて塩基を生じるか，あるいは酸と反応して塩を生じる．
†3　両性酸化物は，酸とも塩基とも反応して塩を生じる．
†4　酸性酸化物は，水に溶けて酸を生じるか，あるいは塩基と反応して塩を生じる．

表4·7　硫黄Sの身近な化合物

名称	形状	製法	特徴	用途
硫化水素 H_2S	無色気体	FeSと希硫酸の反応	・腐卵臭 ・有毒 ・弱酸 ・還元性	金属イオンの分離・分析（§4·3·2参照）
二酸化硫黄 SO_2	無色気体	Na_2SO_3と希硫酸の反応[1]	・刺激臭 ・有毒 ・水に可溶[2] ・還元性	・漂白剤 ・酸化防止剤
硫酸 H_2SO_4	無色液体	接触法[3]	・強酸 ・吸湿性 ・酸化作用 ・不揮発性	・乾燥剤 ・化学物質の製造原料

†1　銅Cuと濃硫酸を加熱することによっても発生する．

$$Cu + 2H_2SO_4 \longrightarrow CuSO_4 + 2H_2O + SO_2$$

†2　水溶液は弱酸性を示す．

$$SO_2 + H_2O \rightleftharpoons H^+ + HSO_3^-$$

†3　硫黄Sを燃焼して得たSO_2を，酸化バナジウム(V) V_2O_5を触媒として空気酸化によりSO_3とし，水に溶かしてH_2SO_4を得る．

162   4. 無 機 物 質

例題 4・6　酸性酸化物を水に溶かすと炭酸 H_2CO_3 や硫酸 H_2SO_4 など，酸素を含む酸が生じる．これらは**オキソ酸**とよばれ，中心元素を M として $MO_x(OH)_y$ の一般式で表記することができる．オキソ酸の強さに関する次の問いに答えよ．

(1) リン酸 H_3PO_4 よりも硝酸 HNO_3 の方が強い．このように，中心元素 M が周期表の同じ族に属し，同じ酸化数をもつ場合，M の原子番号が小さいほど強い酸となる．この理由を述べよ．

(2) 亜硫酸 H_2SO_3 よりも硫酸 H_2SO_4 の方が強い．このように，中心元素 M が同一の場合，M に結合する酸素原子の数が多いほど強い酸となる．この理由を述べよ．

解答・解説

(1) オキソ酸 $MO_x(OH)_y$ は，電離によって生じる共役塩基 $MO_x(OH)_{y-1}(O^-)$ が安定なほど強い酸となる．同族体では原子番号が小さいほど，電気陰性度（§1・2・3 参照）が大きくなる．M の電気陰性度が大きいほど，酸素原子に生じた負電荷を引きつけて安定化するため，共役塩基が安定となる．

(2) M に結合している酸素原子の数が多いほど，M の酸化数が大きくなるので負電荷を引きつける能力が増大し，また結合している酸素原子も負電荷を引きつけるはたらきをするため，共役塩基が安定となる．

　なお，解答では「例題 4・2」にならい，"共役塩基の安定性"に基づいて説明したが，"オキソ酸 $MO_x(OH)_y$ の O－H 結合を形成している電子対を M の方へ引きつけて，H^+ として電離しやすくなる"と説明してもよい．　　　　　　　　　　　■

4・2・3　ハロゲンと貴ガス

　17 族，18 族はすべて非金属元素であり，1 族や 2 族と同様に，同族体の性質はよく類似している．

　ハロゲン　主要な元素は，フッ素 $_9F$，塩素 $_{17}Cl$，臭素 $_{35}Br$，ヨウ素 $_{53}I$ である．いずれも，最外殻の s 副殻に 2 個，p 副殻に 5 個の合計 7 個の価電子をもつ．金属元素とは，1 個の電子を受容して 1 価の陰イオンとなり，イオン性の化合物をつくる．非金属元素とは共有結合の化合物を形成する．

　ハロゲンの単体はいずれも二原子分子であり，有毒である．天然には存在しない．原子番号が大きいほど，分子間にはたらく分散力（§1・2・4 参照）が大きくなるため，融点や沸点が高くなる．また，陰イオンになりやすいため酸化作用を示し，その大きさは，$I_2 < Br_2 < Cl_2 < F_2$ の順に増大する．したがって，たと

えば，臭化物イオン Br^- を含む水溶液に塩素 Cl_2 を吹き込むと臭素 Br_2 が遊離するが〔(4・11)式〕，逆反応は進行しない．

$$2KBr + Cl_2 \longrightarrow 2KCl + Br_2 \qquad (4・11)$$

表 4・8 には，ハロゲンの単体の性質や用途を示した．ヨウ化カリウム水溶液に溶かしたヨウ素 I_2 にデンプン水溶液を加えると，青紫色に呈色する．この反応は**ヨウ素デンプン反応**とよばれ，鋭敏であることから，デンプンやヨウ素の検出，および酸化剤の検出に利用される．

表 4・8　ハロゲンの単体の性質と用途

名 称	形 状	沸 点〔℃〕	製 法	特 徴	用 途
フッ素 F_2	淡黄色気体	−188.1	HF の電気分解	・強い酸化作用 ・水を酸化	HF として化学製品の製造原料
塩素 Cl_2	黄緑色気体	−34.6	NaCl 水溶液の電気分解[†1]	水に可溶[†2]	ClO^- として殺菌剤・漂白剤
臭素 Br_2	赤褐色液体	58.8	Br^- 水溶液と Cl_2 の反応	水に少し溶ける	有機臭化物の合成原料
ヨウ素 I_2	黒紫色固体	184.4	I^- 水溶液と Cl_2 の反応	・昇華性 ・水に溶けにくい[†3]	・ヨウ素デンプン反応 ・消毒薬

[†1]　実験室では，酸化マンガン(IV) MnO_2 と濃塩酸 HCl の反応によって合成される．
[†2]　水溶液を塩素水という．Cl_2 の一部が次式のように反応し，酸化作用をもつ次亜塩素酸 HClO が生じる．

$$Cl_2 + H_2O \rightleftharpoons HCl + HClO$$

[†3]　ヨウ化カリウム KI 水溶液には三ヨウ化物イオン I_3^- となって溶け，褐色を示す．

$$I_2 + I^- \rightleftharpoons I_3^-$$

ハロゲンの化合物を**ハロゲン化物**という．表 4・9 には，身近なハロゲン化物の性質や用途を示した．最も重要な化合物は水素との化合物であり，**ハロゲン化水素**と総称される．いずれも刺激臭のある無色気体であり，有毒である．水によく溶け，水溶液は酸性を示し，ハロゲン化水素酸とよぶ．このうち，フッ化水素酸 HF は弱酸であり，他は強酸であるが，同じ濃度の電離度を比較すると，酸の強さは次の順に増大する．

ハロゲン化水素酸の強さ: HF ≪ HCl < HBr < HI

これは，原子番号が大きくなるほど，共役塩基であるハロゲン化物イオンのイオン半径が大きくなり，水溶液中では負電荷が分散することによって安定になるた

表4・9 身近なハロゲン化物

名 称	形 状	製 法	特 徴	用 途
フッ化水素 HF	無色 気体	CaF_2 と濃硫酸の反応	・水溶液は弱酸 ・SiO_2 と反応†	・フッ素化合物の製造原料 ・ガラスの加工
塩化水素 HCl	無色 気体	NaCl と濃硫酸の反応	水溶液は強酸（塩酸）	・金属の洗浄 ・中和剤
塩素酸カリウム $KClO_3$	白色 固体	$NaClO_3$ と KCl の反応	酸化作用	酸化剤としてマッチや火薬
さらし粉 $CaCl(ClO)\cdot H_2O$	白色 固体	$Ca(OH)_2$ と Cl_2 の反応	酸化作用	・殺菌剤 ・漂白剤

† $SiO_2 + 6HF \longrightarrow H_2SiF_6 + 2H_2O$
HF 水溶液はガラスを溶かすため，ポリエチレン製の容器に保存する．

めである．

また，フッ素以外のハロゲンは，酸化数が +1, +3, +5, +7 のオキソ酸をつくる．たとえば，塩素を含むオキソ酸には，次亜塩素酸 HClO，亜塩素酸 $HClO_2$，塩素酸 $HClO_3$，過塩素酸 $HClO_4$ がある．これらの酸性の強さは，「例題 4・6」で解説した理由により，次の順に増大する．

塩素を含むオキソ酸の強さ： $HClO < HClO_2 < HClO_3 < HClO_4$

例題 4・7　塩素 Cl_2 は，実験室では，酸化マンガン(IV) MnO_2 に濃塩酸 HCl を加えて加熱することにより合成される．実験に用いる装置を下図に示した．次の問いに答えよ．
(1) MnO_2 と HCl から Cl_2 が生成する反応を，釣合いのとれた反応式で表せ．
(2) 装置に示した洗気ビンは，塩素とともに発生する水蒸気と塩化水素を吸収す

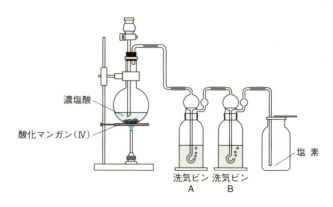

るためのものである．洗気ビン A と洗気ビン B のそれぞれに入れるべき液体物質の名称を記せ．

(3) 装置に示した塩素の捕集法の名称を記せ．

解答・解説

(1) $MnO_2 + 4HCl \longrightarrow MnCl_2 + 2H_2O + Cl_2$

(2) 洗気ビン A に水，洗気ビン B に濃硫酸

(3) 下方置換

　この反応は酸化還元反応であり，Mn の酸化数が +4 から +2 へ，Cl の酸化数が −1 から 0 へと変化する（§3・3・1 参照）．HCl は Cl_2 よりもかなり水に溶けやすい．濃硫酸は吸湿性をもつので，濃硫酸と反応しない気体の乾燥剤として用いられる．なお，水と濃硫酸の順序を逆にすると，捕集された塩素に水蒸気が含まれてしまうので，順序に注意しなければならない．

貴ガス　　主要な元素は，ヘリウム $_2$He，ネオン $_{10}$Ne，アルゴン $_{18}$Ar である．He は K 殻が 2 個の電子で満たされており，他の貴ガスはいずれも最外殻の s 副殻に 2 個，p 副殻に 6 個の電子をもつ．このように貴ガスは，エネルギーの低い副殻が完全に満たされたきわめて安定な電子配置をもつため，他の原子と結合を形成する傾向が著しく低い．

　貴ガスの単体はいずれも単原子分子であり，無色の気体である．空気中にわずかに存在し，液体空気の分留によって得られる．表 4・10 には，主要な貴ガスの性質や用途を示した．

　貴ガスは化合物をつくらないとされてきたが，1962 年にキセノン Xe がフッ素

表 4・10　主要な貴ガスの性質と用途

名　称	沸　点〔℃〕	原子半径〔nm〕	イオン化エネルギー〔kJ mol^{-1}〕	大気中の体積〔%〕	用　途
ヘリウムHe	−268.9	0.140	2372.3	0.00052	• 気　球 • 飛行船 • 極低温装置の冷却剤
ネオンNe	−246.0	0.154	2080.7	0.0018	ネオン管として広告灯
アルゴンAr	−185.7	0.188	1520.6	0.94	• 電球等の封入ガス • 溶接の保護ガス

F_2 と高温で反応し，化合物 XeF_4 を形成することが確認された．現在では，XeF_2, XeO_2, KrF_2 などいくつかの貴ガス化合物が知られている．

節末問題

1. 次の操作①〜⑤によって発生する気体のうち，以下の記述 (1)〜(5) のそれぞれにあてはまるものをすべて選び，その番号を記せ．該当するものがない場合には，"なし" と記せ．

① 塩化アンモニウム NH_4Cl と水酸化カルシウム $Ca(OH)_2$ の混合物を加熱する．

② 硫化鉄(Ⅱ) FeS に希硫酸 H_2SO_4 を加える．

③ 過酸化水素 H_2O_2 の水溶液に酸化マンガン(Ⅳ) MnO_2 を加える．

④ 銅 Cu に希硝酸 HNO_3 を加える．

⑤ 塩化ナトリウム $NaCl$ に濃硫酸 H_2SO_4 を加えて加熱する．

　(1) 無臭である．

　(2) 上方置換によって捕集する．

　(3) 水に溶けて，水溶液は弱酸性を示す．

　(4) 操作に示された反応が酸化還元反応である．

　(5) 下線を引いた化合物 1 mol から気体 1 mol が発生する．

2. 次の①〜⑤の記述を，（ア）アルカリ金属 Li, Na だけにあてはまるもの，（イ）アルカリ土類金属 Ca, Ba だけにあてはまるもの，（ウ）Li, Na, Ca, Ba すべてにあてはまるもの，に分類せよ．

　① 1価の陽イオンになりやすい．

　② 化合物が炎色反応を示す．

　③ 水酸化物は水に溶けて，強い塩基性を示す．

　④ 炭酸塩は水によく溶ける．

　⑤ 酸素と 1 : 1 の化合物をつくる．

3. 硫酸 H_2SO_4 は工業的には，硫黄 S を燃焼させて得た二酸化硫黄 SO_2 を，酸化バナジウム(Ⅴ) V_2O_5 を触媒とする空気酸化により三酸化硫黄 SO_3 としたのち，水 H_2O と反応させて合成する．硫黄 10 kg を完全に硫酸に変換したとき，質量パーセント濃度 98% の濃硫酸は何 kg 得られるか．整数値で答えよ．ただし，H, O, S の原子量はそれぞれ 1.0, 16, 32 とする．

4・3 遷移元素

　私たちの日常生活は，鉄 Fe や銅 Cu などさまざまな遷移元素に支えられている．また，生体内においても，微量に存在する遷移元素が，生体反応を円滑に進めるために不可欠な役割を果たしている．本節では，代表的な遷移元素の単体と化合物の性質，および金属イオンの反応について述べる．

4・3・1 遷移元素の性質

　§4・1・1で述べたように，遷移元素の原子やイオンは，最外殻の内側にある d 副殻に電子をもっている．遷移元素が典型元素にみられない性質を示すのは，この d 副殻を占有する電子の振舞いによるものである．遷移元素の特徴的な性質を列記してみよう．

- 同じ周期の元素において，原子番号が増加しても，その性質は典型元素にみられるほど大きくは変化しない．これは，遷移元素では原子番号の増加とともに，内側の電子殻である d 副殻に電子が配置されるため，最外殻の電子数があまり変化しないからである．表4・11には，第4周期のそれぞれの遷移元素について，最も安定な電子配置を示した．どの元素も，最外殻の N 殻（4s 副殻）に収容されている電子は1〜2個であることがわかる．
- 同じ元素でも，多様な酸化数を示す．表4・11には，第4周期の遷移元素について，一般的にみられる酸化数をあわせて示した．一般に，最外殻の 4s 副殻の電子が放出されやすく ＋2 価の陽イオンになりやすいが，エネルギーが近い 3d 副殻の電子の一部が価電子として振舞うため，＋3 や ＋4 の酸化数をとる

表4・11　第4周期の遷移元素

族番号		3	4	5	6	7	8	9	10	11	12
元素記号		Sc	Ti	V	Cr	Mn	Fe	Co	Ni	Cu	Zn
名　称		スカンジウム	チタン	バナジウム	クロム	マンガン	鉄	コバルト	ニッケル	銅	亜鉛
電子配置†	3d	1	2	3	5	5	6	7	8	10	10
	4s	2	2	2	1	2	2	2	2	1	2
一般的な酸化数		+3	+4	+2, +3 +4, +5	+2, +3, +6	+2, +4, +7	+2, +3	+2, +3	+2	+1, +2	+2

†　それぞれの原子の最も安定な電子配置における 3d 副殻と 4s 副殻に収容されている電子数を示す．

ことができる．特に，クロム Cr やマンガン Mn は多くの酸素原子と結合して，酸化数 +6 の二クロム酸イオン $Cr_2O_7^{2-}$ や，酸化数 +7 の過マンガン酸イオン MnO_4^- を形成する．これらのイオンはいずれも強い酸化力を示す．

- 一般に，金属イオンに対して，非共有電子対をもつ分子や陰イオンが配位結合（§1・2・3 参照）を形成してできる化合物を**錯体**といい，電荷をもつ錯体を**錯イオン**とよぶ．遷移元素は安定な錯イオンをつくりやすい．これは，遷移元素は不完全に満たされた d 副殻や，近いエネルギーをもつ s 副殻や p 副殻をもつため，多くの非共有電子対を受容することができるからである．中心の金属イオンに対して配位結合を形成する分子やイオンを**配位子**，その数を**配位数**という．たとえば，鉄(III)イオン Fe^{3+} は 6 個のシアン化物イオン CN^- を配位子として，正八面体形をもつヘキサシアニド鉄(III)酸イオン $[Fe(CN)_6]^{3-}$ をつくる（図 4・7）．

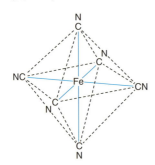

図 4・7 錯イオン $[Fe(CN)_6]^{3-}$ の構造．
実線は配位結合を表す．破線は全体の構造を表しており，結合ではない．

そのほか，遷移元素の化合物は特徴的な色を示したり，磁性をもつものが多いなどの特徴がある．

例題 4・8 次のそれぞれの錯イオンにおける金属原子の酸化数を答えよ．
(1) $[Pt(NH_3)_4Cl_2]^{2+}$ (2) $[CuCl_4]^{2-}$ (3) $[Co(H_2O)_4Cl_2]^+$

解答・解説 (1) +4 (2) +2 (3) +3
[ ] の右上に記された数字と符号は，錯イオン全体の電荷を示している．金属原子と配位子の電荷の総和が，錯イオン全体の電荷となる．したがって，たとえば (1) $[Pt(NH_3)_4Cl_2]^{2+}$ では，白金 Pt の酸化数を x とすると，配位子である NH_3 の電荷は 0，Cl は -1 であるから，次式が成り立つ．

$$x + 4 \times 0 + 2 \times (-1) = +2$$

4・3 遷 移 元 素

3〜7族の元素　主要な元素は，4族のチタン $_{22}$Ti，6族のクロム $_{24}$Cr，タングステン $_{74}$W，7族のマンガン $_{25}$Mn である．表4・12には，これらの元素の単体の性質や用途をまとめた．それぞれの元素の単体や合金は，それぞれの特徴を生かしてさまざまに利用されている．

表4・12　3〜7族の主要な元素の単体の性質と用途

元　素	融　点〔℃〕	主要な鉱石（主成分）	特　徴	用　途
チタンTi	1660	ルチル（TiO_2）	・耐腐食性・軽　量	・航空機・機械部品・建築材料・調理器具
クロムCr	1857	クロム鉄鉱（$FeCr_2O_4$）	・耐腐食性	・ステンレス鋼[†1]として調理器具・車　両・電気製品
タングステンW	3410	灰重石（$CaWO_4$）	・耐熱性・高強度	・電球のフィラメント・溶接の電極・砲　弾
マンガンMn	1244	軟マンガン鉱（MnO_2）	多様な酸化数	・マンガン鋼[†2]として建築材料・機械部品

　†1　**ステンレス鋼**は Fe に 10% 程度の Cr のほか Ni などを加えた合金．酸化被膜により耐腐食性が高い．
　†2　**マンガン鋼**は Fe に少量の Mn を加えた合金．耐摩耗性に優れ，張力に対して強い．

　チタン Ti の酸化物である酸化チタン(IV) TiO_2 は，古くから白色塗料，絵具，化粧品などに用いられている．半導体の性質をもち，近年では，光触媒として環境浄化やコーティング剤に利用されている．

　酸化数 +6 をもつクロム Cr の化合物には，黄色のクロム酸カリウム K_2CrO_4 や橙赤色の二クロム酸カリウム $K_2Cr_2O_7$ がある．いずれも酸化作用をもち，有毒である．水溶液中ではこれらのイオンには，次式のような平衡が成立する．

$$2CrO_4^{2-} + H^+ \rightleftharpoons Cr_2O_7^{2-} + OH^- \qquad (4・12)$$

　マンガン Mn の酸化物である酸化マンガン(IV) MnO_2 は黒褐色の固体であり，乾電池の正極（§3・3・4参照）に用いられる身近な物質である．また，過マンガン酸カリウム $KMnO_4$ は酸化数 +7 の Mn を含む化合物であり，強い酸化作用をもつ．実験室で酸化剤として用いられるほか，殺菌剤や消毒液としても利用される．緑色植物の光合成では，Mn_4CaO_5 の組成をもつ物質が水の酸化触媒として

不可欠の役割を果たしている．

8〜10 族の元素　主要な元素は，8 族の鉄 $_{26}$Fe，9 族のコバルト $_{27}$Co，10 族のニッケル $_{28}$Ni である．一般に遷移元素は，同じ周期の隣り合う元素の化学的性質が似ているが，特にこの三つの元素の性質はよく類似しているため，**鉄族元素**と総称される．これらの元素に最も特徴的な性質は，常温・常圧で**強磁性**を示すことである．強磁性物質は，磁性をもつ物質のうち外部磁場を加えると特に強い磁性を示すものであり，磁石に引き寄せられ，またそれ自身が磁石になる性

表 4・13　8〜10 族の主要な元素の単体の性質と用途

元 素	融点 [℃]	主要な鉱石 (主成分)	特徴	用 途
鉄 Fe	1535	・赤鉄鉱（Fe_2O_3） ・磁鉄鉱（Fe_3O_4）	さびやすい	・鋼[†]など各種合金として建築材料 ・車 両 ・工 具
コバルト Co	1495	輝コバルト鉱（CoAsS）	耐腐食性	・各種合金として機械部品 ・工 具 ・磁性材料
ニッケル Ni	1453	硫鉄ニッケル鉱〔$(Fe,Ni)_9S_8$〕	耐腐食性	・ステンレス鋼 ・各種合金として機械部品 ・硬 貨

[†]　鋼は Fe に 0.02〜2% の炭素 C を含む合金．強靱で弾性があり，加工性に優れる．

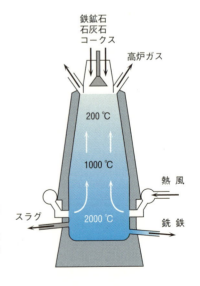

図 4・8　溶鉱炉の模式図．石灰石 $CaCO_3$ は鉄鉱石に含まれる砂（主成分は SiO_2）を除くために添加される．SiO_2 は炉内で生じた CaO と反応し，**スラグ** $CaSiO_3$ となって除去される．

4·3 遷 移 元 素　　　171

質をもつ. このため, Fe, Co, Ni の単体や合金は, 磁性材料としてモーターや磁
気記録媒体などに広く利用されている.

　表4·13には, 鉄 Fe, コバルト Co, ニッケル Ni の単体の性質や用途を示し
た. Fe は, 私たちの日常生活に最も重要で身近な金属元素であり, 鉄鉱石（主
成分は Fe_2O_3 や Fe_3O_4）から多量に製造されている. 図4·8には, Fe を製造す
る**溶鉱炉**のしくみを模式的に示した. 原料となる鉄鉱石とコークスは塔頂から投
入され, 鉄鉱石は炉内で生じた一酸化炭素 CO により還元されて Fe となり, 下
部から取出される. 溶鉱炉で得られる Fe は**銑鉄**といい, 約4%の炭素を含む.
さらに銑鉄を酸素 O_2 と反応させて炭素の含有量を低くしたものが**鋼**であり, 建
築材料などさまざまに利用される.

　鉄 Fe が湿った空気中で酸化されると赤褐色の"赤さび"が生じるが, その主
成分は酸化鉄(III) Fe_2O_3 である. また, Fe と酸を反応させると鉄(II)化合物が
生じるが, 酸化剤があると鉄(III)化合物に酸化される. たとえば, Fe を希塩酸
HCl に溶かすと塩化鉄(II) $FeCl_2$ が生成し, この溶液に塩素 Cl_2 を通じると黄褐
色の塩化鉄(III) $FeCl_3$ の水溶液となる〔(4·13)式〕.

$$2FeCl_2 + Cl_2 \longrightarrow 2FeCl_3 \qquad (4·13)$$

生体においても鉄 Fe は重要な役割をもつ. 赤血球に含まれるタンパク質である
ヘモグロビンには Fe 錯体が存在し, 酸素 O_2 の運搬体として機能している. ま
た, Fe 錯体を含む酵素は, 細胞呼吸における電子伝達や生体内で生じる活性酸
素の除去にも関与している.

　コバルト Co の身近な化合物として, 塩化コバルト(II) $CoCl_2$ がある. $CoCl_2$
は青色であるが, 水 H_2O に触れると六水和物 $CoCl_2·6H_2O$ となり, 赤色を呈す
る. これを利用して, $CoCl_2$ は湿気の検出に用いられる. また, 携帯電話などの
電子機器や電気自動車に利用されるリチウムイオン電池（表3·6参照）の正極
には, コバルト酸リチウム $LiCoO_2$ が用いられている.

　11族の元素　　安定に存在する元素は, 第4周期の銅 $_{29}$Cu, 第5周期の
銀 $_{47}$Ag, 第6周期の金 $_{79}$Au である. いずれも人類が古来から利用してきた金属
であり, 表彰メダルや硬貨, 美術工芸品としてなじみが深い. これらの元素の電
子配置は, 最外殻の s 副殻に1個の価電子が存在し, 内側にある電子殻の d 副殻
が10個の電子で満たされている. いずれも +1 の酸化数をとるが, Cu は +2
価, Au は +3 価を安定にとる. また, Cu は青緑の炎色反応を示し, この元素の
確認に利用される.

172   4. 無 機 物 質

　表 4・14 には，11 族元素の単体の性質や用途を示した．これらの金属は，イ
オン化傾向が比較的小さく反応性が低い（§3・3・3 参照），電気伝導性や熱伝導
性が高い，展性・延性（表 2・3 参照）に富むといった特徴的な性質を示すが，
これらは前述の電子配置に起因している．なお，<u>銀 Ag は，金属のうちで最も電
気伝導性と熱伝導性が高く，ついで銅 Cu，金 Au，アルミニウム Al の順となる</u>．
また，最も展性・延性の大きい金属は Au であり，ついで Ag となる．

表 4・14　11 族元素の単体の性質と用途

元 素	融 点〔℃〕	主要な鉱石（主成分）	特 徴	用 途
銅 Cu	1083	黄銅鉱（$CuFeS_2$）	・赤色光沢 ・電気伝導性が高い	・電 線 ・電気器具 ・建築材料 ・青銅・黄銅[†] の製造
銀 Ag	962	輝銀鉱（Ag_2S）	電気伝導性が高い	・宝飾品 ・食 器 ・硬 貨
金 Au	1064	天然に産出	・展性・延性に富む ・反応性が低い	・宝飾品 ・美術工芸品 ・硬 貨

　　† 　**黄銅**は Cu に 30〜40％の Zn を含む合金．さびにくく，加工性に優れる．機械部
　　　品，楽器，硬貨などに利用．

　銅 Cu を空気中で加熱すると，黒色の酸化銅(II) CuO が生成する．また，Cu
やその合金を空気中に長い時間さらしておくと表面に緑色の被膜が生じ，内部の
腐食を防ぐ．この物質は**緑青**とよばれ，Cu が酸素 O_2 や二酸化炭素 CO_2，水 H_2O
などと反応して生じたものであり，炭酸二水酸化二銅(II) $CuCO_3 \cdot Cu(OH)_2$ など
を主成分とするさまざまな銅塩の混合物である．

　一般に，銀 Ag の化合物は光によって化学変化を受けやすい（**感光性**という）．
特に，Ag のハロゲン化物（ハロゲン化銀と総称される）は光によって分解しや
すく，銀を析出する．この性質を利用して，ハロゲン化銀は写真フィルムや X
線フィルムに利用されている．また，フッ化銀 AgF は水によく溶けるが，他の
ハロゲン化銀 AgCl, AgBr, AgI は水に溶けにくい．このため，銀イオン Ag^+ は，
フッ化物イオン F^- を除くハロゲン化物イオンの検出・定量に用いられる．

　12 族の元素　　安定に存在する元素は，第 4 周期の亜鉛 $_{30}Zn$，第 5 周期の
カドミウム $_{48}Cd$，第 6 周期の水銀 $_{80}Hg$ である．いずれの元素も，最外殻の s 副

4・3 遷 移 元 素　　173

殻に2個の価電子をもち，内側にある電子殻のd副殻が10個の電子で満たされた電子配置をもつ．これらの元素は，2個の価電子を放出した酸化数 +2 の状態が安定であり，10個の電子で満たされたd副殻の電子が失われた酸化数はとらない．なお，Hg には +1 価の化合物もみられるが，水銀(I)イオンは，Hg 原子の間で共有結合を形成した二量体 Hg_2^{2+} として存在する．

表4・15 には，12 族元素の単体の性質や用途を示した．亜鉛 Zn は黄銅やトタンの成分として，また乾電池の負極として身近な金属である．<u>Zn の最も重要な性質は，アルミニウム Al，スズ Sn，鉛 Pb と同様に，両性金属として振舞うことである</u>（§4・2・1参照）．特に Zn は，Al と同様に，単体が酸にも塩基の水溶液にも反応する〔(4・14)式，(4・15)式〕．

$$Zn + 2HCl \longrightarrow ZnCl_2 + H_2 \qquad (4・14)$$

$$Zn + 2NaOH + 2H_2O \longrightarrow Na_2[Zn(OH)_4] + H_2 \qquad (4・15)$$

$[Zn(OH)_4]^-$ は Zn^{2+} に4個の水酸化物イオン OH^- が配位した安定な錯イオンであり，テトラヒドロキシド亜鉛(II)酸イオンという．

表4・15　12 族元素の単体の性質と用途

元 素	融 点 〔℃〕	主要な鉱石 （主成分）	特 徴	用 途
亜鉛 Zn	420	閃亜鉛鉱 (ZnS)	・両性金属	・乾電池 ・黄銅の製造 ・トタン[†1]として建築材料
カドミウム Cd	321	Zn 製錬で副生	・融点が低い ・有 毒	・ニッケル-カドミウム電池
水銀 Hg	−39	辰 砂 (HgS)	・常温で液体 ・有 毒	・蛍光灯 ・圧力計，温度計 ・アマルガム[†2]の製造

†1　**トタン**は Fe を Zn で表面処理した鋼板．Zn が先に腐食することで Fe の腐食を防ぐ．
†2　**アマルガム**は Hg と他の金属との合金の総称．かつては Ag と Sn のアマルガムが歯科治療に用いられた．

亜鉛 Zn を空気中で加熱すると，白色の酸化亜鉛 ZnO が得られる．ZnO は亜鉛華ともよばれ，白色顔料や医薬品，化粧品などに用いられる．アルミニウム Al と同様に，Zn の酸化物 ZnO は両性酸化物，水酸化物 $Zn(OH)_2$ は両性水酸化物であり，どちらも酸とも塩基とも反応する．また，Zn は，鉄 Fe についで生体内に多く存在する遷移元素である．Zn 錯体はさまざまな酵素の活性中心に存在

し，生体反応の円滑な進行に不可欠の役割を果たしている．

カドミウム Cd の硫化物である硫化カドミウム CdS はカドミウムイエローとよばれ，黄色顔料として用いられた．CdS は半導体の性質をもち，太陽電池や光応答性素子に利用されている．水銀 Hg の主要な鉱石である辰砂は硫化水銀(Ⅱ) HgS を主成分とする赤褐色の物質であり，古くから赤色顔料として用いられた．Cd および Hg の化合物には有毒なものが多く，Cd は富山県神通川流域のイタイイタイ病，Hg は熊本県の水俣病の原因物質となり，大きな社会問題をひき起こした．現在ではこれらの金属の単体や化合物の取扱い，および廃棄には厳しい規制が設けられ，他の物質への代替が進められている．

例題 4・9　　次の記述①〜⑤は，銀 Ag，銅 Cu，鉄 Fe，亜鉛 Zn について述べたものである．記述における A〜D にあてはまる金属はどれか．
① 室温における A の電気伝導性は，B よりも高い．
② D は，C よりも展性・延性に富む．
③ ヒトの体内には，B は D よりも多く存在する．
④ D を含むほとんどの化合物では，D の酸化数は +1 である．
⑤ C は希硝酸には溶けるが，濃硝酸には溶けない．

解答・解説　A: 銅，B: 亜鉛，C: 鉄，D: 銀
　　濃硝酸に対して不動態となって溶けない金属は，アルミニウム Al，クロム Cr，鉄 Fe，コバルト Co，ニッケル Ni である．　　　　　　　　　　■

4・3・2　金属イオンの反応と分析

環境，食品，医療などさまざまな分野において，試料水溶液に"どのような金属イオンがどのくらい含まれているか"を調べなければならない場合がある．一般に，試料にどのような成分が含まれているかを決定することを，**定性分析**という．水溶液に含まれる金属イオンの定性分析には，それぞれのイオンの沈殿反応を利用する場合が多い．また，それぞれのイオンの反応性に基づいて，多くの種類の金属イオンを含む試料を系統的に分析する手法も確立している．

1族元素（アルカリ金属）の塩はいずれも水によく溶けるので，1族元素のイオンの定性分析に沈殿反応を利用することはできない．しかし，他の金属イオンは，さまざまな陰イオンに対して特有の反応性を示す．

4・3 遷移元素　　　　　175

酸に由来する陰イオンとの反応　　表4・16には，主要な金属イオンについて，塩化物イオン Cl^-，硫酸イオン $SO_4{}^{2-}$，硫化物イオン S^{2-} に対する反応性をまとめた．塩化物は水に溶けやすいものが多いが，$PbCl_2$ と AgCl は水に溶けにくい．なお，$PbCl_2$ は熱水には溶けるが，AgCl は溶けないので区別することができる．硫酸塩も水に溶けやすいが，Ca^{2+}，Sr^{2+}，Ba^{2+}，Pb^{2+} の硫酸塩は水に溶けにくいため，$SO_4{}^{2-}$ はこれらのイオンの検出によく利用される．

表4・16　主要な金属イオンの沈殿反応(1)[†1]

試剤	Ca^{2+}	Al^{3+}	Pb^{2+}	Fe^{2+}	Fe^{3+}	Cu^{2+}	Ag^+	Zn^{2+}
塩化物イオン Cl^-	—	—	白 $PbCl_2$	—	—	—	白 AgCl	—
硫酸イオン $SO_4{}^{2-}$	白 $CaSO_4$	—	白 $PbSO_4$					
硫化水素 H_2S(酸性)	—	—	黒 PbS	—	—[†2]	黒 CuS	黒 AgS	—
硫化水素 H_2S(中性・塩基性)	—	白[†3] $Al(OH)_3$	黒 PbS	黒 FeS	黒 FeS	黒 CuS	黒 Ag_2S	白 ZnS

†1　金属イオンの水溶液に試剤を加えたときに生成する沈殿の色と化学式．—は沈殿が生じないことを示す．
†2　Fe^{3+} の水溶液に H_2S を通じると，Fe^{3+} が H_2S により還元され Fe^{2+} が生成する．
†3　Al_2S_3 が加水分解しやすいため，$Al(OH)_3$ が生成する．

対照的に，硫化物は水に溶けにくいものが多く，S^{2-} は，1族および2族元素以外の金属イオンと不溶性の塩を形成する．また，硫化物の溶解度積 K_{sp}（§3・4・5参照）は金属によってかなり異なるため，水溶液の pH を調整して硫化水素 H_2S を吹き込むことにより，沈殿の生成を制御することができる．すなわち，酸性では H_2S の電離で生じる S^{2-} の濃度が低いため，K_{sp} が小さい Sn^{2+}，Pb^{2+}，Cu^{2+}，Ag^+，Hg^{2+} の硫化物のみが沈殿するが，中性・塩基性ではそれらに加えて K_{sp} が大きい Fe^{2+} や Zn^{2+} の硫化物も沈殿する．

なお，硝酸塩（硝酸イオン $NO_3{}^-$ を含む塩）と酢酸塩（酢酸イオン CH_3COO^- を含む塩）は，金属イオンによらずよく水に溶ける．一方，炭酸塩は，1族元素の塩を除いて水に溶けない．

例題4・10　　1.0×10⁻³ mol L⁻¹ の銅(Ⅱ)イオン Cu^{2+} を含む水溶液と，同濃度の亜鉛イオン Zn^{2+} を含む水溶液がある．それぞれの水溶液に塩酸 HCl を加えて

176 4. 無 機 物 質

$[H^+] = 0.10\ mol\ L^{-1}$ とした後，硫化水素 H_2S を十分に通じた．このとき，硫化銅(II) CuS の沈殿は生成するが，硫化亜鉛 ZnS の沈殿は生成しない．この理由を，それぞれの塩の溶解平衡に基づいて説明せよ．ただし，H_2S の電離における第1段階の電離定数を $K_1 = 9.5 \times 10^{-8}\ mol\ L^{-1}$，第2段階の電離定数を $K_2 = 1.3 \times 10^{-14}\ mol\ L^{-1}$ とし，CuS と ZnS の溶解度積をそれぞれ $6.5 \times 10^{-30}\ mol^2\ L^{-2}$，$2.1 \times 10^{-18}\ mol^2\ L^{-2}$ とする．また，H_2S の飽和水溶液では $[H_2S] = 0.10\ mol\ L^{-1}$ とし，HCl および H_2S の添加により水溶液の体積は変化しないものとする．

解答・解説

H_2S の電離平衡では，次式が成り立つ．

$$H_2S \rightleftharpoons H^+ + HS^- \qquad K_1 = \frac{[H^+][HS^-]}{[H_2S]} = 9.5 \times 10^{-8}\ mol\ L^{-1}$$

$$HS^- \rightleftharpoons H^+ + S^{2-} \qquad K_2 = \frac{[H^+][S^{2-}]}{[HS^-]} = 1.3 \times 10^{-14}\ mol\ L^{-1}$$

二つの式から $[HS^-]$ を消去すると，次式が得られる．

$$[S^{2-}] = \frac{[H_2S] \cdot K_1 \cdot K_2}{[H^+]^2}$$

$[H^+] = 0.10\ mol\ L^{-1}$, $[H_2S] = 0.10\ mol\ L^{-1}$ を代入すると，$[S^{2-}] = 1.2 \times 10^{-20}\ mol\ L^{-1}$ となる．金属イオンの濃度と $[S^{2-}]$ の積が溶解度積 K_{sp} よりも大きいときには，イオン濃度の積が K_{sp} になるまで沈殿が生成する．したがって，CuS では，

$$[Cu^{2+}][S^{2-}] = (1.0 \times 10^{-3}) \times (1.2 \times 10^{-20})$$
$$= 1.2 \times 10^{-23} > 6.5 \times 10^{-30}\ mol^2\ L^{-2}$$

となり沈殿が生成する．一方，ZnS では，

$$[Zn^{2+}][S^{2-}] = (1.0 \times 10^{-3}) \times (1.2 \times 10^{-20})$$
$$= 1.2 \times 10^{-23} < 2.1 \times 10^{-18}\ mol^2\ L^{-2}$$

となるため，沈殿は生成しない．　■

塩基との反応　1族元素，および2族元素のうち Ca, Sr, Ba の水酸化物は水に溶けるが，それ以外の金属の水酸化物は水に溶けにくい．したがって一般に，金属イオンを含む水溶液に水酸化ナトリウム NaOH などの強塩基の水溶液を加えると，水酸化物の沈殿が生じる．ただし，Hg^{2+} と Ag^+ では，水酸化物から直ちに水が脱離し，酸化物 HgO（黄色）や Ag_2O（褐色）が生成する．また，両性金属の Al, Sn, Pb, Zn では水酸化物が両性であるため，生じた水酸化物にさ

4・3 遷 移 元 素　　177

らに OH^- を添加すると，$[Al(OH)_4]^-$，$[Sn(OH)_4]^-$ などの錯イオンとなって溶解する．

アンモニア NH_3 は弱塩基なので，金属イオンを含む水溶液に NH_3 水溶液（アンモニア水）を加えると，NaOH 水溶液を加えたときと同様に，水酸化物の沈殿が生じる．しかし，NH_3 と錯イオンを形成する Ni^{2+}，Cu^{2+}，Ag^+，Zn^{2+} では，生成した水酸化物にさらにアンモニア水を添加すると，$[Ni(NH_3)_6]^{2+}$，$[Cu(NH_3)_4]^{2+}$ などの錯イオンとなって溶解する．

このように，塩基との反応と，さらに塩基を加えたときの変化を調べることにより，金属イオンを識別することができる．表4・17には，主要な金属イオンについて，塩基との反応と過剰に加えたときの変化をまとめた．

表4・17　主要な金属イオンの沈殿反応(2)[†1]

試 剤	Ca^{2+}	Al^{3+}	Pb^{2+}	Fe^{2+}	Fe^{3+}	Cu^{2+}	Ag^+	Zn^{2+}
OH^- または NH_3 水 (少量)	—	白 $Al(OH)_3$	白 $Pb(OH)_2$	緑白 $Fe(OH)_2$	赤褐[†2] $Fe(OH)_3$	青白 $Cu(OH)_2$	褐 Ag_2O	白 $Zn(OH)_2$
水酸化物イオン OH^- (過剰量)	—	溶(無) $[Al(OH)_4]^-$	溶(無) $[Pb(OH)_4]^{2-}$	変化なし	変化なし	変化なし	変化なし	溶(無) $[Zn(OH)_4]^{2-}$
アンモニア水 NH_3 水 (過剰量)	—	変化なし	変化なし	変化なし	変化なし	溶(深青) $[Cu(NH_3)_4]^{2+}$	溶(無) $[Ag(NH_3)_2]^+$	溶(無) $[Zn(NH_3)_4]^{2+}$

†1　金属イオンを含む水溶液に，少量の OH^- または NH_3 水を加えたときに生成する沈殿の色と化学式，およびそれぞれを過剰に加えたときの変化を示す．"溶"は沈殿が溶けることを表し，( )内は溶液の色，化学式は生じる錯イオンを示す．—は沈殿が生じないことを示す．
†2　沈殿の実際の組成は，$FeO(OH)$，または $Fe_2O_3 \cdot nH_2O$ とされている．

例題4・11　　次の①〜⑤の水溶液のうち，以下に示す (1)〜(3) のそれぞれの記述にあてはまるものはどれか．

① 硫酸アルミニウム　　② 硝酸銀　　③ 硫酸亜鉛

④ 硫酸銅(II)　　⑤ 塩化鉄(III)

(1) 過剰のアンモニア水を加えると，深青色の溶液となる．

(2) アンモニア水を加えると白色沈殿を生じ，アンモニア水を過剰に加えても沈殿は溶けないが，水酸化ナトリウム水溶液を加えると沈殿は溶ける．

(3) アンモニア水を加えると白色沈殿が生じるが，さらに加えると沈殿が溶ける．

178   4. 無 機 物 質

解答・解説　(1) ④　　(2) ①　　(3) ③

　塩基を加えて沈殿が生じる金属イオンのうち，沈殿が過剰のアンモニア水に溶
けるのは，アンモニアと錯イオンを形成する Ag^+, Zn^{2+}, Cu^{2+}. 一方，過剰の水酸
化ナトリウム水溶液に溶けるのは，両性金属のイオンである Al^{3+}, Zn^{2+}. また，
塩基に対して Fe^{3+} は赤褐色，Cu^{2+} は青白色，Ag^+ は褐色の沈殿が生成する. ■

金属イオンの系統分析　　試料溶液に多くの種類の金属イオンが含まれている
場合には，適切な試薬を系統的に加えることによって，まず金属イオンを性質の
類似したいくつかの"属"に分類する. 図 4・9 には，広く行われている金属イオ
ンの分類方法と，この方法によって，主要な 8 種類の金属イオンが分類される様
子を示した. それぞれの"属"に分類される金属イオンの性質と主要な金属イオ
ンは，次の通りである.

・第 1 属：塩化物が溶けにくい金属イオン. Pb^{2+}, Ag^+ のほか，Hg_2^{2+}
・第 2 属：硫化物の溶解度積が小さく，酸性でも沈殿する金属イオン. Cu^{2+} の
　　　　　ほか，Sn^{2+}, Cd^{2+}, Hg^{2+}
・第 3 属：水酸化物が溶けにくい金属イオン. Al^{3+}, Fe^{3+} のほか，Cr^{3+}
・第 4 属：硫化物の溶解度積が大きく，中性・塩基性でないと沈殿しない金属イ
　　　　　オン. Zn^{2+} のほか，Mn^{2+}, Co^{2+}, Ni^{2+}
・第 5 属：炭酸塩が溶けにくい金属イオン. Ca^{2+} のほか，Mg^{2+}, Ba^{2+}
・第 6 属：炭酸塩もよく溶ける金属イオン. Na^+ のほか，K^+

それぞれの属に分類された金属イオンは，個々の金属イオンの性質に基づいて確
認が行われる.

　なお，次に示す反応はある金属イオンに特有の沈殿反応であり，そのイオンの
確認や検出に利用される.

・Pb^{2+}：クロム酸イオン CrO_4^{2-} と反応して，$PbCrO_4$ の黄色沈殿が生成する.
・Ag^+：クロム酸イオン CrO_4^{2-} と反応して，Ag_2CrO_4 の赤褐色沈殿が生成する.
・Fe^{2+}：ヘキサシアニド鉄(III)酸イオン $[Fe(CN)_6]^{3-}$ と反応して，濃青色の沈
　　　　　殿が生成する.
・Fe^{3+}：ヘキサシアニド鉄(II)酸イオン $[Fe(CN)_6]^{4-}$ と反応して，濃青色の沈殿
　　　　　が生成する. また，チオシアン酸イオン SCN^- を含む水溶液を加える
　　　　　と，血赤色の溶液となる.

4・3 遷移元素

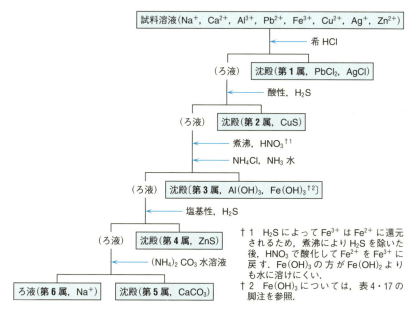

図 4・9　金属イオンの系統分析

節末問題

1. 身近な無機物質に関する記述として誤りを含むものを、次の①～⑤のうちからすべて選べ。また、誤っている理由を説明し、正しい記述に修正せよ。

① 次亜塩素酸塩は強い還元作用をもつので、殺菌剤や漂白剤に利用される。
② 酸化亜鉛の粉末は黒色であり、絵具や塗料に利用される。
③ ステンレス鋼は鉄に銅やニッケルを加えた合金であり、耐腐食性に優れる。
④ 硫酸マグネシウムは水に溶けにくく、X線撮影の造影剤に利用される。
⑤ アルミニウムは、酸化アルミニウム水溶液の電気分解によって製造される。

2. 亜鉛 Zn と鉄 Fe の混合物 2.50 g に、十分な量の水酸化ナトリウム NaOH 水溶液を加えたところ、標準状態 (0 ℃, 1 atm) で 0.336 L の水素 H_2 が発生した。混合物における鉄の含有率は質量で何 % か。整数値で答えよ。ただし、Zn と Fe の原子量をそれぞれ 65, 56 とし、標準状態における気体のモル体積を 22.4 L mol^{-1} とする。

3. 4種類の金属イオン Al^{3+}, Ca^{2+}, Fe^{3+}, Zn^{2+} を含む水溶液から，下図に示した操作を行うことにより，それぞれのイオンを (ア)〜(エ) として分離することができた．この実験について，次の問いに答えよ．

(1) 操作 a ではアンモニア NH$_3$ 水を過剰に加える必要がある．その理由を説明せよ．

(2) 沈殿(ア)を塩酸に溶かして K$_4$[Fe(CN)$_6$] 水溶液を加えると，溶液にどのような変化が起こるか．

(3) ろ液(イ)に含まれる錯イオンの化学式を記せ．

(4) 沈殿(ウ)の色を記せ．

(5) ろ液(エ)に含まれる金属イオンを沈殿として分離するには，どのような化合物の水溶液を加えたらよいか．適切な化合物の名称を一つ記せ．

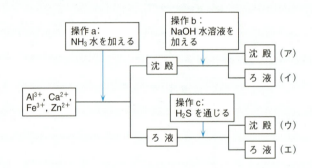

5 有機化合物

5・1 有機化合物の特徴

本章では,有機化合物の構造と性質について述べる.**有機化合物**は"炭素原子を骨格として構成される物質"である.身のまわりをみると,金属,陶磁器,ガラス,岩石などが前章で述べた無機物質であるのに対して,食料品,プラスチック,繊維,ガソリンなどは有機化合物である.なお,プラスチックや繊維は,分子量が1万を超える巨大な分子からなる有機化合物であり,一般に高分子化合物とよばれる.高分子化合物の構造と性質は第6章で述べる.

5・1・1 有機化合物の分類

一般に,無機物質に比べて有機化合物は,融点が低く,空気中で燃えやすいといった特徴がある.これは無機物質を構成する粒子が,金属結合やイオン結合で結びついているのに対して,<u>有機化合物は,おもに炭素原子が共有結合で結びついた分子からなる</u>ことに起因している.

例題 5・1　有機化合物の種類は,炭素を含まない化合物である無機化合物に比べて圧倒的に多い.自然界に存在する約 90 の元素の一つにすぎない炭素が,膨大な数の多様な化合物をつくることができるのはなぜか.

解答・解説　第 2 周期の 14 族元素である炭素が,他の元素にはみられない次のような特異性をもつことによるものと考えられる.

- 4 個の価電子をもつので,四つの共有結合を形成することができる.また,単結合だけでなく,二重結合,三重結合の結合様式をとることができる(§1・2・3 参照).
- 原子半径が小さく,非共有電子対をもたないため,同種の原子間で連続した安定な共有結合をつくることができる.これによって,炭素原子による鎖状や環状の多様な構造が形成される.
- 陽性,陰性ともそれほど強くないため,さまざまな元素との間に安定な共有結合を形成することができる.

最も基本的な有機化合物は，炭素原子からなる骨格（炭素骨格という）に水素原子が結合した**炭化水素**である．図5・1には，炭素骨格の形状による炭化水素の分類を示した．なお，ベンゼンはC_6H_6の分子式をもつ環式炭化水素であり，この環構造（**ベンゼン環**という）をもつ化合物は，共通した特有の性質を示す（§5・3・1参照）．また，炭化水素は結合様式で分類される場合もあり，炭素原子間の結合がすべて単結合であるものを**飽和炭化水素**，二重結合や三重結合を含むものを**不飽和炭化水素**という．

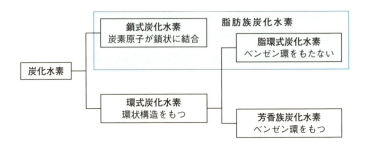

図5・1 炭素骨格の形状による炭化水素の分類． 脂肪族炭化水素，芳香族炭化水素については，それぞれ§5・2・1，§5・3・1を参照．

表5・1 代表的な官能基と化合物の例

名称と構造	化合物の一般名	化合物の例と示性式
ヒドロキシ基 —OH	・アルコール ・フェノール	・エタノール C_2H_5OH ・フェノール[†2] C_6H_5OH
エーテル結合 —O—	エーテル	ジエチルエーテル $C_2H_5OC_2H_5$
カルボニル基[†1] $\underset{\|}{\overset{O}{\|}}$ —C—	・アルデヒド ・ケトン	・アセトアルデヒド CH_3CHO ・アセトン CH_3COCH_3
カルボキシ基 $\overset{O}{\|}$ —C-OH	カルボン酸	酢酸 CH_3COOH
エステル結合 $\overset{O}{\|}$ —C-O—	エステル	酢酸エチル $CH_3COOC_2H_5$
アミノ基 —NH$_2$	アミン	アニリン $C_6H_5NH_2$
ニトロ基 —NO$_2$	ニトロ化合物	ニトロベンゼン $C_6H_5NO_2$
スルホ基 —SO$_3$H	スルホン酸	ベンゼンスルホン酸 $C_6H_5SO_3H$

† 1 カルボニル基に水素原子が結合した原子団を特にホルミル基 —CHO といい，この官能基をもつ化合物をアルデヒドという．

† 2 C_6H_5— はベンゼンから水素原子を一つ取除いてできる炭化水素基で，フェニル基という．

炭化水素から水素原子を一つ取除いてできる原子団を，**炭化水素基**という．炭化水素基に，炭素と水素以外の原子（**ヘテロ原子**という）が結合することによって，多様な有機化合物が生成することになる．一般に，炭化水素基に結合したヘテロ原子，あるいはヘテロ原子を含む原子団を**官能基**という．官能基はその原子，あるいは原子団をもつ化合物に，共通の特徴的な物理的および化学的性質を与える．表5·1には，代表的な官能基とその官能基をもつ化合物の名称を示した．なお，二重結合，三重結合，ベンゼン環も，その原子団をもつ有機化合物に特徴的な性質を与えるので，官能基として扱う．

5·1·2 有機化合物の構造

化合物における原子の配列と結合様式を表すには構造式（§1·2·3参照）が用いられる．一般に，多くの原子からなる有機化合物では，適切に簡略化された構造式を用いることが多い（表5·2）．また，官能基に注目する場合には，表5·1に示したように，分子式から官能基を抜き出して明示した表記法が用いられる．このような化学式を**示性式**という．

表 5·2 有機化合物の表記法

名 称	特 徴	例（1-ブタノール）
完全な構造式	すべての原子と結合を表記	H H H H H-C-C-C-C-O-H H H H H
簡略構造式	水素との単結合，あるいはすべての単結合を省略	CH₃CH₂CH₂CH₂OH CH₃(CH₂)₃OH
骨格構造式	水素との単結合，炭素原子，水素原子を省略．ただし，官能基に含まれる水素原子は省略しない	～～OH

例題5·2 右図は，バラの芳香の主成分であるゲラニオールの骨格構造式である．次の問いに答えよ．

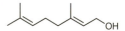

(1) ゲラニオールに含まれる官能基の名称を記せ．
(2) ゲラニオールの分子式を示せ．

解答・解説
(1) 炭素－炭素二重結合，ヒドロキシ基
(2) $C_{10}H_{18}O$

骨格構造式では，線の交点と末端には炭素原子が存在し，それぞれには，炭素原子が四つの結合をもつために必要な数の水素原子が結合していることに注意する．

有機分子の形状　構造式から原子の配列様式はわかるが，分子の形状，すなわち三次元的な構造に関する情報は得られない．しかし，有機化合物における炭素原子のまわりの構造は，炭素原子と結合を形成している原子の数によって，ほぼ決まった形状となる．

- 四つの原子と結合している炭素原子は，**正四面体形**をとる．四つの原子は，炭素原子を中心とする正四面体の頂点に位置し，結合角は約 109.5° となる．
- 三つの原子と結合している炭素原子は，**平面三角形**をとる．炭素原子，および三つの原子は同一平面上にあり，炭素原子は三つの原子が形成する三角形の中央に位置する．結合角は約 120° となる．
- 二つの原子と結合している炭素原子は，**直線形**をとる．炭素原子，および二つの原子は同一直線上にあり，炭素原子は二つの原子の中央に位置する．結合角は 180° となる．

図 5・2 には，これら 3 種類の炭素原子の形状と，それぞれの構造をもつ代表的な炭化水素の構造式を示した．

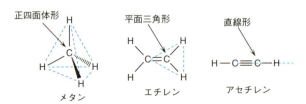

図 5・2　有機化合物における炭素原子のまわりの形状．くさび ▬ は紙面の前方に向いた結合，破線のくさび ⋯⋯ は紙面の後方に向いた結合を表す．青色の破線は炭素原子のまわりの構造を示しており，結合ではない．

組成式・分子式の決定　物質を構成する元素の種類と比率を決める操作を，**元素分析**という．元素分析によって，化合物の組成式（§1・2・2 参照）を決定することができる．有機化合物では燃焼しやすいことを利用して，試料を完全燃焼させて得られた生成物の質量から，成分元素の比率を算出する．例題で考えてみよう．

5・1 有機化合物の特徴

例題 5・3 下図に,有機化合物の元素分析装置の模式図を示した.試料を燃焼管で完全燃焼させ,炭素は二酸化炭素 CO_2 に,また水素は水 H_2O に変換する.発生した気体を塩化カルシウム $CaCl_2$ 管に通して H_2O を吸収させ,ついで,ソーダ石灰管に通して CO_2 を吸収させる.この装置を用いて,炭素 C,水素 H,酸素 O だけからなる有機化合物 6.75 mg を燃焼させたところ,$CaCl_2$ 管の質量が 4.05 mg,ソーダ石灰管の質量が 9.90 mg 増加した.次の問いに答えよ.ただし,C, H, O の原子量は,それぞれ 12, 1.0, 16 とする.

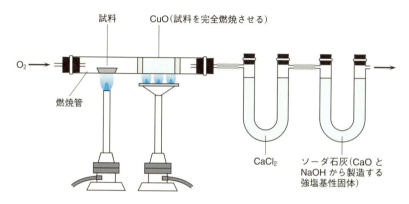

(1) 吸収管をつなぐ順序を逆にしてはならない.その理由を説明せよ.
(2) 試料 6.75 mg に含まれる C, H, O のそれぞれの質量を求めよ.
(3) この有機化合物の組成式を求めよ.

解答・解説

(1) ソーダ石灰は CO_2 のみならず H_2O も吸収するので,CO_2 と H_2O のそれぞれの質量を求めることができなくなるから.

(2) C 2.70 mg, H 0.45 mg, O 3.60 mg

生成した CO_2 の質量のうち,(C の原子量)/(CO_2 の分子量)が試料に含まれていた C の質量になり,H_2O の質量のうち,[(H の原子量)×2]/(H_2O の分子量)が H の質量になる.O の質量は,全体の質量から C と H の質量を差し引いて求める.

$$C \text{ の質量} = 9.90 \text{ mg} \times \frac{12}{44} = 2.70 \text{ mg}$$

$$H \text{ の質量} = 4.05 \text{ mg} \times \frac{1.0 \times 2}{18} = 0.45 \text{ mg}$$

$$O \text{ の質量} = 6.75 \text{ mg} - (2.70 \text{ mg} + 0.45 \text{ mg}) = 3.60 \text{ mg}$$

186　　　　　　　5. 有 機 化 合 物

(3) CH_2O

C, H, O の質量をそれぞれの元素のモル質量で割ると，その比は物質量の比，すなわち原子数の比となる．求める組成式を $C_xH_yO_z$ とすると，次式によって組成式を求めることができる．

$$x : y : z = \frac{2.70}{12} : \frac{0.45}{1.0} : \frac{3.60}{16} = 1 : 2 : 1$$

組成式は，分子を構成する元素の組成を最も簡単な整数比で表したものである．したがって，分子量は組成式の式量の整数倍になるので，分子量が測定できれば，組成式から分子式を決定できることになる．たとえば，組成式 CH_2O の式量は 30 であるから，凝固点降下や浸透圧の測定（§2·4·4 参照）などの方法により分子量が 60 と求められれば，分子式は $C_2H_4O_2$ と決定される．

5·1·3 異 性 体

同じ分子式をもつが，構造が異なる化合物を互いに**異性体**という．一般に，有機化合物には多くの異性体が存在するので，分子式から直ちに構造式を決定できない場合が多い．

表5·3には，有機化合物における異性体の分類を示した．異性体は，原子の結合する順序が異なる**構造異性体**と，原子の空間的な配置が異なる**立体異性体**に

表 5·3　有機化合物の異性体の分類

名称と特徴		例	
構造異性体 原子の結合する順序が異なる	**骨格異性体** 炭素骨格が異なる	$CH_3CH_2CH_2CH_3$	CH_3CHCH_3 　　　CH_3
	官能基異性体 官能基が異なる	CH_3CH_2OH	CH_3OCH_3
	位置異性体 官能基の位置が異なる	$CH_3CH_2CH_2OH$	CH_3CHCH_3 　　　OH
立体異性体 原子の空間的な配置が異なる	**鏡像異性体** 互いに鏡像の関係にある．不斉炭素原子に結合した原子や原子団の配置が異なる	$CH_3\overset{\displaystyle CH_2CH_3}{\underset{\displaystyle OH}{\overset{|}{C}}}H$	$H\overset{\displaystyle CH_2CH_3}{\underset{\displaystyle OH}{\overset{|}{C}}}CH_3$
	シス–トランス異性体 二重結合に対する原子や原子団の配置が異なる	$\underset{H}{\overset{CH_3}{>}}C=C\underset{CH_3}{\overset{H}{<}}$	$\underset{H}{\overset{CH_3}{>}}C=C\underset{H}{\overset{CH_3}{<}}$

5·1 有機化合物の特徴　　187

分類される．立体異性体の一つである**鏡像異性体**（または光学異性体）は，正四面体形の炭素原子に由来する異性体であり，一般に，四つの異なる原子または原子団に結合した炭素原子（**不斉炭素原子**という）をもつ化合物では，この異性体が生じる．また，炭素－炭素二重結合をもつ化合物では，炭素原子が平面三角形をとり，二重結合が回転できないことに由来して，**シス–トランス異性体**（または幾何異性体）が生じる可能性がある（§5·2·1 参照）．

例題 5·4　　分子式 $C_4H_{10}O$ をもつアルコールには，何種類の構造異性体が存在するか．このうち，鏡像異性体をもつものは何種類か．

解答・解説　　4 種類．鏡像異性体をもつものは 1 種類

"アルコール"なので，ヒドロキシ基 $-OH$ をもつ異性体に限定される．該当するのは次の 4 種類．そのうち，異性体(b) だけが不斉炭素原子（＊印を付した）をもつ．

$$CH_3CH_2CH_2CH_2OH \quad CH_3CH_2\overset{*}{C}HCH_3 \quad$$
$$\text{(a)} \qquad\qquad\qquad OH$$
$$\text{(b)}$$

$$CH_3$$
$$CH_3CHCH_2OH$$
$$\text{(c)}$$

$$CH_3$$
$$CH_3CCH_3$$
$$OH$$
$$\text{(d)}$$

なお，"アルコール"に限定しなければ，次の 3 種類のエーテルも，分子式 $C_4H_{10}O$ をもつ構造異性体に含まれる．

$$CH_3CH_2CH_2OCH_3 \quad CH_3CH_2OCH_2CH_3 \quad$$
$$\text{(e)} \qquad\qquad\qquad \text{(f)}$$

$$CH_3$$
$$CH_3CHOCH_3$$
$$\text{(g)}$$

節末問題

1. 構造が未知の有機化合物 **X** の分子式を求めるために，次の二つの実験を行った．

実験 1: 化合物 **X** の試料 14.4 mg を完全燃焼させたところ，二酸化炭素 49.5 mg と水 8.1 mg が得られた．

実験 2: 化合物 **X** の試料 9.09 g をベンゼン 284 g に溶かし，その溶液の凝固点を測定したところ，純粋なベンゼンよりも 1.28 K 低かった．

化合物 **X** の分子式を求めよ．ただし，H, C, O の原子量は，それぞれ 1.0, 12, 16 とし，ベンゼンのモル凝固点降下 K_f を 5.12 K kg mol^{-1} とする．

2. 下図に，食酢に4〜5%含まれる酢酸**A**と，オリーブ油の主要な構成成分であるオレイン酸**B**の構造式を示す．次の問いに答えよ．

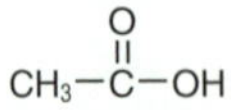

$$CH_3-\overset{\overset{\displaystyle O}{\|}}{C}-OH \qquad CH_3(CH_2)_7\,CH=CH(CH_2)_6\,CH_2-\overset{\overset{\displaystyle O}{\|}}{C}-OH$$

A 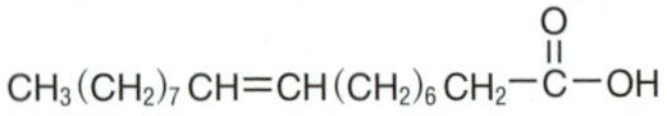　　　　　　　　　　　　　　　**B**

(1) 二つの化合物に共通する官能基の名称，およびこの官能基をもつ有機化合物の一般的な名称を記せ．

(2) **A**は水によく溶け，水と任意の割合で混じり合うのに対して，**B**はほとんど水に溶けない．**A**と**B**が，共通の官能基をもつにもかかわらず，水に対する溶解性が著しく異なる理由を説明せよ．

5・2　脂肪族化合物

　本書では，有機化合物を脂肪族化合物と芳香族化合物に分け，それぞれ代表的な物質の性質や用途を説明する．本節で扱う**脂肪族化合物**は，ベンゼン環をもたない有機化合物である．この一群の化合物を"脂肪族（aliphatic）"とよぶのは，天然に存在する油脂（§5・2・2参照）が鎖状の炭素骨格をもつことに由来する．このため，脂肪族化合物を鎖状の炭素骨格をもつ化合物に限定する場合もあるが，本書では，ベンゼン環以外の環状構造をもつ化合物も脂肪族化合物に含めて扱う．

5・2・1　脂肪族炭化水素

　ベンゼン環をもたない炭化水素を**脂肪族炭化水素**という．脂肪族炭化水素のうち，環状構造をもたないものを**鎖式炭化水素**，環状構造をもつものを**脂環式炭化水素**という．

　アルカン　　脂肪族炭化水素のうち，鎖式飽和炭化水素を**アルカン**という．アルカンは官能基をもたず，有機化合物の基本骨格となる化合物である．アルカンの分子式は，共通の一般式 C_nH_{2n+2} によって表される．

　最も代表的なアルカンは**メタン** CH_4 である．常温では無色無臭の気体（沸点：$-161.5\,℃$）であり，**天然ガス**の主成分として天然に存在し，都市ガスとして広く利用される．実験室では，酢酸ナトリウム CH_3COONa と水酸化ナトリウム $NaOH$ を加熱することによって合成し〔(5・1)式〕，水上置換によって捕集する．

$$CH_3COONa + NaOH \longrightarrow CH_4 + Na_2CO_3 \qquad (5・1)$$

天然ガスにはメタンのほかに，エタン C_2H_6 やプロパン C_3H_8 などが含まれており，それらも家庭用燃料として用いられている．

石油は私たちの生活を支える主要なエネルギー源であり，また多様な化学製品の原料としても重要な物質である．石油の主成分は，さまざまな炭素数をもつアルカンである．油田から採掘された原油は，沸点の差を利用していくつかの成分に分離され（**分留**という），それぞれの性質に応じて利用される（図5・3）．

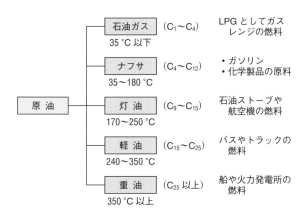

図5・3 **原油の分留**．分留によって得られる各成分の名称，沸点，炭素数，おもな用途を示す．

アルカンを構成する炭素原子は，いずれも四つの原子と結合しているので，正四面体形をとる（§5・1・2参照）．図5・4には，分子の立体構造がわかるように描いたエタン C_2H_6 の構造式を示した．エタンのように炭素数が2以上のアルカンは，炭素−炭素単結合をもつ．室温では炭素−炭素単結合は，それを軸として自由に回転できることが知られている．したがって，左側の CH_3 部分（**メチル基**という）と右側の CH_3 部分の相対的な位置関係は，固定されているわけではない．

図5・4 **エタン C_2H_6 の構造**．青色の破線は炭素原子のまわりの構造を示しており，結合ではない．

190 5. 有 機 化 合 物

炭素数が4以上のアルカンには構造異性体が存在する（§5・1・3参照）．炭素数4のアルカン C_4H_{10} の構造異性体は2個だけであるが，炭素数6では5個，炭素数8では18個の構造異性体が存在する．構造異性体の数は，炭素数の増加とともに急激に増大する．

§1・2・3で述べたように，炭素原子と水素原子の電気陰性度の差は小さいため，炭素－水素結合は実質的に無極性である．したがって，炭化水素は無極性分子であり水に溶けにくく，分子間には分散力だけがはたらく（§1・2・4参照）．一般に，質量が大きい分子ほど分散力は強くなるため，アルカンの融点・沸点は，炭素数の増加とともに上昇する傾向を示す．直鎖状のアルカン C_nH_{2n+2} では，室温（25℃）において $n = 1 \sim 4$ は気体，$n = 5 \sim 16$ は液体であり，$n = 17$ 以上では固体として存在する．

アルカンは，官能基をもつ有機化合物に比べてかなり反応性が低い．しかし，アルカンは，燃焼により酸素 O_2 と反応して二酸化炭素と水になるほか，光照射下や加熱下で塩素 Cl_2 または臭素 Br_2 と反応して，水素原子 H が Cl または Br と置き換わった化合物を生じる．たとえば，メタン CH_4 と Cl_2 の混合物に光を照射すると，クロロメタン CH_3Cl が生成する〔(5・2)式〕．

$$CH_4 + Cl_2 \xrightarrow{\text{光}} CH_3Cl + HCl \qquad (5 \cdot 2)$$
　　　メタン　　　　　　　クロロメタン

このように，分子中の原子が他の原子や原子団と置き換わる反応を**置換反応**といい，置き換わった原子や原子団を**置換基**という．なお，アルカンが環境の異なる水素原子をもつ場合には，それぞれの水素原子が塩素原子に置換されるため，一般に生成物は構造異性体の混合物となる〔(5・3)式〕．

$$CH_3CH_2CH_3 \xrightarrow{Cl_2, \text{光}} CH_3CH_2CH_2Cl + CH_3CHCH_3 \qquad (5 \cdot 3)^*$$
　　プロパン　　　　　　1-クロロプロパン　　　　　│
　　　　　　　　　　　　　　　　　　　　　　　　Cl
　　　　　　　　　　　　　　　　　　　　2-クロロプロパン

導入された塩素原子や臭素原子は，さらに他の置換基に変換することができるので，この反応は，アルカンに官能基を導入する反応として工業的にも有用な反応である．

＊　有機化合物の反応は，これまで用いてきた"釣合いのとれた化学反応式"ではなく，単に矢印の左側に反応させる有機化合物を書き，右側に生成する有機化合物を書いた反応式で表すことが多い．反応に用いる無機物質の試剤や反応に必要な条件は，矢印の上または下に記載される．

5・2 脂肪族化合物

シクロアルカン　　環状構造をもつ飽和炭化水素を**シクロアルカン**という．シクロアルカンの分子式は，共通の一般式 C_nH_{2n} ($n \geq 3$) で表されるので，シクロアルカンは次項で述べるアルケンの構造異性体となる．

シクロアルカンは骨格構造式で表記される場合が多い．図5・5(a)に，分子式が C_6H_{12} であるシクロヘキサンの構造式を示す．それぞれの炭素原子は正四面体形をとるので，シクロヘキサンの6個の炭素原子は同一平面上にはないことに注意する必要がある．天然には，シクロアルカンの骨格をもつ有機化合物が広く存在している．その一例を図5・5(b)に示す．

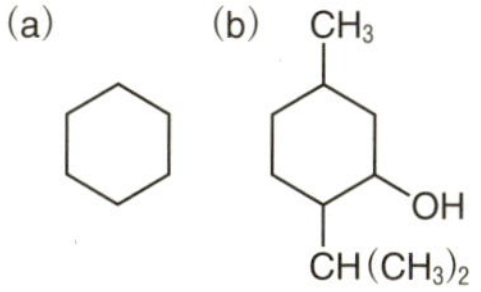

(a)　　(b) CH₃

図5・5　シクロアルカンの骨格をもつ化合物．(a) シクロヘキサン，(b) メントール (ハッカ油に存在し，芳香と清涼な味をもつ)．

シクロアルカンの化学的性質は，アルカンとよく似ている．ただし，炭素数が3および4のシクロアルカンは不安定で反応性が高く，しばしば環が開裂して鎖式化合物になる反応を起こす．

例題5・5　　12.3 g の酢酸ナトリウム CH_3COONa と 8.0 g の水酸化ナトリウム $NaOH$ を試験管に入れて加熱したところ，反応は完全に進行しメタン CH_4 が得られた．この反応で発生したメタンの体積は，標準状態 (0 ℃, 1 atm) で何 L か．小数第1位まで求めよ．ただし，H, C, O, Na の原子量をそれぞれ 1.0, 12, 16, 23 とし，標準状態における気体のモル体積を 22.4 L mol⁻¹ とする．

解答・解説　3.4 L

CH_3COONa と $NaOH$ から CH_4 が発生する反応は (5・1)式で表される．したがって，CH_3COONa と $NaOH$ は1:1の物質量比で反応する．しかし，反応に用いた CH_3COONa と $NaOH$ の物質量は，それぞれ $\frac{12.3\,\text{g}}{82\,\text{g mol}^{-1}} = 0.150$ mol，$\frac{8.0\,\text{g}}{40\,\text{g mol}^{-1}} = 0.20$ mol であるので，この反応では CH_3COONa が制限試剤 (§1・3・4，「例題1・28」参照) となる．(5・1)式から，CH_3COONa と CH_4 の物質量比も1:1であるから，発生した気体の体積を v L とすると，次式が成り立つ．

$$\frac{12.3\,\text{g}}{82\,\text{g mol}^{-1}} = \frac{v\,\text{L}}{22.4\,\text{L mol}^{-1}}$$

アルケン　分子内に炭素-炭素二重結合を1個もつ鎖式不飽和炭化水素を**アルケン**という．アルケンの分子式は，一般式 C_nH_{2n} ($n \geq 2$) で表される．

最も代表的なアルケンは**エチレン** $CH_2=CH_2$ であり，常温では無色の気体（沸点：$-103.7\,°C$）である．第6章で述べるように，エチレンは，包装用フィルムやごみ袋として利用されるポリエチレンの原料となるほか，多数の化学製品の原材料としてきわめて重要な物質である．一方で，エチレンは植物の生体内で合成され，果実の成熟を促進するなどの生理活性をもつ．

エチレンは工業的に，原油の分留によって得られたナフサ（図5・3参照）を800°C程度で熱分解することにより，多量に製造されている．実験室では，エタノール C_2H_5OH と濃硫酸 H_2SO_4 を $160\sim170\,°C$ に加熱することによって得られ〔(5・4)式〕，水上置換によって捕集する．

$$CH_3CH_2OH \xrightarrow[160\sim170\,°C]{濃硫酸} CH_2=CH_2 + H_2O \qquad (5・4)$$
$$\text{エタノール} \qquad\qquad \text{エチレン}$$

アルケンの二重結合を形成する炭素原子は，三つの原子と結合しているので，それぞれ平面三角形をとる（§5・1・2参照）．図5・6には，分子の立体構造がわかるように描いたプロピレン（またはプロペン）$CH_2=CHCH_3$ の構造式を示した．アルケンでは，二重結合を形成する2個の炭素原子と，これらに直接結合する4個の原子は，すべて同一平面上にある．これが最も安定な二重結合の構造であるため，二重結合は単結合とは異なり，自由に回転することはできない．

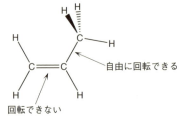

図5・6　プロピレン $CH_2=CHCH_3$ の構造.
二重結合を形成している2個の炭素原子とこれらに結合している三つの水素原子と一つの炭素原子は，すべて同一平面上にある．

アルケンでは，アルカンで述べたような構造異性体に加えて，シス-トランス異性体（または幾何異性体）が存在する（§5・1・3参照）．シス-トランス異性体は，二重結合に結合した置換基の配置が異なる立体異性体である．二重結合に対して，置換基が同じ側にあるものを**シス形**，反対側にあるものを**トランス形**という．図5・7には，2-ブテン*$CH_3CH=CHCH_3$ のシス-トランス異性体について，それぞれの構造式を示した．

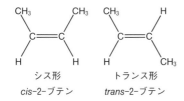

図5・7　2-ブテンのシス-トランス異性体.
シス形とトランス形は，アルケンの名称の前にそれぞれ *cis*, *trans* を付して区別する．

アルケンは官能基である炭素－炭素二重結合をもつので，アルカンに比べて反応性に富む．二重結合に最も特徴的な反応は，二重結合を形成している炭素原子と，試薬の原子や原子団が結合を形成する反応である〔(5・5)式〕．このような形式の反応を**付加反応**という．

$$\mathrm{>C=C<} + XY \longrightarrow \mathrm{>\underset{X}{C}-\underset{Y}{C}<} \qquad (5\cdot5)$$

また，二重結合は電子を供与しやすいため，アルケンはさまざまな酸化剤により

表5・4　アルケンの代表的な反応とその例

種類	名称	反応試薬	生成物	例
付加反応	水素化	H_2/金属触媒 (Ptまたは Ni)	アルカン	$CH_2=CH_2 \xrightarrow{H_2/Ni} CH_3CH_3$
	ハロゲン化	Cl_2 または Br_2	1,2-ジハロゲン化合物	$CH_2=CH_2 \xrightarrow{Br_2} CH_2BrCH_2Br$
	水の付加 (水和)	H_2O/H_2SO_4	アルコール	$CH_2=CH_2 \xrightarrow[濃硫酸]{H_2O} CH_3CH_2OH$
	付加重合	重合開始剤	高分子化合物	$n\,CH_2=CH_2 \xrightarrow{重合開始剤} \{CH_2-CH_2\}_n$
酸化反応	過マンガン酸カリウムによる酸化	$KMnO_4$/NaOH水溶液	1,2-ジオール	$CH_2=CH_2 \xrightarrow[NaOH水溶液]{KMnO_4} \underset{OH\;\;OH}{CH_2-CH_2}$
	オゾン分解	1) O_3 2) Zn/H_2O†	アルデヒドまたはケトン	$\underset{CH_3}{\overset{CH_3}{>}}C=C\overset{CH_3}{\underset{H}{<}} \xrightarrow[2)\,Zn/H_2O]{1)\,O_3}$ $\underset{CH_3}{\overset{CH_3}{>}}C=O + O=C\overset{CH_3}{\underset{H}{<}}$

† 1), 2) は，示された反応試薬を順次反応させることを示す．

---

* 本書では，有機化合物の名称は基本的に1979年のIUPACによる規則に従っている．1993年に出された規則では，"官能基の位置を示す番号は官能基を表す接尾語の直前に記す"とされた．これによれば，たとえば2-ブテン(2-butene)はブタ-2-エン(but-2-ene)となる．

酸化を受ける．表 5・4 には，アルケンの代表的な反応とその例をまとめて示した．このうち，臭素 Br_2 との反応では反応の進行により Br_2 の赤褐色が消失し，また過マンガン酸カリウム $KMnO_4$ との反応では過マンガン酸イオン MnO_4^- の赤紫色が消失する．これらの色の変化がある反応は，二重結合，あるいは同様の反応性を示す三重結合の存在を確認するための反応として利用される．

例題 5・6 分子式 C_5H_{10} をもつアルケンには 5 種類の構造異性体が存在する．次の問いに答えよ．
(1) 5 種類の構造異性体の構造式を書け．
(2) 5 種類の構造異性体のうち，臭素 Br_2 を付加させたとき，2 個の不斉炭素原子をもつ化合物が生成するものは何種類あるか．

解答・解説
(1)   　　　$CH_2=CHCH_2CH_3$ 　　　$CH_3CH=CHCH_2CH_3$
　　　　　　　　　(a) 　　　　　　　　　　　(b)

$$CH_2=\underset{\underset{CH_2CH_3}{|}}{C}CH_2CH_3 \quad CH_2=CH\underset{\underset{CH_3}{|}}{C}HCH_3 \quad CH_3CH=\underset{\underset{CH_3}{|}}{C}CH_3$$
　　　　　　(c) 　　　　　　　　(d) 　　　　　　　　(e)

(2) 1 種類

　アルケンの構造異性体は，まず同じ炭素数のアルカンの構造異性体を書き，それぞれについて二重結合を書き加え，その位置が異なるものを数えあげればよい．なお，(b)にはシス-トランス異性体が存在する．Br_2 を付加させると，(b)のみが 2 個の不斉炭素原子をもつ化合物を与える．なお，"アルケン"に限定しなければ，次の 5 種類のシクロアルカンも，分子式 C_5H_{10} をもつ構造異性体に含まれる．

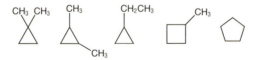

アルキン　分子内に炭素-炭素三重結合を 1 個もつ鎖式不飽和炭化水素を**アルキン**という．アルキンの分子式は，一般式 C_nH_{2n-2} $(n \geq 2)$ で表される．
　最も代表的なアルキンは**アセチレン**（またはエチン）$CH \equiv CH$ であり，常温では無色の気体（沸点：-74 ℃）である．燃焼熱が大きいため，溶接用バーナーなどの燃料として利用される．かつてはさまざまな化学製品の原材料として用いられたが，現在ではより安価なエチレンが用いられるため，アセチレンの工

業的用途は減少した．アセチレンは炭化カルシウム CaC_2 と水との反応で合成され〔(5・6)式〕，水上置換で捕集される．

$$CaC_2 + 2H_2O \longrightarrow C_2H_2 + Ca(OH)_2 \qquad (5・6)$$

アルキンの三重結合を形成する炭素原子は，二つの原子と結合しているので，それぞれ直線形をとる（§5・1・2参照）．図5・8には，分子の立体構造がわかるように描いたメチルアセチレン（またはプロピン）$CH \equiv CCH_3$ の構造式を示した．アルキンでは，三重結合を形成する2個の炭素原子と，これらに直接結合する2個の原子は，すべて同一直線上にある．

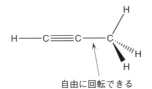

図5・8 プロピン $CH \equiv CCH_3$ の構造.
三重結合を形成している2個の炭素原子と，これらに結合している水素原子および炭素原子はすべて同一直線上にある．

炭素－炭素三重結合は炭素－炭素二重結合と類似した反応性をもつため，アルキンも付加反応や酸化反応を起こす．ただし，アルキンの付加反応では，アルキン 1 mol に対して，2 mol の水素やハロゲンが段階的に付加する〔(5・7)式〕．

$$CH \equiv CH \xrightarrow{H_2/Ni} CH_2 = CH_2 \xrightarrow{H_2/Ni} CH_3CH_3 \qquad (5・7)$$

アセチレンに対する水の付加（**水和**という）はやや起こりにくく，触媒として硫酸水銀(II) $HgSO_4$ などの水銀(II)塩を必要とする．なお，生成物のビニルアルコール $CH_2=CHOH$ は不安定で直ちに異性化が起こり，アセトアルデヒド $CH_3CH=O$ が得られる〔(5・8)式〕．

$$CH \equiv CH \xrightarrow[HgSO_4]{H_2O} \begin{pmatrix} CH_2=CH \\ | \\ OH \end{pmatrix} \longrightarrow \underset{O}{\overset{\parallel}{CH_3CH}} \qquad (5・8)$$
　　　　　　　　　　　　　ビニルアルコール　　　アセトアルデヒド

また，アルキンに特有の反応として，アルキンの三量化による芳香族化合物の生成反応がある．たとえば，アセチレン C_2H_2 を高温の鉄 Fe，またはニッケル Ni などの遷移金属錯体を触媒として反応させると，アセチレン3分子が互いに結合を形成してベンゼン C_6H_6 が生成する〔(5・9)式〕．

$$3\,CH \equiv CH \xrightarrow{Ni\,錯体} \bigcirc \qquad (5・9)$$
　　　　　　　　　　　　　　ベンゼン

5・2・2 酸素を含む脂肪族化合物

前節の表5・1に示したように，酸素原子を含む官能基にはいくつかの種類があり，それぞれ特徴的な性質をもつ．炭化水素にただ1種類のヘテロ原子が加わっただけでも，有機化合物は実に多彩な性質を示すようになる．

アルコール　脂肪族炭化水素の水素原子を，ヒドロキシ基 $-OH$ で置換した化合物を**アルコール**という．炭化水素基を R と表記すると，一般にアルコールは $R-OH$ と表される．

表5・5には，身近なアルコールの性質と用途を示した．表に示したアルコールはいずれも常温で無色の液体であり，水によく溶ける．私たちが日常生活で単にアルコールといえば，**エタノール** C_2H_5OH をさす．エタノールは酒類に含まれるほか，殺菌・消毒薬などに用いられる最も身近な有機化合物の一つである．天然にも，グルコース（図2・15参照）やメントール（図5・5参照）などヒドロキシ基をもつ有機化合物は多い．

ヒドロキシ基 $-OH$ の重要な性質は，水素結合（§1・2・4参照）を形成できることである．このためアルコールは，同程度の分子量をもつ炭化水素やエーテル

表5・5　身近なアルコールの性質と用途

名称と構造式	沸点〔℃〕	製法	用途
メタノール CH_3OH	64.7	触媒存在下で CO と H_2 を反応[†1]	・燃料 ・溶媒 ・化学物質の製造原料
エタノール C_2H_5OH	78.3	糖のアルコール発酵，あるいは 触媒存在下でエチレンに水を付加	・酒類 ・燃料 ・溶媒 ・殺菌・消毒薬
エチレングリコール $HOCH_2CH_2OH$	197.9	エチレンと酸素を反応させたのち水と反応[†2]	・自動車の不凍液 ・プラスチックの原料
グリセリン $HOCH_2CH(OH)CH_2OH$	154 (5 mmHg)	油脂の加水分解	・食品添加物 ・医薬品 ・保湿剤 ・爆薬の原料

†1　$CO + 2H_2 \xrightarrow{\text{触媒}} CH_3OH$

†2　$CH_2{=}CH_2 \xrightarrow{O_2/\text{触媒}} \underset{\text{エチレンオキシド}}{CH_2{-}CH_2 \atop O} \xrightarrow{H_2O} HOCH_2CH_2OH$

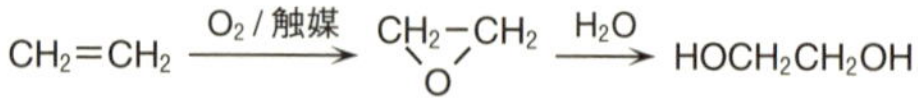

5・2　脂肪族化合物　　　197

に比べて融点や沸点が高くなる．また，水分子との間に大きな分子間力がはたらくため，水に溶けやすい（§2・4・1参照）．

アルコール R−OH は，ヒドロキシ基 −OH に由来する多様な反応性を示す．水 H_2O と同様に，R−OH の水素原子は水素イオン H^+ として電離することができるが（§3・2・3参照），R−OH の酸性度は H_2O より低いため，水酸化ナトリウム NaOH などの塩基とは中和反応を起こさない．しかし，ナトリウム Na やカリウム K とは反応して，水素 H_2 を発生する〔(5・10)式〕．

$$2\,R{-}OH + 2\,Na \longrightarrow 2\,R{-}ONa + H_2 \qquad (5・10)$$

R−ONa は $R{-}O^-$ と Na^+ のイオン結合でできた化合物である．一般に陰イオン $R{-}O^-$ を**アルコキシドイオン**（$R = C_2H_5$ のときはエトキシドイオン）という．

アルコールを硫酸 H_2SO_4 と反応させると，ヒドロキシ基 −OH とともに，−OH が結合した炭素に隣接した炭素上の水素原子 H が除去されて，アルケンが生成する．この反応では水 H_2O の構成単位が失われるため，この反応を**脱水**という．一般に，反応物から原子あるいは原子団が除去されて，二重結合や三重結合が形成される形式の反応を**脱離反応**という．

エチレンの合成〔(5・4)式〕でも述べたように，アルコールの脱水はアルケンの合成法として利用される．なお，(5・11)式に示すように，複数のアルケンの生成が可能な場合は，一般にそれらの混合物が得られる．

$$\underset{\overset{|}{OH}}{CH_3CHCH_2CH_3} \xrightarrow{\ H_2SO_4\ } CH_2{=}CHCH_2CH_3 + \underset{\substack{\text{シス-トランス}\\\text{異性体の混合物}}}{CH_3CH{=}CHCH_3} \qquad (5・11)$$

アルコールを二クロム酸カリウム $K_2Cr_2O_7$ などの酸化剤と反応させると，カルボニル基をもつ化合物が得られる．この反応の反応性は，アルコールの級数，すなわち OH 基のついた炭素原子に結合している炭素原子の数に依存する．OH 基のついた炭素原子に結合している炭素原子が1個，2個，3個のアルコールを，それぞれ第一級アルコール，第二級アルコール，第三級アルコールという．第一級，および第二級アルコールでは，次式のような酸化生成物が得られるが，第三級アルコールは反応しない．

$$\underset{\text{第一級アルコール}}{RCH_2{-}OH} \xrightarrow{\ \text{酸化}\ } \underset{\text{アルデヒド}}{RCH{=}O} \xrightarrow{\ \text{酸化}\ } \underset{\text{カルボン酸}}{\overset{\overset{\displaystyle OH}{|}}{RC{=}O}} \qquad \underset{\text{第二級アルコール}}{\overset{\overset{\displaystyle R'}{|}}{RCH{-}OH}} \xrightarrow{\ \text{酸化}\ } \underset{\text{ケトン}}{\overset{\overset{\displaystyle R'}{|}}{RC{=}O}}$$

エーテル　2個の炭化水素基に結合した酸素原子をもつ化合物を**エーテル**といい，−O− を**エーテル結合**という．一般にエーテルは R−O−R′ と表記される．

198　　5. 有 機 化 合 物

　最も一般的なエーテルは**ジエチルエーテル** $C_2H_5OC_2H_5$ であり，単にエーテルともよばれる．常温では無色の液体（沸点: 34.5℃）であり，揮発性で引火性が高い．麻酔作用があり，かつては吸引麻酔薬として用いられた．有機化合物をよく溶かすため，溶剤や反応溶媒として利用される．エタノール C_2H_5OH の脱水をやや低い温度（130〜140℃）で行うと，分子間で脱水が進行してジエチルエーテルが生成する〔(5・12)式〕．

$$2 CH_3CH_2OH \xrightarrow[130\sim140\,℃]{濃硫酸} C_2H_5OC_2H_5 + H_2O \qquad (5・12)$$
$$\text{エタノール} \qquad\qquad\qquad \text{ジエチルエーテル}$$

　エーテルはアルコールの構造異性体であるが，ヒドロキシ基 −OH をもたないため，性質はかなり異なっている．水素結合を形成できないので，アルコールよりも沸点が低く，水に溶けにくい．ナトリウム Na と反応せず，酸化剤に対しても安定である．

　アルデヒドとケトン　　炭素−酸素二重結合 C=O を**カルボニル基**といい，この官能基をもつ化合物を**カルボニル化合物**という．このうち，C=O の炭素原子（カルボニル炭素という）に水素原子が少なくとも 1 個結合した化合物を**アルデヒド**，炭素原子が 2 個結合した化合物を**ケトン**という．一般に，アルデヒドは RCH=O あるいは RCHO，ケトンは RR′C=O や RCOR′ などと表される．表5・6には，身近なアルデヒドとケトンの性質と用途を示した．

　カルボニル炭素は三つの原子と結合しているので，平面三角形をとる．このた

表5・6　身近なアルデヒドとケトンの性質と用途

名称と構造式	沸点〔℃〕	製 法	用 途
ホルムアルデヒド HCHO	−19.3	メタノールの酸化	• プラスチックの原料 • 水溶液[†1] として消毒薬・防腐剤
アセトアルデヒド CH_3CHO	20.2	エタノールの酸化，あるいは触媒存在下でエチレンを酸化[†2]	酢酸や酢酸エチルの原料
アセトン CH_3COCH_3	56.3	2-プロパノールの酸化，あるいは酢酸カルシウムの乾留[†3]	• 溶 媒 • マニキュアの除光液

†1　約37%の水溶液を**ホルマリン**という．

†2　$2 CH_2{=}CH_2 + O_2 \xrightarrow{PdCl_2,\ CuCl_2} 2 CH_3CHO$

†3　$(CH_3COO)_2Ca \xrightarrow{乾留} CH_3COCH_3 + CaCO_3$
　　（空気を遮断して加熱する操作を**乾留**という）

め，カルボニル炭素と酸素原子，およびカルボニル炭素に結合した2個の原子は，すべて同一平面上にある．

図5・9に，分子の立体構造がわかるように描いたアセトアルデヒド CH₃CHO の構造式を示す．カルボニル炭素のまわりの構造はアルケンの炭素原子と類似しているが，決定的な違いは，<u>酸素は炭素よりも電気陰性度が大きいので，C＝O 結合は極性をもつことである</u>（§1・2・3 参照）．このため，カルボニル化合物の分子間には分散力に加えて双極子-双極子相互作用がはたらく．これにより，カルボニル化合物では，同程度の分子量をもつ炭化水素に比べて融点や沸点が高くなる．また，水分子との間に水素結合を形成できるので，炭素原子数の少ないアルデヒドやケトンは水によく溶ける．

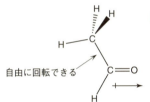

図5・9 アセトアルデヒド CH₃CHO の構造と極性． カルボニル基を形成している炭素原子と酸素原子，およびカルボニル基に結合している水素原子と炭素原子は，すべて同一平面上にある．矢印 ⟷ は，カルボニル基における電荷のかたよりを表す（図1・11 参照）．

例題 5・7　分子式が C₅H₁₂O で表される脂肪族化合物のうち，酸化するとケトンになる化合物の構造式をすべて書け．ただし，立体異性体は考慮しなくてよい．

解答・解説

　　　CH₃CH₂CH₂CHCH₃　　CH₃CH₂CHCH₂CH₃　　CH₃CHCHCH₃
　　　　　　　　　|　　　　　　　　　　|　　　　　　　|　　　|
　　　　　　　　 OH　　　　　　　　　　OH　　　　　　CH₃ OH

「例題5・6」と同様に，まず同じ炭素数のアルカンの構造異性体を書き，それぞれについて水素原子 H をヒドロキシ基 −OH に置き換え，重複に注意しながら構造が異なるものを書き並べる．これらのうち，"酸化するとケトンになる化合物"，すなわち第二級アルコールを選択する．なお，分子式が C₅H₁₂O で表されるアルコールの構造異性体は，解答の3種類を含めて8種類あり，また，同じ分子式をもつエーテルは6種類ある．

アルデヒドとケトンは，カルボニル基 C＝O に特有の反応性を示す．特徴的な反応の一つは，炭素−酸素二重結合に対する付加反応である．パラジウム Pd やニッケル Ni などの存在下に，アルデヒドあるいはケトンを水素 H₂ と反応させると水素化（還元反応）が進行し，アルコールが得られる〔(5・13)式〕．これは

前述したアルコールの酸化反応の逆反応であり，アルコールの合成に利用される．

$$CH_3CCH_3 \xrightarrow{\text{H}_2/\text{Ni}} CH_3CHCH_3 \qquad (5 \cdot 13)$$

（左辺のケトンはカルボニル基 O、右辺のアルコールは OH 基）

アルデヒド RCHO はカルボニル炭素に結合した水素原子をもつので，二クロム酸カリウム $K_2Cr_2O_7$ などの酸化剤により容易に酸化され，カルボン酸 RCOOH になる．同じ条件下で，ケトン RCOR′ は酸化されない．表 5・7 に示すように，**銀鏡反応**や**フェーリング液の還元**など，進行を目視で確認できる酸化反応は，アルデヒドの検出法として利用されている．

表 5・7　カルボニル基の検出に利用される酸化反応

反応物	名　称	反応試剤	反応式
アルデヒド	銀鏡反応	アンモニア性硝酸銀水溶液	$RCHO + [Ag(NH_3)_2]^+ \xrightarrow{\text{OH}^-} RCOO^- + Ag$ 銀鏡
	フェーリング液[†1]の還元	フェーリング液	$RCHO + Cu^{2+} \xrightarrow{\text{OH}^-} RCOO^- + Cu_2O$ 赤色沈殿
$R-COCH_3$ の構造をもつ化合物[†2]	ヨードホルム反応	I_2 と NaOH 水溶液	$RCOCH_3 + I_2 \xrightarrow{\text{OH}^-} RCOO^- + CHI_3$ 黄色沈殿

†1　$CuSO_4$ 水溶液と，酒石酸ナトリウムカリウムと NaOH の水溶液を使用直前に混合した溶液．なお，フェーリング液は，1848 年にドイツの化学者フェーリング（H. von Fehling, 1812〜1885）によって開発された．
†2　$R-CH(OH)CH_3$ の部分構造をもつアルコールも，同様に反応する．

また，表 5・7 にあわせて示したように，$R-COCH_3$ の構造をもつアルデヒドやケトンは，塩基性条件下でヨウ素 I_2 によりカルボン酸に酸化される．その際に特異臭をもつヨードホルム CHI_3 が黄色沈殿として生成するため，この反応は $R-COCH_3$ の構造をもつ化合物の検出に用いられる．この反応を**ヨードホルム反応**という．なお，$-CH(OH)CH_3$ の部分構造は反応系内で $-COCH_3$ に酸化されるため，エタノール CH_3CH_2OH や 2-プロパノール $CH_3CH(OH)CH_3$ などの $R-CH(OH)CH_3$ の構造をもつアルコールも，同様の反応性を示す．

カルボン酸とエステル　　**カルボキシ基** $-COOH$ をもつ化合物を**カルボン酸**という．一般に，カルボン酸は RCOOH と表される．分子内の $-COOH$ の数をカルボン酸の価数（§3・2・1 参照）といい，R が H または鎖式の炭化水素基の 1 価カルボン酸を，特に**脂肪酸**という．脂肪酸のうち，R がすべて単結合からなるものを**飽和脂肪酸**，不飽和結合を含むものを**不飽和脂肪酸**という．

5・2 脂肪族化合物　　201

　最も簡単なカルボン酸は**ギ酸** HCOOH であり，刺激臭をもつ液体（沸点: 100.8℃）である．ギ酸は一酸化炭素 CO の合成原料となる（表4・4参照）．ギ酸は分子内にホルミル基 −CHO をもつので還元性を示し，酸化されて二酸化炭素 CO_2 となる〔(5・14)式〕．

$$HCOOH \longrightarrow CO_2 + 2H^+ + 2e^- \qquad (5・14)$$

　酢酸 CH_3COOH は食酢に 4～5% 含まれるカルボン酸であり，身近な有機化合物の一つである．常温では液体であるが，気温が低いと凝固する（融点: 16.6℃, 沸点: 117.8℃）．医薬品や合成繊維など，さまざまな工業製品の原料として重要な物質である．そのほか，ヨーグルトなどの乳製品に含まれる乳酸，ブドウなど酸味のある果実に含まれる酒石酸，柑橘類に含まれるクエン酸など，天然にもさまざまなカルボン酸が存在している．なお，これらのように分子内にヒドロキシ基 −OH をもつカルボン酸を，**ヒドロキシ酸**という（図5・10）．

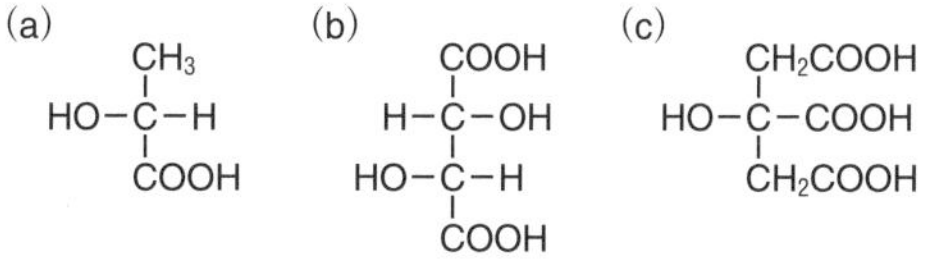

(a)
CH₃
|
HO−C−H
|
COOH

(b)
COOH
|
H−C−OH
|
HO−C−H
|
COOH

(c)
CH₂COOH
|
HO−C−COOH
|
CH₂COOH

図5・10　代表的なヒドロキシ酸. (a) 乳酸，(b) 酒石酸，(c) クエン酸. 乳酸は 1 個，酒石酸は 2 個の不斉炭素原子をもつ.

　カルボキシ基 −COOH は極性も大きく，分子間で水素結合を形成できる．このため，カルボン酸は，同程度の分子量をもつアルコールよりも融点や沸点が高い．また，炭素原子数の少ないカルボン酸は，水によく溶ける．
　カルボン酸は，カルボキシ基 −COOH に由来するいくつかの特徴的な反応性を示す．最も重要な性質は，水溶液中で電離して弱酸性を示すことである（§3・2・2参照）．

$$RCOOH \rightleftharpoons H^+ + RCOO^-$$

このため，カルボン酸はマグネシウム Mg などの陽性の強い金属と反応して水素 H_2 を発生し，水酸化ナトリウム NaOH などの塩基と反応してカルボン酸塩をつくる．また，カルボン酸は炭酸 H_2CO_3 よりも酸性が強いので，炭酸塩や炭酸水素塩と反応して，二酸化炭素 CO_2 を発生する〔(5・15)式〕．

$$RCOOH + NaHCO_3 \longrightarrow RCOONa + H_2O + CO_2 \qquad (5・15)$$

また，カルボン酸を十酸化四リン P_4O_{10} などの脱水剤と反応させると，2分子のカルボン酸から1分子の水 H_2O が除去されて，**酸無水物** $(RCO)_2O$ が得られる〔(5・16)式〕．

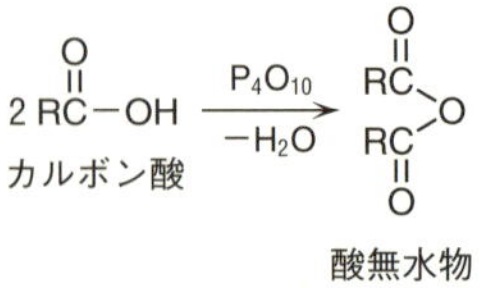

$$2\,RC-OH \xrightarrow[-H_2O]{P_4O_{10}} \begin{array}{c} RC \\ RC \end{array}\!\!>\!\!O \qquad (5\cdot16)$$

カルボン酸　　　　　　　　　酸無水物

特に，酢酸の無水物 $(CH_3CO)_2O$ は**無水酢酸**とよばれ，**アセチル基** CH_3CO- を導入する試剤としてしばしば用いられる〔図5・16，(5・28)式参照〕．

一般に，$-COO-$ を**エステル結合**といい，この結合をもつ化合物を**エステル**という．カルボン酸の重要な反応の一つに，アルコールとの反応によるエステルの生成がある〔(5・17)式〕．たとえば，酢酸 CH_3COOH とエタノール C_2H_5OH の混合物に少量の濃硫酸 H_2SO_4 を加えて加熱すると，**酢酸エチル** $CH_3COOC_2H_5$ が得られる．

$$\text{RCOOH} + \text{R'OH} \xrightarrow{\text{濃硫酸}} \text{RCOOR'} + H_2O \qquad (5\cdot17)$$

カルボン酸　　アルコール　　　　　エステル

この反応のように，二つの分子から水などの簡単な分子が除去されて新しい分子ができる反応を，一般に**縮合反応**という．

エステルはカルボン酸とは異なり，分子間で水素結合を形成しないため，同程度の分子量をもつカルボン酸よりも沸点がかなり低い．酢酸エチル（沸点：76.8℃）のように分子量の小さいエステルは揮発性で芳香をもつ液体であり，果実の香気成分などとして天然にも広く存在する．

エステルに水を加え，少量の酸を添加すると，(5・17)式の逆反応が進行して，カルボン酸とアルコールが得られる．この反応を**エステルの加水分解**という．また，エステルは，水酸化ナトリウム $NaOH$ のような強塩基の水溶液によっても加水分解される．この場合には，カルボン酸塩が生成する〔(5・18)式〕．

$$\text{RCOOR'} + \text{NaOH} \longrightarrow \text{RCOONa} + \text{R'OH} \qquad (5\cdot18)$$

エステル　　　　　　　　　カルボン酸塩　　アルコール

このような塩基によるエステルの加水分解を，特に**けん化**という．

例題5・8　分子式が $C_4H_8O_2$ のエステル **A** を加水分解すると，還元性をもつカルボン酸 **B** とアルコール **C** が得られた．**C** にヨードホルム反応を行ったところ，黄色沈殿が生じた．エステル **A** の構造式を書け．

解答・解説

エステルは一般に RCOOR' と表されるから，分子式から COO を除いた C_3H_8 が，R と R' をあわせた部分の組成となる．還元性をもつカルボン酸はギ酸 HCOOH しかないため R＝H となり，したがって R'＝C_3H_7 となる．アルコール R'OH として $CH_3CH_2CH_2OH$ と $(CH_3)_2CHOH$ の可能性があるが，ヨードホルム反応を示すことから部分構造 $-CH(OH)CH_3$ があることがわかるので，**C** は $(CH_3)_2CHOH$ と決まる．　■

油脂とセッケン　　生体内には有機溶媒に溶けやすく，水に溶けにくい物質がいくつか存在する．それらのうち，グリセリン $HOCH_2CH(OH)CH_2OH$（表5・5参照）と三つの脂肪酸からなるエステルを**油脂**という．牛脂のように室温で固体の油脂を**脂肪**，オリーブ油のように液体の油脂を**脂肪油**という．

図5・11に，油脂の分子の一般的な構造式を示す．油脂を構成する脂肪酸の炭素数は12〜26の偶数であり，16と18のものが最も多い．このような炭素数の多い脂肪酸を**高級脂肪酸**という．油脂を構成する高級脂肪酸は飽和脂肪酸の場合も，不飽和脂肪酸の場合もある．一般に，天然の不飽和脂肪酸は二重結合だけをもち，シス形をとる．表5・8には，油脂を構成する代表的な脂肪酸の名称と構造を示した．

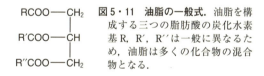

図5・11　油脂の一般式．油脂を構成する三つの脂肪酸の炭化水素基 R, R', R'' は一般に異なるため，油脂は多くの化合物の混合物となる．

表5・8　油脂を構成する代表的な脂肪酸

分類	名称	炭素数	構造式	融点〔℃〕
飽和脂肪酸	パルミチン酸	16	$CH_3(CH_2)_{14}COOH$	62.7
	ステアリン酸	18	$CH_3(CH_2)_{16}COOH$	70.5
不飽和脂肪酸	オレイン酸	18	$CH_3(CH_2)_7CH=CH(CH_2)_7COOH$	13.3
	リノール酸	18	$CH_3(CH_2)_4CH=CHCH_2CH=CH(CH_2)_7COOH$	-5.2
	リノレン酸	18	$CH_3CH_2CH=CHCH_2CH=CHCH_2CH=CH(CH)_7COOH$	-11.3

204 5. 有 機 化 合 物

例題 5・9　　固体の脂肪を構成する脂肪酸は飽和脂肪酸が多く，液体の脂肪油では不飽和脂肪酸の割合が高い．また，脂肪に比べて脂肪油は，空気中に放置すると劣化しやすい．このように，油脂を構成する脂肪酸が飽和であるか，不飽和であるかによって，油脂の性質に違いが現れるのはなぜか．

解答・解説　飽和脂肪酸の炭素原子間はすべて単結合であるため，炭素骨格が直線形となり，結晶において互いに平行に配列することができる．これにより，分子間力（分散力）が効果的にはたらくため，融点が高くなる．これに対して，不飽和脂肪酸は，炭素原子間にシス形の二重結合が存在するので，炭素骨格が折れ曲がった構造をとり分子が秩序的に配列できないため，分子間力が弱くなる．また，二重結合は酸化されやすいので，炭素骨格に官能基をもたない飽和脂肪酸に比べて，不飽和脂肪酸は空気中で劣化しやすくなる．このような脂肪酸の性質が，油脂の性質に反映される．　　■

油脂に水酸化ナトリウム水溶液を加えて加熱すると，けん化が進行して，高級脂肪酸のナトリウム塩とグリセリンが得られる．一般に，高級脂肪酸の金属塩を**セッケン**という．セッケンは，たとえば $C_nH_{2n+1}COO^-Na^+$ のような構造をもつので，典型的な両親媒性分子である（§2・4・5 参照）．したがって，セッケン分子が水中である濃度以上になると，多数の分子が会合してミセルを形成する．ここに油を加えると，油は微粒子となってミセル内部の疎水性部分に取込まれ，水中に分散する．セッケンがもつこのような作用を**乳化作用**という．セッケンによって繊維に付着した油汚れを洗い落とすことができるのも，同様の機構で説明することができる．

章 末 問 題

1. 2-メチルブタン $(CH_3)_2CHCH_2CH_3$（**A**）と塩素 Cl_2 の混合物に光を照射すると，**A** の水素原子の一つが塩素原子に置換された化合物が生成した．生成物を分析したところ，4種類の構造異性体の混合物であることが判明した．次の問いに答えよ．
(1) 4種類の構造異性体の構造式をすべて書け．
(2) 4種類の構造異性体のうち，鏡像異性体をもつものは何種類あるか．また，それぞれについて，1対の鏡像異性体の構造式を立体構造がわかるように書け．

5・3 芳香族化合物　205

(3) 水素原子の置換されやすさは，水素原子が結合している炭素原子の構造に依存する．一般に，3個の炭化水素基をもつ炭素原子に結合した水素原子 $RR'R''C-H$ が最も置換されやすく，ついで2個の炭化水素基をもつ炭素原子に結合した水素原子 $RR'CH-H$，ついで1個の炭化水素基をもつ炭素原子に結合した水素原子 RCH_2-H の順となる．本問の反応条件において，これらの水素原子1個あたりの相対的な反応性が5:4:1であるとき，4種類の構造異性体のうち，最も多く生成する化合物はどれか．また，その化合物の生成物全体に占める割合は何%か．整数値で答えよ．

2. 分子式が C_6H_{12} である2種類のアルケン **X, Y** の構造を決定するために，次の実験1～3を行った．**X, Y** の構造式を書け．

実験1: **X, Y** をそれぞれ適切な溶媒に溶かしてオゾンと反応させたのち，亜鉛と反応させたところ，**X** からは2種類の化合物 **A** および **B**，**Y** からは化合物 **C** とホルムアルデヒドが得られた．

実験2: 化合物 **A**～**C** のそれぞれにアンモニア性硝酸銀水溶液を加えて加熱したところ，**A** のみが銀を生じた．

実験3: 化合物 **A**～**C** のそれぞれにヨウ素と水酸化ナトリウム水溶液を加えて加熱したところ，**B** のみが黄色沈殿を生じた．

3. リノール酸（示性式 $C_{17}H_{31}COOH$）だけからなる油脂 2.50×10^{-2} mol に水素を反応させて，飽和脂肪酸だけからなる油脂を合成したい．この反応に必要な水素は標準状態（0 ℃, 1 atm）で何 L か．ただし，標準状態における気体のモル体積を 22.4 L mol^{-1} とする．

5・3　芳 香 族 化 合 物

ベンゼンは C_6H_6 の組成をもつ環状の不飽和炭化水素である．ベンゼンの環構造（ベンゼン環）をもつ一群の有機化合物を，**芳香族化合物**という．"芳香族（aromatic）"という名称は，19世紀後半に天然から取出された芳香をもつ物質に，この環構造をもつものが多かったことに由来する．しかし，"芳香"がこの化合物群の共通特性というわけではない．

5・3・1　芳香族炭化水素

ベンゼン環をもつ炭化水素を**芳香族炭化水素**という．まず，母体となるベンゼンについて，ベンゼン環がもつ構造的な特徴を説明しよう．

ベンゼンの構造　ベンゼン環は6個の炭素原子から構成される．前節で述べたシクロヘキサン（図5・5参照）とは異なり，ベンゼンの炭素原子はそれぞれ三つの原子と結合しているので，平面三角形をとる（§5・1・2参照）．実験により，<u>ベンゼンの6個の炭素原子は正六角形に配列し，すべての炭素原子と水素原子は同一平面上に存在する</u>ことがわかっている（図5・12）．炭素原子間の結合距離は0.140 nmであり，これは炭素－炭素単結合の結合距離（0.154 nm）と炭素－炭素二重結合の結合距離（0.134 nm）の中間の値である．

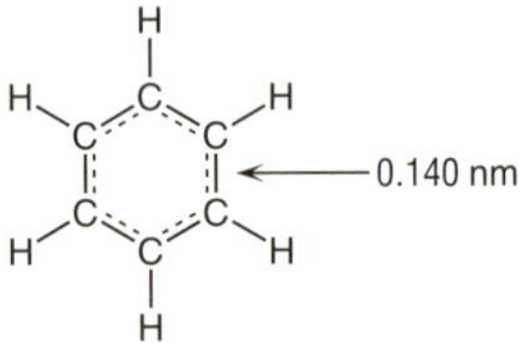

図5・12　ベンゼン C_6H_6 の構造. ベンゼン環を形成している6個の炭素原子とこれらに結合している6個の水素原子は，すべて同一平面上にある．

これまで用いてきた構造式（ルイス構造，§1・2・3参照）でベンゼンを表すと，図5・13の構造Aまたは構造Bとなる．しかし，これらは単結合と二重結合が交互に配列した分子であり，ベンゼンとは異なっている．ベンゼンでは，それぞれの炭素原子の4個の価電子のうちの一つは，隣接する炭素原子に共有されて二重結合を形成するのではなく，<u>6個の炭素原子に等しく共有されて環全体に広がって分布している</u>と考えられている．このように，電子が一つの結合に束縛されず，多くの原子上に広がって分布することを"電子の**非局在化**"といい，これによって分子は著しい安定性を獲得する．芳香族化合物が天然に広く存在しているのは，ベンゼン環がもつこのような安定性に由来している．

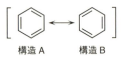

図5・13　ベンゼンの共鳴. ベンゼンの真の構造は，構造Aと構造Bの重ね合わせであると考える．構造Aと構造Bは仮想的な構造式であり，これらの間を振動しているわけではないことに注意．

さて，ベンゼンのような非局在化した電子をもつ分子は，一つの構造式だけで表すことができない．このような場合，<u>その分子の構造を，複数の仮想的な構造式の重ね合わせで表す．この考え方を**共鳴**といい，共鳴に用いる構造式を**共鳴構造**</u>（または**極限構造**）という．図5・13に示すように，共鳴を用いて分子を表記する場合には，共鳴構造を"両頭の矢印⟷"でつないで表す．こうしてベンゼンの構造は，構造Aと構造Bの共鳴として理解することができる．なお，特にベンゼンの電子構造を議論しない場合には，ベンゼンは，構造Aまたは構造Bのいずれかを用いて表記してかまわない．

芳香族炭化水素　ベンゼンなどの芳香族炭化水素は，かつては石炭の乾留で得られるコールタールを原料としていたが，現在では，石油の分留で得られるナフサ（図5・3参照）から製造されている．白金Ptを担持させたアルミニウムAlやケイ素Siの酸化物を触媒としてナフサを加熱すると，アルカンの脱水素と環化が進行して，さまざまな芳香族炭化水素が得られる．この過程を**接触改質**（またはリホーミング）という．

最も基本的な芳香族炭化水素であるベンゼン C_6H_6 は，特有のにおいをもつ無色の液体（沸点: 80.1 ℃）である．引火性が高く，空気中では多量のすすを出して燃える．ベンゼンは，プラスチック，染料，医薬品などさまざまな化学製品の原材料として，きわめて重要な物質である．

図5・14には，そのほかの主要な芳香族炭化水素の構造式を示した．ベンゼンの水素原子の一つをメチル基 $-CH_3$ で置換した**トルエン** $C_6H_5CH_3$（沸点: 110.6 ℃）は，溶媒として多用されている．2個の水素原子をメチル基で置換した化合物を**キシレン** $C_6H_4(CH_3)_2$ という．キシレンには2個のメチル基の位置により，o-（オルトと読む），m-（メタと読む），p-（パラと読む）の3種類の構造異性体が存在する（図5・14）．

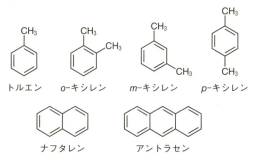

図5・14 代表的な芳香族炭化水素

複数のベンゼン環が，それぞれ2個の炭素原子を共有して連結した構造をもつ芳香族炭化水素を**多環芳香族炭化水素**といい，ナフタレン $C_{10}H_8$ やアントラセン $C_{14}H_{10}$ など多数の分子が知られている．**ナフタレン**は特有のにおいをもつ白色固体（融点: 80.5 ℃）であり，昇華性をもち，防虫剤や染料の原料として用いられる．

例題5・10　分子式が C_9H_{12} である芳香族炭化水素には，何種類の構造異性体があるか．

208 5. 有 機 化 合 物

解答・解説 8種類

"芳香族炭化水素"であるからベンゼン環をもつ．したがって，9個の炭素原子のうち6個はベンゼン環の炭素原子となるので，① $C_6H_5(C_3H_7)$（ベンゼンの一つの水素原子が炭化水素基 $-C_3H_7$ に置換した化合物），② $C_6H_4(CH_3)(C_2H_5)$（ベンゼンの二つの水素原子が CH_3 基と C_2H_5 基に置換した化合物），③ $C_6H_3-(CH_3)_3$（ベンゼンの三つの水素原子が CH_3 基に置換した化合物）の可能性がある．①には2種類の構造異性体，②と③にはそれぞれ置換基の位置が異なる3種類の構造異性体があるので，合計8種類となる． ■

芳香族炭化水素の反応　芳香族炭化水素は不飽和炭化水素であるが，アルケンとは異なり，臭素 Br_2 や過マンガン酸カリウム $KMnO_4$ との反応は起こりにくい．これは，ベンゼン環が電子の非局在化により，アルケンの二重結合よりも安定であることによる．一般に，芳香族化合物は付加反応よりも，ベンゼン環の水素原子が他の原子や原子団に置き換わる置換反応を起こしやすい．表5・9には，芳香族炭化水素の代表的な置換反応とその例をまとめて示した．なお，次式に示すように，特殊な条件下では芳香族炭化水素も付加反応を起こし，飽和化合物を生成する．

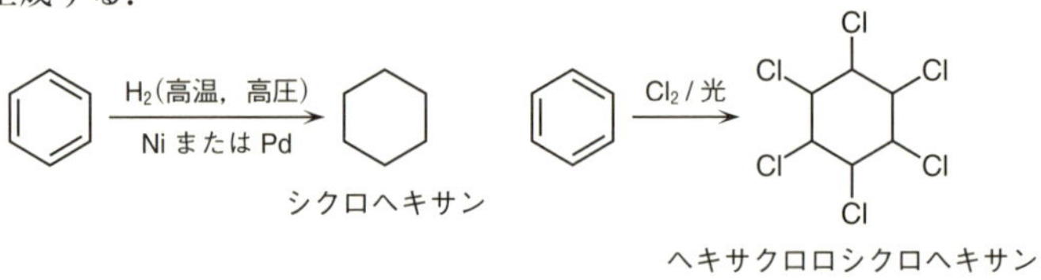

表5・9　芳香族炭化水素の代表的な置換反応とその例

種 類	名 称	反応試剤	生成物	例
置換反応	ハロゲン化	Cl_2/Fe または Br_2/Fe	ハロゲン化アリール[†]	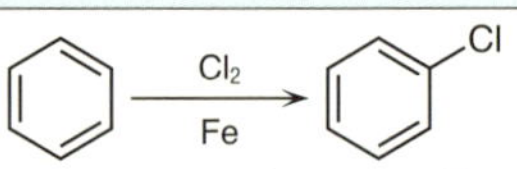 クロロベンゼン
	ニトロ化	HNO_3/H_2SO_4	ニトロ化合物	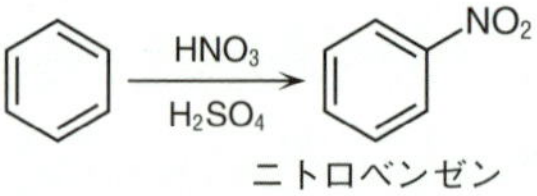 ニトロベンゼン
	スルホン化	濃 H_2SO_4	スルホン酸	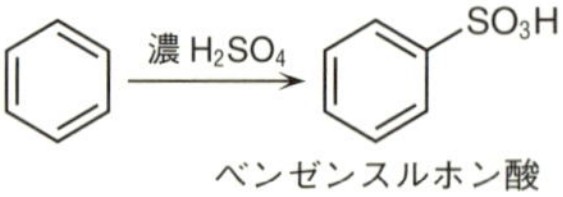 ベンゼンスルホン酸

†　ベンゼン環の水素原子をハロゲン原子に置換した芳香族化合物をハロゲン化アリールという．

5・3 芳香族化合物 209

また，ベンゼン環は過マンガン酸カリウム $KMnO_4$ によって酸化されないが，ベンゼン環に結合した炭化水素基はカルボキシ基に酸化される〔(5・19)式〕．この反応は，芳香族カルボン酸の合成法として利用される．

$$\text{（トルエン）CH}_3 \xrightarrow{KMnO_4} \text{COOH（安息香酸）} \tag{5・19}$$

5・3・2 酸素・窒素を含む芳香族化合物

芳香族炭化水素に置換反応や酸化反応によって官能基を導入することにより，多様な性質や有用な機能をもつ芳香族化合物を得ることができる．このようにして製造された芳香族化合物は，私たちが日常的に用いるさまざまな化学製品に利用されている．

フェノール類 ベンゼン環にヒドロキシ基 $-OH$ が直接結合した構造をもつ一群の化合物を**フェノール類**という．

フェノール類のうち，最も代表的な化合物である**フェノール** C_6H_5OH は，常温で特有のにおいをもつ無色の固体（融点：$41.0℃$）である．フェノールもベンゼンと同様の置換反応（表5・9参照）を起こすが，ベンゼンに比べてかなり反応性が高い．たとえば，フェノールのニトロ化は硫酸を必要とせず，希硝酸 HNO_3 だけで容易に進行する．また，臭素 Br_2 との反応も鉄 Fe を必要とせず，Br_2 を加えただけで 2,4,6-トリブロモフェノールの白色沈殿が生じる〔(5・20)式〕．

$$\text{OH} + 3\,Br_2 \longrightarrow \text{Br} \cdots \text{OH} + 3\,HBr \tag{5・20}$$

フェノールは消毒薬や殺菌剤として利用されるほか，プラスチック，染料，医薬品などの原料として用いられる．

ベンゼン環に直接 OH 基を導入する方法はないため，フェノール類の合成には，ベンゼン環に導入した塩素原子 $-Cl$ やスルホ基 $-SO_3H$ を OH 基で置換する方法がとられる．たとえば，フェノール C_6H_5OH は，クロロベンゼン C_6H_5Cl を高温・高圧下で水酸化ナトリウム NaOH 水溶液と反応させたのち，水溶液を酸性にすることによって得られる．なお，工業的にはフェノールは，ベンゼンとプロペン $CH_2=CHCH_3$ からクメン $C_6H_5CH(CH_3)_2$ を経由して，アセトン $(CH_3)_2CO$ とともに製造される．この方法を**クメン法**という〔(5・21)式〕．

210　　　　　　　　　5. 有 機 化 合 物

$$\text{（ベンゼン）} \xrightarrow[\text{触 媒}]{CH_2=CHCH_3} \text{（フェニル）}-CH(CH_3)_2 \xrightarrow{O_2} \text{（フェニル）}-\underset{OOH}{C(CH_3)_2}$$
$$\text{クメン}$$
$$\xrightarrow{H_2SO_4} \text{（フェニル）}-OH + (CH_3)_2CO \qquad (5\cdot21)$$

　フェノール類は前節で述べたアルコール R−OH と同じ置換基 −OH をもつので，アルコールと類似した性質を示す．しかし，最も重要な違いは，<u>フェノール類の OH 基は水溶液中で電離して弱酸性を示すことである</u>〔(5・22)式〕．

$$\text{（フェニル）}-OH \rightleftharpoons H^+ + \text{（フェニル）}-O^- \qquad (5\cdot22)$$

　したがって，たとえばフェノール C_6H_5OH は水酸化ナトリウム NaOH などの強塩基と中和反応を起こし，塩 C_6H_5ONa を生じる．陰イオン $C_6H_5O^-$ を**フェノキシドイオン**という．

　フェノールの電離定数 K_a（§3・4・4 参照）は $1.5\times10^{-10}\,mol\,L^{-1}$（25 ℃）程度であり，フェノールの酸性度は炭酸 H_2CO_3 より弱い．したがって，ナトリウムフェノキシド C_6H_5ONa の水溶液に二酸化炭素 CO_2 を吹き込むと，フェノールが遊離する〔(5・23)式〕．

$$\text{（フェニル）}-ONa + CO_2 + H_2O \longrightarrow \text{（フェニル）}-OH + NaHCO_3 \qquad (5\cdot23)$$

　また，アルコールとは異なり，<u>フェノール類は塩化鉄(Ⅲ) $FeCl_3$ 水溶液と反応して，紫色に呈色する</u>．この反応はフェノール類の検出に用いられる．

例題 5・11　　ベンゼン環をもつ分子式が C_7H_8O で表される化合物がある．この化合物はヒドロキシ基をもち，塩化鉄(Ⅲ) $FeCl_3$ 水溶液とは反応しない．この化合物の構造式を書け．

解答・解説　　$\text{（フェニル）}-CH_2OH$

　7 個の炭素原子のうち，6 個はベンゼン環の炭素原子であるから，① 一つの置換基をもつベンゼン $C_6H_5(CH_3O)$，② 二つの置換基をもつベンゼン $C_6H_4(CH_3)(OH)$，の可能性がある．構造異性体は解答の化合物を含めて 5 種類あり，そのうち，ヒドロキシ基をもち，"$FeCl_3$ 水溶液とは反応しない"，すなわちフェノール類では

ない化合物を選択する．解答の化合物（ベンジルアルコールという）はヒドロキシ基がベンゼン環に直接結合していないので，フェノール類ではない．他の4種類の異性体の構造式を下図に示す．

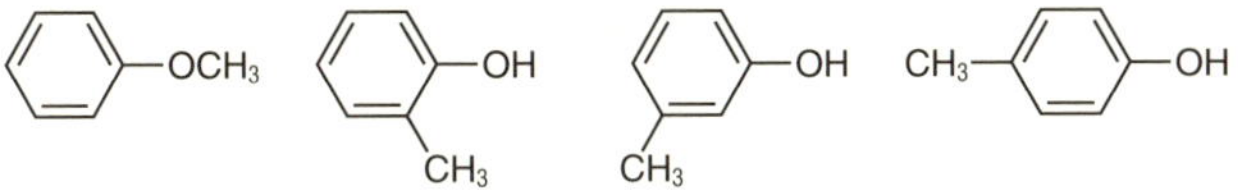

アニソール　　　o-クレゾール　　　m-クレゾール　　　p-クレゾール

芳香族カルボン酸　　ベンゼン環にカルボキシ基 −COOH が直接結合した構造の化合物を，**芳香族カルボン酸**という．前節で述べた脂肪族カルボン酸と類似の性質をもち，酸性の強さも同じ程度である．

ベンゼン環の水素原子1個をカルボキシ基に置換した化合物 C_6H_5COOH を**安息香酸**という（図5・15）．常温では白色の結晶（融点: 122.5℃）であり，冷水には溶けにくいが，熱水にはよく溶ける．天然にも存在し，ある種の植物から得られる樹脂に含まれる．安息香酸は抗菌作用をもつので，ナトリウム塩として食品の保存料に用いられるほか，医薬品や化粧品にも利用される．安息香酸は，炭化水素基をもつベンゼンの酸化〔(5・18)式〕やベンジルアルコール $C_6H_5CH_2OH$ の酸化によって合成される．

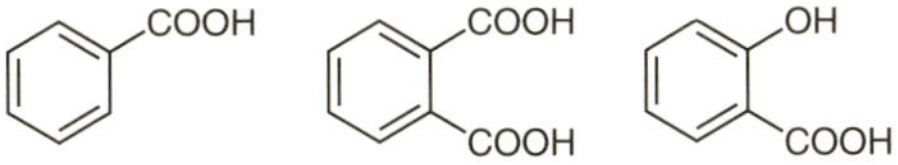

安息香酸　　　　　フタル酸　　　　サリチル酸

図5・15　代表的な芳香族カルボン酸

ベンゼン環に2個のカルボキシ基が結合した2価カルボン酸には，o-体，m-体，p-体の3種類の構造異性体が存在する．そのうち，o-体を**フタル酸** $o\text{-}C_6H_4(COOH)_2$ という（図5・15）．白色の結晶（融点: 234℃）であり，加熱すると容易に分子内で脱水が起こり，酸無水物である**無水フタル酸**が生じる〔(5・24)式〕．

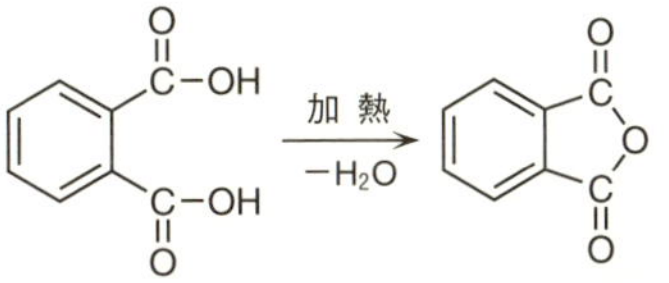

$$\text{加熱} \quad -H_2O \tag{5・24}$$

フタル酸　　　　　　無水フタル酸

フタル酸は，プラスチックの原料や，プラスチックに柔軟性を与えるために添加する物質（**可塑剤**という）の原料として広く用いられる．

212　　5. 有 機 化 合 物

ベンゼン環の隣接する位置に，カルボキシ基 −COOH とヒドロキシ基 −OH をもつ化合物を**サリチル酸** o-$C_6H_4(OH)COOH$ という（図5・15）．白色の結晶（融点: 159℃）であり，エステルなどの形態で植物に広く存在している．古来から解熱・鎮痛作用があることが知られており，現在でも医薬品の原料として用いられている．工業的には，ナトリウムフェノキシド C_6H_5ONa と二酸化炭素 CO_2 の反応により製造される〔(5・25)式〕.

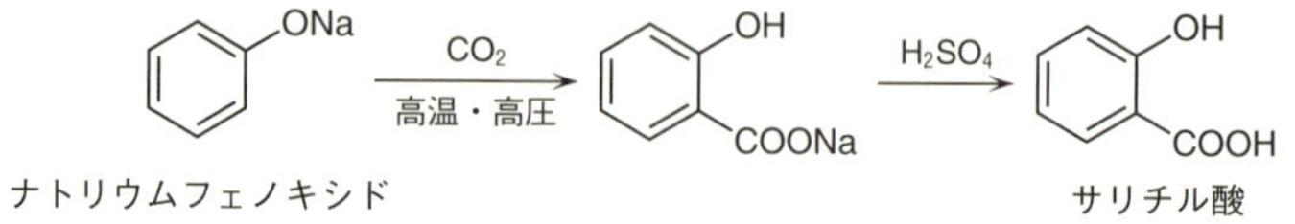

$$(5 \cdot 25)$$

ナトリウムフェノキシド　　　　　　　　　　　　　　　　　　　　　サリチル酸

サリチル酸は COOH 基と OH 基をあわせもつので，それぞれの性質を示す．たとえば，サリチル酸にメタノール CH_3OH と少量の濃硫酸 H_2SO_4 を加えて加熱すると，COOH 基のエステル化が進行し，**サリチル酸メチル** o-$C_6H_4(OH)COOCH_3$ が得られる（図5・16）．サリチル酸メチルは，消炎鎮痛薬として外用塗布薬に用いられている．

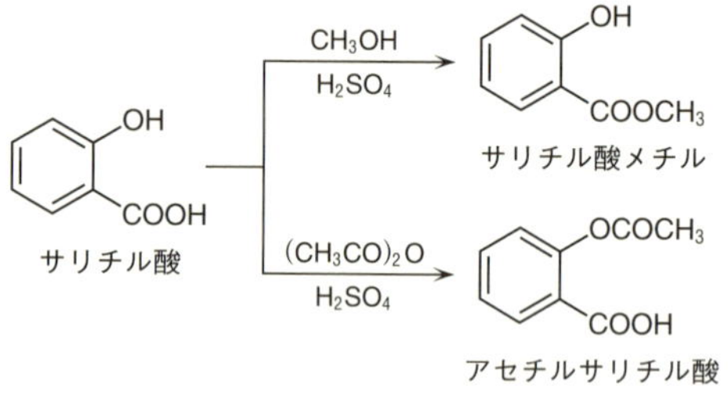

図5・16　サリチル酸の反応

一方，サリチル酸に，濃硫酸 H_2SO_4 の存在下で無水酢酸 $(CH_3CO)_2O$ を反応させると，OH 基の反応が進行し，**アセチルサリチル酸** o-$C_6H_4(OCOCH_3)COOH$ が生成する（図5・16）．このように，アセチル基 −COCH_3 を導入する反応を**アセチル化**という．アセチルサリチル酸は，解熱鎮痛薬として用いられている．

なお，サリチル酸とサリチル酸メチルはフェノール性の OH 基をもつので，塩化鉄(Ⅲ) $FeCl_3$ 水溶液と反応して，紫色に呈色する．OH 基をもたないアセチルサリチル酸は $FeCl_3$ 水溶液とは反応しない．

芳香族アミン　　窒素原子を含む官能基のうち，最も代表的なものが**アミノ基** −NH_2 である．NH_2 基をもつ有機化合物を**アミン**といい，一般に R−NH_2

5・3 芳香族化合物 213

と表される．ベンゼン環に NH_2 基が直接結合した構造のアミンを**芳香族アミ
ン**，これ以外のものを**脂肪族アミン**という．天然にはさまざまなアミンが存在
し，生理活性をもつ化合物も多い．

アミン $R-NH_2$ は，分子間で水素結合を形成できるので，同程度の分子量を
もつアルカンよりも沸点はかなり高い．しかし，アルコール $R-OH$ の分子間に
形成される水素結合よりは弱いので，$R-NH_2$ の沸点は同程度の分子量をもつ
$R-OH$ よりも低い．たとえば，メタノール CH_3OH の沸点が $64.7\,℃$ であるのに
対して，メチルアミン CH_3NH_2 は $-6.3\,℃$ である．

アミン $R-NH_2$ は，アンモニア NH_3 の水素原子の一つを炭化水素基で置換し
た化合物とみることができる．アミンの最も重要な性質は，NH_3 と同様に，塩
基性を示すことである（§3・4・4 参照）．したがって，アミンは，塩酸 HCl など
の酸と反応して塩を生じる〔(5・26)式〕．

$$R-NH_2 + HCl \longrightarrow R-NH_3{}^+Cl^- \qquad (5・26)$$

アミン塩酸塩 $R-NH_3{}^+Cl^-$ はイオン結合でできた化合物であり，アミン $R-NH_2$
よりも水に溶けやすい．

最も簡単な芳香族アミン $C_6H_5NH_2$ を**アニリン**といい，常温では無色の液体
（沸点: $184.6\,℃$）である．水には溶けにくいが，アニリン塩酸塩 $C_6H_5NH_3{}^+Cl^-$
は水によく溶ける．アニリンは，ニトロベンゼン $C_6H_5NO_2$ をスズ Sn，あるいは
鉄 Fe と濃塩酸 HCl で還元することによって合成され〔(5・27)式〕，染料や医薬
品などの原料として用いられている．

$$\underset{}{\bigcirc}\!-NO_2 \xrightarrow[HCl]{Sn\ または\ Fe} \underset{}{\bigcirc}\!-NH_3{}^+Cl^- \xrightarrow{NaOH} \underset{}{\bigcirc}\!-NH_2 \qquad (5・27)$$

アニリンは酸化されやすく，さらし粉（$CaCl(ClO)\cdot H_2O$，表 4・9 参照）の水溶
液と反応させると，酸化されて赤紫色に呈色する．この反応はアニリンの検出に
用いられる．

芳香族アミンも塩基性を示すが，その塩基性はアンモニアや脂肪族アミン（表
3・7 参照）に比べてかなり弱い．たとえば，アンモニアの電離定数 K_b $(25\,℃)$
が $1.7\times10^{-5}\,mol\,L^{-1}$ であるのに対して，アニリンは $4.5\times10^{-10}\,mol\,L^{-1}$ 程度で
ある．

芳香族アミンはアミノ基 $-NH_2$ に特徴的な反応性を示す．アミン $R-NH_2$ に
酸無水物 $(R'CO)_2O$ を反応させると，結合 $-CONH-$ をもつ化合物 $R'CONHR$
が得られる．たとえば，アニリンと無水酢酸を反応させると NH_2 基のアセチル

化が進行し，**アセトアニリド**が得られる〔(5·28)式〕.

$$\text{〔ベンゼン環〕}-NH_2 \xrightarrow{(CH_3CO)_2O} \text{〔ベンゼン環〕}-\underset{\underset{H}{|}}{N}-\underset{\underset{O}{\|}}{C}-CH_3 \tag{5·28}$$

アセトアニリド

一般に，$-CONH-$ を**アミド結合**といい，アミド結合をもつ化合物を**アミド**という．アミド結合は，カルボキシ基 $-COOH$ とアミノ基 $-NH_2$ の縮合により生成し，生体内のタンパク質や，ナイロンなどの合成繊維の骨格を形成する結合である．

芳香族アミンに特有の反応として，安定なジアゾニウム塩の生成がある．アニリンの希塩酸溶液を低温で亜硝酸ナトリウム $NaNO_2$ と反応させると，反応系内で発生した亜硝酸 HNO_2 とアミノ基が反応して，**塩化ベンゼンジアゾニウム** $C_6H_5N^+\equiv NCl^-$ が生成する．この溶液に，反応性の高い芳香族化合物を加えると，**アゾ基** $-N=N-$ をもつ化合物（**アゾ化合物**という）が得られる．たとえば，ナトリウムフェノキシド C_6H_5ONa を加えると，p-ヒドロキシアゾベンゼンが生成する〔(5·29)式〕．ジアゾニウム塩からアゾ化合物が生成する反応を，**ジアゾカップリング**という．

$$\text{〔ベンゼン環〕}-N^+\equiv NCl^- + \text{〔ベンゼン環〕}-ONa \longrightarrow \text{〔ベンゼン環〕}-N=N-\text{〔ベンゼン環〕}-OH \tag{5·29}$$

塩化ベンゼンジアゾニウム　　　　　　　　　　　　　　p-ヒドロキシアゾベンゼン

一般に，芳香族アゾ化合物は黄色から赤色に着色しており，**染料**（水などの溶媒に溶かして繊維や紙を染色する色素）や**顔料**（溶媒に溶けず塗料やインクとして用いる色素）として，私たちの日常生活に広く用いられている．

例題5·12　§3·3·1で述べたように，酸化還元反応は還元剤から酸化剤へ電子が移動する反応であり，反応においてそれぞれの試剤の原子の酸化数が変化する．ニトロベンゼン $C_6H_5NO_2$ の炭素−窒素結合を形成する共有電子対は窒素原子の方に引き寄せられており，これは亜硝酸 HNO_2 の水素−窒素結合と同様である．したがって，$C_6H_5NO_2$ と HNO_2 の窒素原子の酸化数は同じになる．同様の理由で，アニリン $C_6H_5NH_2$ とアンモニア NH_3 の窒素原子の酸化数は同じになる．次の問いに答えよ．

(1) $C_6H_5NO_2$ と $C_6H_5NH_2$ について，それぞれの窒素原子の酸化数を求めよ．

(2) $C_6H_5NO_2$ が $C_6H_5NH_2$ に還元される反応の半反応式を書け．

5・3 芳香族化合物 215

(3) 還元剤としてスズ Sn を用いると，Sn はスズ(IV)イオン Sn^{4+} に酸化される．過剰の塩酸 HCl の存在下において $C_6H_5NO_2$ を Sn で還元したときの反応を，釣合いのとれた化学反応式で表せ．

解答・解説

(1) $C_6H_5NO_2$ は +3，$C_6H_5NH_2$ は −3

(2) $C_6H_5NO_2 + 6H^+ + 6e^- \longrightarrow C_6H_5NH_2 + 2H_2O$

(3) $2C_6H_5NO_2 + 3Sn + 12HCl \longrightarrow 2C_6H_5NH_2 + 3SnCl_4 + 4H_2O$

酸化数の求め方は §3・3・1，半反応式と酸化還元反応の釣合いのとれた化学反応式の書き方は §3・3・2 を参照せよ．なお，還元剤となるスズ Sn の半反応式は次式で表される．

$$Sn \longrightarrow Sn^{4+} + 4e^-$$

例題 5・13 次の①〜④のそれぞれに示した二つの化合物を，（　）内に示した試剤の水溶液を用いて区別したい．①〜④のうちから，正しい試剤が記されているものをすべて選べ．また，誤っているものについては，正しい試剤の名称を一つ記せ．

① ニトロベンゼンと o-クレゾール（炭酸水素ナトリウム）
② サリチル酸とアセチルサリチル酸（水酸化ナトリウム）
③ アニリンとトルエン（さらし粉）
④ 安息香酸とベンジルアルコール〔塩化鉄(III)〕

解答・解説

正しいもの：③

誤っているもの（正しい試剤）：

①〔塩化鉄(III)，または水酸化ナトリウム〕
②〔塩化鉄(III)〕
④（水酸化ナトリウム，または炭酸水素ナトリウム）

それぞれの化合物がもつ官能基の性質に基づいて判定する．酸性の強さは，カルボン酸 ＞ 炭酸 ＞ フェノール類の順に減少するので，カルボン酸は炭酸水素ナトリウム水溶液に溶けるが，フェノール類は溶けないことに注意する．なお，アニリン $C_6H_5NH_2$ は塩基性を示し酸に溶けるので，トルエン $C_6H_5CH_3$ との区別には希塩酸を用いることもできる．

節末問題

1. 分子式が $C_9H_nO_4$ で表される芳香族化合物 **X** について，次の問いに答えよ．ただし，H, C, O の原子量は，それぞれ 1.0, 12, 16 とする．

(1) **X** の試料 90 mg を完全燃焼させたところ，水 36 mg が生成した．n の値を求めよ．

(2) **X** を水酸化ナトリウム水溶液に加えて加熱すると，反応が起こった．反応後，希硫酸で酸性にしたところ，化合物 **A** が得られた．**A** を加熱すると分子内で脱水が進行し，化合物 **B** に変化した．化合物 **A**, **B**, **X** の構造式を書け．

2. 次の図は，ベンゼンから，橙色染料として用いられる p-ヒドロキシアゾベンゼン（**X**）を合成する経路を示したものである．化合物 **A**〜**F**，および **X** の構造式を書け．

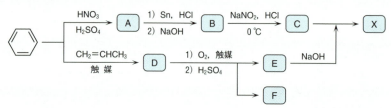

3. 安息香酸，トルエン，フェノールを含むジエチルエーテル溶液（試料溶液）に，次の操作 1〜4 を行った．エーテル層 A, B, C のそれぞれに含まれる化合物の名称を記せ．

操作 1：試料溶液に，炭酸水素ナトリウム水溶液を加えてよく振り混ぜたのち，エーテル層と水層に分離した．

操作 2：操作 1 で分離した水層に塩酸を加えて酸性にし，次にジエチルエーテルを加えてよく振り混ぜ，エーテル層 A と水層に分離した．

操作 3：操作 1 で分離したエーテル層に水酸化ナトリウム水溶液を加えてよく振り混ぜたのち，エーテル層 B と水層に分離した．

操作 4：操作 3 で分離した水層に塩酸を加えて酸性にし，次にジエチルエーテルを加えてよく振り混ぜ，エーテル層 C と水層に分離した．

6 高分子化合物

6・1 高分子化合物の特徴
6・1・1 高分子化合物の構造

　私たちが日常的に利用しているプラスチックや繊維，あるいは生体を構成するタンパク質やセルロースは，いずれも有機化合物である．しかし，きわめて大きい分子量をもつ分子から構成されている点で，前章で述べた有機化合物とは異なっている．一般に，分子量がおよそ1万を超える分子からなる物質を**高分子化合物**という．高分子化合物には，分子量の小さい化合物にはみられない多くの特徴があり，さまざまな材料として私たちの身のまわりで広く用いられている．

　高分子化合物は，デンプンやタンパク質など天然に存在する**天然高分子化合物**と，ポリエチレンやナイロンなど人工的に合成された**合成高分子化合物**に分類される．なお，高分子化合物は，有機化合物である**有機高分子化合物**が圧倒的に多い．ケイ素－酸素結合を骨格とするシリコーン樹脂などは無機化合物に分類され，**無機高分子化合物**とよばれる．

　高分子化合物を構成する分子の最も重要な構造的特徴は，分子量が比較的小さい分子を構成単位として，それが繰返し結合した構造をもつことである．繰返し単位となる低分子量の化合物を**単量体**（あるいは**モノマー**）という．単量体が互いに結合して高分子化合物が生成する反応を**重合**といい，生成した高分子化合物を**重合体**（あるいは**ポリマー**）という．

　たとえば，包装用フィルムなどに利用されるポリエチレンは高分子化合物であり，その分子はエチレン $CH_2=CH_2$ が繰返し結合した構造をもつ．ポリエチレンはエチレンを単量体とする重合体であり，エチレンの重合によって合成される．この過程は，次式によって表される．

$$n\,CH_2=CH_2 \longrightarrow \mathrm{+\!\!\!\!\!-}CH_2-CH_2\mathrm{-\!\!\!\!\!+}_n \qquad (6\cdot1)$$

エチレン　　　　ポリエチレン
（単量体）　　　（重合体）

ここで，一般に，単量体の繰返し数 n を**重合度**という．

　代表的な重合反応として，付加重合と縮合重合がある．

6. 高分子化合物

- **付加重合**: 二重結合のような不飽和結合をもつ単量体が, 不飽和結合を開裂させ, 連続的に付加反応を繰返しながら重合する. 付加重合で生成する重合体には, (6・1)式に示したポリエチレンのほか, ポリ塩化ビニルやブタジエンゴムなどがある.

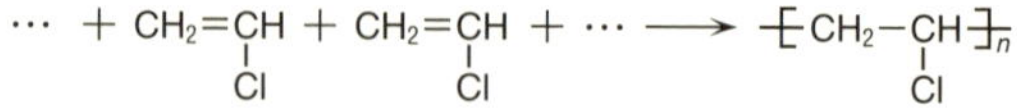

$$\cdots \ + \ \underset{\text{塩化ビニル}}{CH_2{=}\underset{|Cl}{CH}} \ + \ CH_2{=}\underset{|Cl}{CH} \ + \ \cdots \ \longrightarrow \ \underset{\text{ポリ塩化ビニル}}{\left[CH_2{-}\underset{|Cl}{CH} \right]_n}$$

$$\cdots \ + \ \underset{\text{1,3-ブタジエン}}{CH_2{=}CH{-}CH{=}CH_2} \ + \ CH_2{=}CH{-}CH{=}CH_2 \ + \ \cdots \ \longrightarrow \ \underset{\text{ブタジエンゴム}}{\left[CH_2{-}CH{=}CH{-}CH_2 \right]_n}$$

- **縮合重合**: 二つの単量体の分子間で水などの簡単な分子が除去されて, 連続的に縮合反応を繰返しながら重合する. ポリエチレンテレフタラートなどの合成高分子化合物のほか, デンプンやタンパク質などの天然高分子化合物も縮合重合によって生成する重合体である.

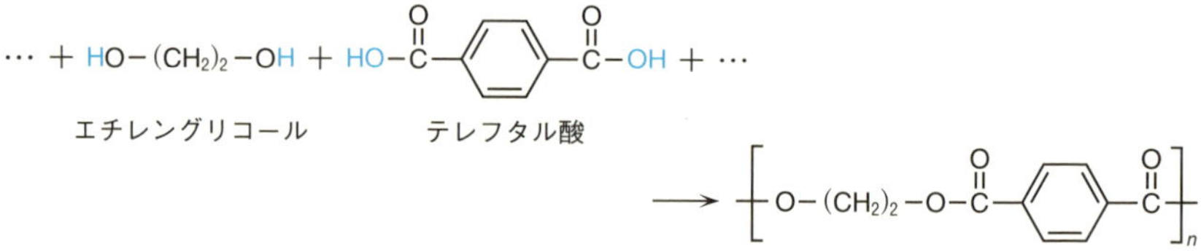

エチレングリコール　テレフタル酸
→ ポリエチレンテレフタラート (PET)

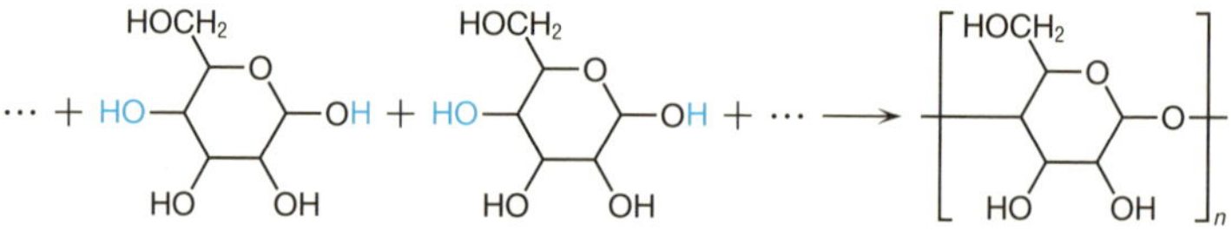

グルコース　デンプン

例題 6・1 次の高分子化合物①〜③について, それぞれの原料となる単量体の構造式を書け.

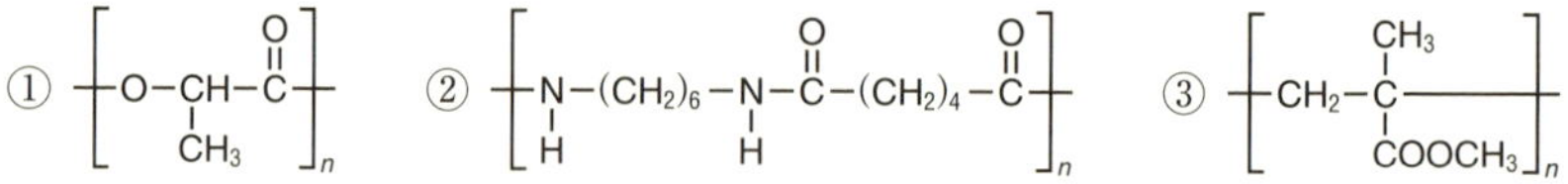

解答・解説

① 乳酸
② ヘキサメチレンジアミン と アジピン酸
③ メタクリル酸メチル

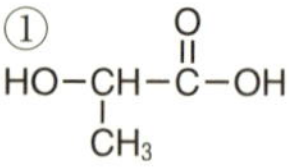

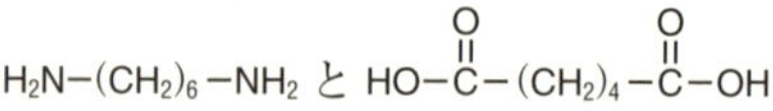

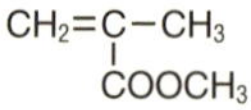

①はポリ乳酸で，乳酸の縮合重合で合成される．代表的な生分解性ポリマーであり，包装フィルムや容器などに利用される．②はナイロン 66 で，ヘキサメチレンジアミンとアジピン酸の縮合重合で合成される．繊維やプラスチックとしてさまざまに用いられている．③はポリメタクリル酸メチルで，メタクリル酸メチルの付加重合で合成される．透明性が高く，有機ガラスとして建築材料などに利用される．

6・1・2　高分子化合物の性質

高分子化合物は，分子量の小さい化合物にはみられない次のような性質をもつ．

- 高分子化合物の重合度 n は一定ではなく，一般に高分子化合物は，さまざまな分子量をもつ分子の混合物である．図 6・1 には，ある重合反応で生成した高分子化合物の分子量分布を示した．高分子化合物の分子量は浸透圧（§2・4・4 参照）の測定から求めることが多いが，得られる値は構成分子の**平均分子量**となる．

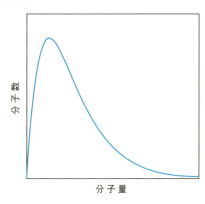

図 6・1　ある重合反応で生成した高分子化合物の分子量分布． 高分子化合物はさまざまな分子量をもつ分子の混合物である．

- 高分子化合物の固体では，分子が規則正しく配列した結晶領域と，不規則に配列した非晶質（アモルファス，§2・2・6 参照）の領域が混在している．このため，高分子化合物は加熱しても明確な融点を示さず，ある温度で軟らかくなり流動性が増大する．この温度を**軟化点**という．
- 高分子化合物は，溶媒に溶けにくいものが多い．溶媒に溶けるものは鎖状構造をもつ高分子化合物に限られ，溶媒中ではコロイド（分子コロイド，§2・4・5 参照）を形成する．三次元の網目構造をもつ高分子化合物は，いかなる溶媒にも溶けない．

220   6. 高分子化合物

例題 6・2　　高分子化合物の性質に関する記述①～③について，それぞれの正誤を判定せよ．また，誤っているものについては，そのように判定した理由を説明せよ．

① 合成高分子化合物の固体を加熱すると，軟化して変形しながら液体となり，さらに加熱すると気体になるものが多い．

② 合成高分子化合物の平均分子量は，その化合物を構成する分子のうちで，分子数が最も多い分子の分子量で表される．

③ 高分子化合物の平均分子量の測定には，浸透圧の測定のほか，凝固点降下度や沸点上昇度の測定がよく用いられる．

解答・解説

① 誤：高分子化合物では分子間力がきわめて大きいので，加熱しても気体にはならず，分子内の結合が開裂して分解するものが多い．

② 誤：平均分子量は，分子量とその分子量をもつ分子の存在比の積の総和となる．一般に，図6・1に示すように，合成高分子化合物の分子量は広く分布し，存在比が最大の分子の分子量を中心に対称に分布することもないので，存在比が最大の分子の分子量と平均分子量は一致しない．合成高分子化合物の分子量分布は，重合の反応機構だけでなく，反応条件に鋭敏に依存する．

③ 誤：高分子化合物は分子量がきわめて大きいため，希薄溶液の質量モル濃度は小さい値となる．このため，凝固点降下度や沸点上昇度（§2・4・4参照）は測定できないほど小さい値となるので，分子量の測定には利用できない． ■

節末問題

1. 生体から単離した非電解質のタンパク質 10.5 g を水に溶かし，正確に 100 mL とした．25℃ において，得られた水溶液の浸透圧を測定したところ，30.0 mmHg であった．このタンパク質の分子量はいくつか．有効数字2桁で答えよ．ただし，気体定数を $8.3 \times 10^3 \, \text{Pa L K}^{-1} \text{mol}^{-1}$ とする．なお，1 atm = 760 mmHg = 1.01325×10^5 Pa である（§2・1・3 参照）．

2. 次の①～③のそれぞれの単量体を，重合することによって得られる重合体の構造式を書け．

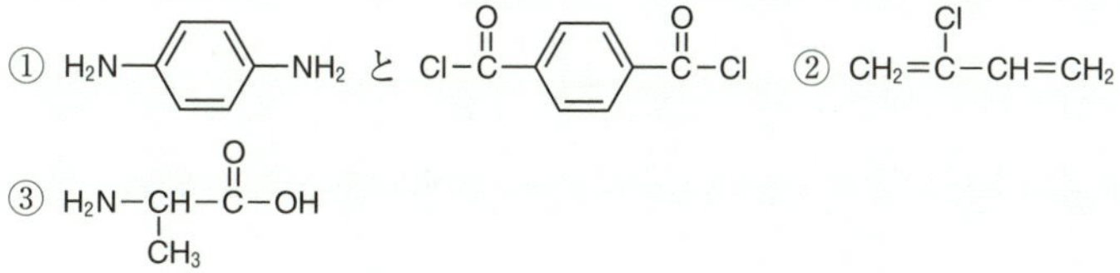

① H_2N—⟨benzene ring⟩—NH_2 と Cl—$\overset{O}{\underset{}{C}}$—⟨benzene ring⟩—$\overset{O}{\underset{}{C}}$—$Cl$　② CH_2=$\overset{Cl}{\underset{}{C}}$—$CH$=$CH_2$

③ H_2N—$\overset{O}{\underset{CH_3}{CH}}$—$\overset{O}{\underset{}{C}}$—$OH$

6・2 天然高分子化合物

代表的な天然高分子化合物として，糖，タンパク質，核酸がある．いずれも私たちが生命を維持するために不可欠な物質である．本書では，糖とタンパク質について述べる．

6・2・1 糖

私たちが食料として摂取しているデンプンや，植物繊維の主成分であるセルロースは，いずれもグルコース $C_6H_{12}O_6$ を単量体とする天然高分子化合物である．これらは分子式が一般式 $C_nH_{2m}O_m$ で表される化合物であり，**糖**と総称される．糖は，多数のヒドロキシ基 $-OH$ をもつアルデヒドやケトン，および加水分解によってそれらを与える化合物である．糖は一般式が $C_n(H_2O)_m$ と書けることから，**炭水化物**ともよばれる．

グルコースのように，これ以上加水分解されない糖を**単糖**，また2個の単糖が脱水縮合により結合したものを**二糖**といい，いずれも天然に広く存在している．多数の単糖が結合したものを**多糖**という．デンプンやセルロースは代表的な多糖である．

単 糖　天然には6個の炭素原子からなるものが最も多い．図6・2には，代表的な単糖であるグルコースとフルクトースの構造式を示した．いずれも分子式は $C_6H_{12}O_6$ であり，互いに構造異性体である．また，グルコースには4個，フルクトースには3個の不斉炭素原子（§5・1・3参照）があり，それぞれには多くの立体異性体が存在する．単糖は水に溶けやすく，甘味をもつものが多い．

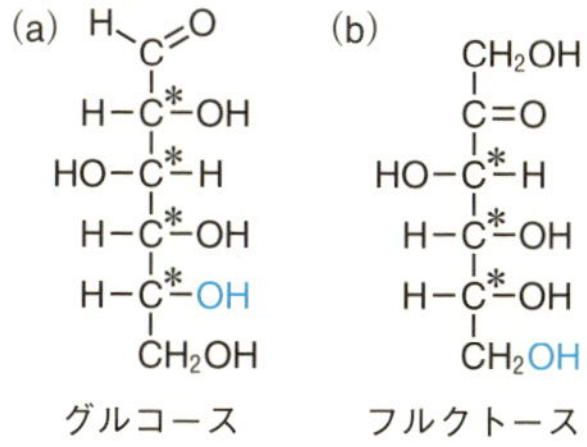

(a)
```
      H C=O
        |
    H—C*—OH
        |
   HO—C*—H
        |
    H—C—OH
        |
    H—C*—OH
        |
      CH2OH
    グルコース
```

(b)
```
      CH2OH
        |
        C=O
        |
   HO—C*—H
        |
    H—C*—OH
        |
    H—C*—OH
        |
      CH2OH
    フルクトース
```

図6・2　代表的な単糖. (a) グルコース，(b) フルクトース．不斉炭素原子には＊印を付けた．結晶中では，それぞれ青字で示した OH 基が分子内のカルボニル基に付加して生成する環状構造をとる（図6・3，図6・4参照）．

222　　　　　　　　　　6. 高分子化合物

　グルコースはブドウ糖ともよばれ，最も豊富に存在する単糖である．白色の結晶（融点：146℃）であり，生体内のエネルギー源として重要であるほか，医薬品や甘味料として利用される．工業的には，デンプンやセルロースを，酸あるいは特定の酵素を用いて加水分解することにより製造される．結晶中では，6個の原子から形成される環状構造（六員環構造という）をとる．一方，水溶液中では，図6・3に示すように，六員環構造をもつ2種類の立体異性体と鎖状構造の異性体の平衡状態にあり，これらの混合物として存在する．ホルミル基 $-CHO$ をもつ鎖状構造が存在するので水溶液は還元性を示し，銀鏡反応やフェーリング液の還元（表5・7参照）を行う．

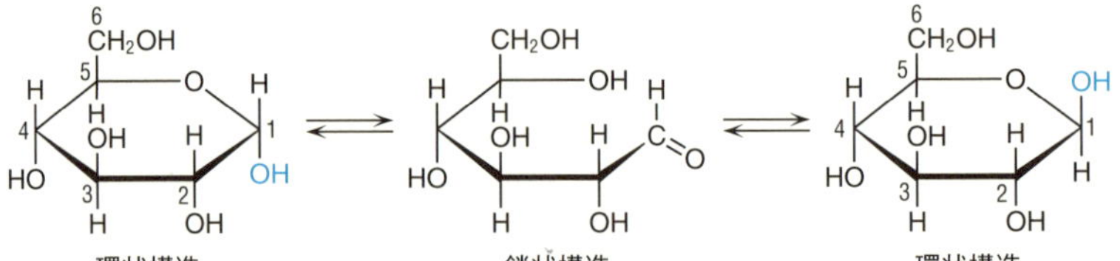

環状構造　　　　　　　　　　鎖状構造　　　　　　　　　　環状構造
α-グルコース　　　　　　　　　　　　　　　　　　　　　　β-グルコース

図6・3　水溶液中のグルコースの構造．環状構造をもつ糖は，この図のように，環を平面とみなし，炭素原子に結合した置換基を上方と下方に書く書き方で表記されることが多い．環を構成する炭素原子に図のように番号をつけ，6位の CH_2OH 基を環の上方に置いたとき，1位炭素に結合した OH 基が下方の異性体を α-グルコース，上方の異性体を β-グルコースという．

　フルクトースは果糖ともよばれ，果物や蜂蜜の中など天然に広く存在している．白色の結晶（融点：104℃）であり，糖のうちで最も甘いとされる．グルコースと同様，結晶中では六員環構造をとるが，水溶液中では六員環構造と鎖状構造に加えて，5個の原子から形成される環状構造（五員環構造という）の3種類の構造が平衡状態にある（図6・4）．フルクトースの鎖状構造にはホルミル基は存在しないが，末端の $-CO-CH_2OH$ 部分が還元性をもつので，銀鏡反応を示し，フェーリング液を還元する．

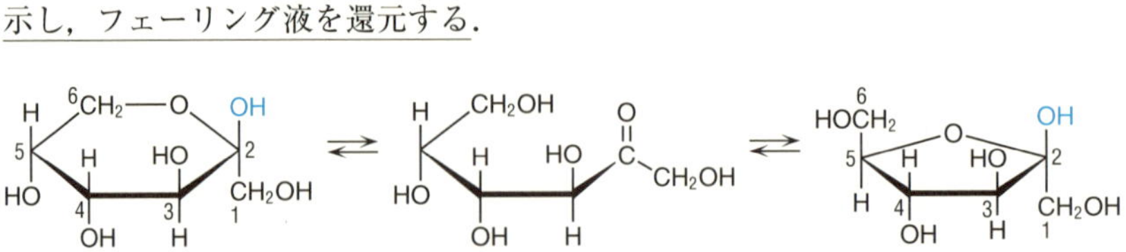

六員環構造　　　　　　　　　　鎖状構造　　　　　　　　　　五員環構造

図6・4　水溶液中のフルクトースの構造．環状構造は β 形を示してある．溶液中では，2位炭素に結合している OH 基と CH_2OH 基が上下逆になった α 形も存在する．

二　糖　二糖は，2分子の単糖が脱水縮合により結合した構造をもつ．図6・5には，代表的な二糖であるスクロースとマルトースの構造式を示した．単糖の環状構造にある $-\text{OCH(OH)}-$ 部分を**ヘミアセタール構造**といい，二糖は，ヘミアセタール構造の OH 基と，他の単糖の OH 基との脱水縮合によって生成する．生成するエーテル結合 $-\text{O}-$ を，特に**グリコシド結合**という．二糖は単糖と同様に，水に溶けやすく，甘味を示すものが多い．二糖に酸を加えて加熱すると，加水分解が進行し，その二糖を構成する2分子の単糖が得られる．

スクロース $C_{12}H_{22}O_{11}$ はショ糖ともよばれ，α-グルコースと五員環構造のフルクトースからなる二糖である（図6・5a）．サトウキビの茎やテンサイの根などに多く含まれる．食卓で砂糖として用いられ，私たちに最も関わりの深い有機化合物の一つである．スクロースはヘミアセタール構造 $-\text{OCH(OH)}-$ をもたないので，グルコースやフルクトースとは異なり，鎖状構造をとることができない．このため，スクロースは還元性を示さない．

マルトース $C_{12}H_{22}O_{11}$ は麦芽糖ともよばれ，2分子の α-グルコースからなる二糖である（図6・5b）．デンプンの水溶液を，発芽させた大麦（麦芽という）とともに温めると"水あめ"ができるが，その主成分は，麦芽に含まれるアミラーゼという酵素により，デンプンが加水分解されて生成したマルトースである．鎖状構造をとることができるので，水溶液は還元性を示す．

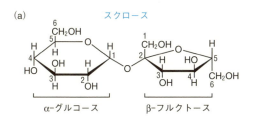

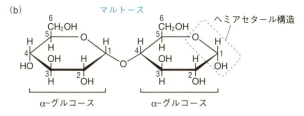

図6・5　代表的な二糖．(a) スクロース，(b) マルトース．マルトースは，一つのグルコース単位の1位炭素がヘミアセタール構造 $-\text{OCH(OH)}-$ をもつので還元性を示す．

224   **6. 高分子化合物**

例題6・3 下図にラクトースの構造式を示す．ラクトースは乳糖ともよばれ，β-ガラクトースという単糖とα-グルコースからなる二糖であり，母乳や牛乳に含まれる．ラクトースの水溶液が，還元性を示すかどうかを判定せよ．

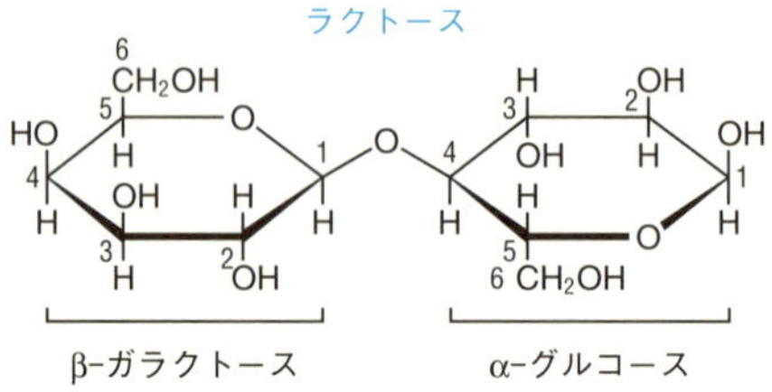

ラクトース

β-ガラクトース   α-グルコース

解答・解説 ラクトースは，グルコース部分の1位炭素がヘミアセタール構造 $-OCH(OH)-$ をもつ．したがって，水溶液中で下図のように鎖状構造をとることができ，ホルミル基が存在するため還元性を示す．

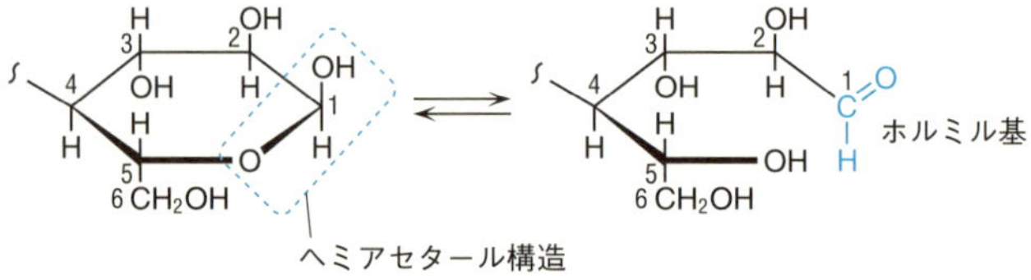

ホルミル基

ヘミアセタール構造

多　糖 デンプンとセルロースは代表的な多糖であり，いずれもグルコースを単量体とする高分子化合物である．いずれも分子式は $(C_6H_{10}O_5)_n$ で表され，分子量は数十万から数百万に及ぶ．多糖は水や有機溶媒に溶けにくく，還元性を示さない．

　デンプンは植物の光合成によってつくられ，植物の種子や根に蓄積される．食料として私たちに関わりの深い化合物である．デンプンは，多数のα-グルコースが縮合重合により連結した構造をもち（図6・6a），分子内の水素結合で形成される“らせん構造”をとっている．一般にデンプンは，α-グルコースが直鎖状に連結した構造をもつ**アミロース**と，枝分かれ状につながった網目構造をもつ**アミロペクチン**の混合物である．アミロースは温水に溶けて，コロイド溶液となる．アミロペクチンは比較的分子量が大きく，温水にもほとんど溶けない．アミロペクチンの比率が高いと，デンプンに粘り気が出る．デンプンの水溶液にヨウ素ヨウ化カリウム水溶液を加えると，青〜青紫色に呈色する．この反応を**ヨウ素デンプン反応**といい，デンプンの検出に用いられる．

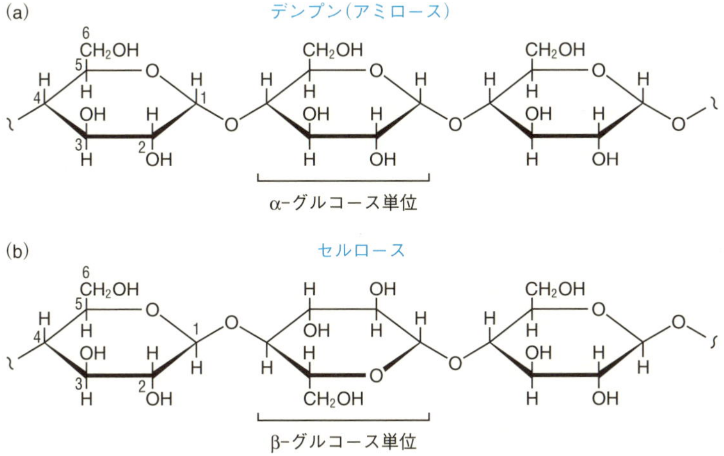

6・2 天然高分子化合物 225

(a) デンプン(アミロース)

α-グルコース単位

(b) セルロース

β-グルコース単位

図6・6　多糖の構造. (a) デンプン(アミロース), (b) セルロース

　セルロースは植物の細胞壁の主成分であり, 木綿や麻などの繊維, 木材や紙などの成分として, 私たちにとって身近な化合物である. セルロースは, 多数のβ-グルコースが縮合重合により連結して"直線状に伸びた構造"をもち (図6・6b), 分子間で多数の水素結合を形成している. セルロースを酢酸と無水酢酸, および少量の濃硫酸と反応させると, ヒドロキシ基がアセチル化され, トリアセチルセルロースが生成する〔(6・2)式〕.

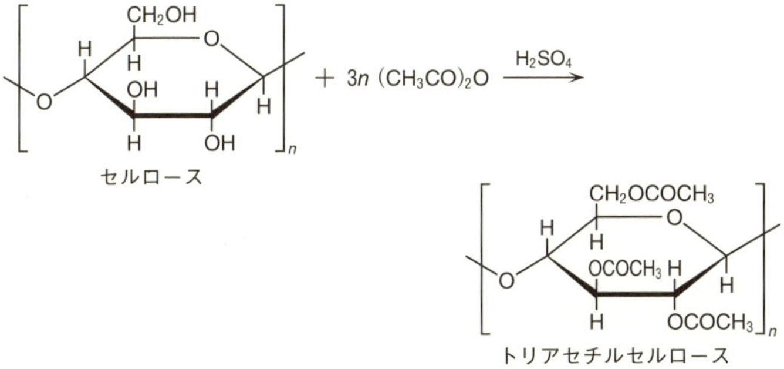

セルロース　　$+ 3n\ (CH_3CO)_2O \xrightarrow{\ H_2SO_4\ }$

トリアセチルセルロース　　　　(6・2)

　トリアセチルセルロースのエステル結合を部分的に加水分解し, 繊維状にしたものを**アセテート繊維**という. アセテート繊維は, 衣服の素材やカーテンなどに用いられている. アセテート繊維のように, 天然繊維を原料として化学反応によって得られた物質から作られる繊維を**半合成繊維**という.

226　　　　　　　　　　6. 高分子化合物

例題 6・4　　　デンプン 64.8 g を温水に溶かし，希硫酸を加えて長時間加熱して，完全に加水分解した．得られたグルコースの質量は何 g か．ただし，H, C, O の原子量は，それぞれ 1.0, 12, 16 とする．

解答・解説　72.0 g

　デンプンの加水分解は，次の化学反応式で表される．

$$(C_6H_{10}O_5)_n + n\, H_2O \longrightarrow n\, C_6H_{12}O_6$$

反応式から，反応するデンプン（モル質量 $162n$ g mol^{-1}）と生成するグルコース（モル質量 180 g mol^{-1}）の物質量の比は $1:n$ であるから，求める質量を x〔g〕とすると，次式が成り立つ．

$$\frac{64.8\text{ g}}{162n\text{ g mol}^{-1}} \times n = \frac{x\text{ g}}{180\text{ g mol}^{-1}}$$

6・2・2　タンパク質

　タンパク質は，アミノ酸を単量体とする天然高分子化合物である．タンパク質は生体において，細胞や組織の構造維持，生体反応の調整，物質の輸送と貯蔵，運動，免疫など，多様な機能をもつ重要な物質である．

　アミノ酸　　一つの分子にアミノ基 $-NH_2$ とカルボキシ基 $-COOH$ をもつ化合物を**アミノ酸**という．タンパク質を構成するアミノ酸は，COOH 基が結合した炭素原子（α 炭素という）に NH_2 基が結合したアミノ酸であり，一般に $RCH(NH_2)COOH$ と表すことができる．このようなアミノ酸を，特に**α-アミノ酸**（左図）という．また，α 炭素に結合した置換基 R をアミノ酸の**側鎖**という．

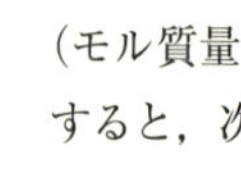

$$\begin{array}{c} H \\ | \\ R-C-COOH \\ | \\ NH_2 \end{array}$$
α-アミノ酸

　天然のほとんどのタンパク質は，20 種類の α-アミノ酸からできている．表 6・1 には，それらの構造と名称を示した．表からわかるように，タンパク質を構成するアミノ酸の側鎖 R にはさまざまな種類があり，これがタンパク質が多様な性質や機能をもつ要因となっている．特に，側鎖の部分にカルボキシ基をもつアスパラギン酸とグルタミン酸を**酸性アミノ酸**，塩基性の窒素原子をもつアルギニン，ヒスチジン，リシンを**塩基性アミノ酸**という．他のアミノ酸を**中性アミノ酸**という．また，側鎖に硫黄原子をもつアミノ酸（システイン，メチオニン）があることにも注意する必要がある．

　タンパク質を構成する α-アミノ酸 $RCH(NH_2)COOH$ は，グリシン（R = H）以外は，α 炭素が不斉炭素原子（§5・1・3 参照）になるため，1 対の鏡像異性体

6・2 天然高分子化合物

表6・1 天然に存在するα-アミノ酸 RCH(NH₂)COOH

名称	略号[1]	側鎖 R	名称	略号[1]	側鎖 R
グリシン	Gly, G	$-H$	フェニルアラニン	Phe, F	$-CH_2-\bigcirc$
アラニン	Ala, A	$-CH_3$	チロシン	Tyr, Y	$-CH_2-\bigcirc-OH$
バリン	Val, V	$-CH(CH_3)_2$			
ロイシン	Leu, L	$-CH_2CH(CH_3)_2$	トリプトファン	Trp, W	$-CH_2-$ (インドール)
イソロイシン	Ile, I	$-CH(CH_3)CH_2CH_3$			
セリン	Ser, S	$-CH_2OH$	プロリン[2]	Pro, P	(環状構造, COOH)
トレオニン	Thr, T	$-CH(OH)CH_3$	アスパラギン酸	Asp, D	$-CH_2COOH$
システイン	Cys, C	$-CH_2SH$	グルタミン酸	Glu, E	$-CH_2CH_2COOH$
メチオニン	Met, M	$-CH_2CH_2SCH_3$	アルギニン	Arg, R	$-CH_2(CH_2)_2NHCNH_2$ (=NH)
アスパラギン	Asn, N	$-CH_2CONH_2$	ヒスチジン	His, H	$-CH_2-$ (イミダゾール)
グルタミン	Gln, Q	$-CH_2CH_2CONH_2$	リシン	Lys, K	$-CH_2(CH_2)_3NH_2$

[1] 三文字の略号と一文字の略号を示す.
[2] プロリンは一般式 RCH(NH₂)COOH で示すことができないため,化合物全体の構造を示してある.

が存在する(図6・7).興味深いことに,天然にはそのうちの一方の構造をもつ異性体だけが存在し,もう一方の異性体はほとんど存在しない.

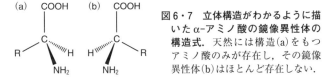

図6・7 立体構造がわかるように描いたα-アミノ酸の鏡像異性体の構造式. 天然には構造(a)をもつアミノ酸のみが存在し,その鏡像異性体(b)はほとんど存在しない.

アミノ酸は,酸性を示すカルボキシ基 $-COOH$ と塩基性を示すアミノ基 $-NH_2$ をあわせもつので,酸と塩基の両方の性質を示す.結晶や水溶液中ではCOOH基からNH₂基へ水素イオン H^+ が移動し,$RCH(NH_3^+)COO^-$ のようなイオンとして存在する.このように,一つの分子内に正電荷と負電荷をあわせ

もつイオンを**双性イオン**（あるいは**両性イオン**）という．双性イオン間に強い分子間力がはたらくため，アミノ酸は，同程度の分子量をもつ他の有機化合物に比べて融点や沸点が高い．

また，水溶液中では COOH 基，NH_3^+ 基が電離平衡（§3·4·4 参照）にあるため，アミノ酸は陽イオン，双性イオン，陰イオンの平衡状態で存在する〔（6·3）式〕．

$$R-\underset{\underset{NH_3}{+}}{CH}-COOH \underset{H^+}{\overset{OH^-}{\rightleftharpoons}} R-\underset{\underset{NH_3}{+}}{CH}-COO^- \underset{H^+}{\overset{OH^-}{\rightleftharpoons}} R-\underset{NH_2}{CH}-COO^- \quad (6·3)$$

陽イオン　　　　　　　双性イオン　　　　　　　陰イオン

それぞれのイオンの存在比は水溶液の pH に依存し，水溶液を酸性にすると陽イオンが多くなり，塩基性にすると陰イオンが多くなる．pH を適切に調整すると，アミノ酸の正電荷と負電荷が釣合い，電荷の総和を 0 とすることができる．この pH を**等電点**といい，それぞれのアミノ酸に固有の値となる．等電点では，ほとんどのアミノ酸は電気的に中性な双性イオンとして存在する．

アミノ酸 $RCH(NH_2)COOH$ を，塩酸の存在下でアルコール R'OH と反応させると，COOH 基が反応してエステル $RCH(NH_2)COOR'$ が生成する（§5·2·2 参照）．一方，無水酢酸 $(CH_3CO)_2O$ を反応させると，NH_2 基のアセチル化が進行しアミド $RCH(NHCOCH_3)COOH$ が生成する（§5·3·2 参照）．

アミノ酸に特有の反応として，アミノ酸にニンヒドリンの水溶液を加えて加熱すると赤紫色に呈色する．この反応は**ニンヒドリン反応**とよばれ，アミノ酸の検出に利用される．

ニンヒドリン

例題 6·5　　アラニン，アスパラギン酸，リシンの構造と等電点を下表に示す．それぞれのアミノ酸の水溶液を，pH 6.1 で電気泳動（§2·4·5 参照）を行った．三つのアミノ酸のうち，陰極側に移動するものはどれか．

アミノ酸 $RCH(NH_2)COOH$ の構造と等電点

名　称	R	等電点
アラニン	$-CH_3$	6.1
アスパラギン酸	$-CH_2COOH$	2.8
リシン	$-CH_2(CH_2)_3NH_2$	9.7

解答・解説　リシン

中性付近では COOH 基は電離して陰イオン $-COO^-$ となり，NH_2 基は水素イオンを受容して陽イオン $-NH_3^+$ となっている．塩基性アミノ酸であるリシンに

6・2 天然高分子化合物　　　229

は2個の NH_2 基があり，分子全体で陽イオンになっているため，陰極側に移動する．なお，酸性アミノ酸であるアスパラギン酸は分子全体で陰イオンになっているため，陽極側に移動する．アラニンは電気的に中性な双性イオンとして存在するため，ほとんど移動しない．■

ペプチド　　アミノ酸のカルボキシ基 $-COOH$ と，他のアミノ酸のアミノ基 $-NH_2$ が縮合することにより形成されるアミド結合 $-CONH-$ を，特に**ペプチド結合**といい，ペプチド結合をもつ物質を**ペプチド**という．

2分子のアミノ酸が縮合してできるペプチドを**ジペプチド**，3分子のアミノ酸からできるペプチドを**トリペプチド**などといい，多数のアミノ酸が縮合したものを**ポリペプチド**という．また，ペプチドのアミノ基のある末端を **N末端**，カルボキシ基のある末端を **C末端**といい，ペプチドを表記するときには，慣用的にN末端を左に，C末端を右に書く〔(6・4)式〕．

ペプチド結合

$$
\underset{\text{N末端}}{H_2N-\underset{R}{CH}-COOH} + H_2N-\underset{R'}{CH}-COOH \xrightarrow{-H_2O} H_2N-\underset{R}{CH}-\underset{\text{ジペプチド}}{\underset{H}{\underset{|}{N}}\overset{O}{\overset{||}{C}}}-\underset{R'}{CH}-COOH \underset{\text{C末端}}{}
\tag{6・4}
$$

例題6・6　　1分子のグリシン $C_2H_5NO_2$ と2分子のアラニン $C_3H_7NO_2$ からなる鎖状のトリペプチドには何種類の構造異性体があるか．すべての構造異性体の構造式を書け．ただし，鏡像異性体は考慮しなくてよい．

解答・解説　3種類

① $\underset{\text{Gly}-\text{Ala}-\text{Ala}}{H_2N-CH_2-CONH-\underset{CH_3}{\underset{|}{CH}}-CONH-\underset{CH_3}{\underset{|}{CH}}-COOH}$

② $\underset{\text{Ala}-\text{Gly}-\text{Ala}}{H_2N-\underset{CH_3}{\underset{|}{CH}}-CONH-CH_2-CONH-\underset{CH_3}{\underset{|}{CH}}-COOH}$

③ $\underset{\text{Ala}-\text{Ala}-\text{Gly}}{H_2N-\underset{CH_3}{\underset{|}{CH}}-CONH-\underset{CH_3}{\underset{|}{CH}}-CONH-CH_2-COOH}$

2種類の異なるアミノ酸 A, B から生成するジペプチドには，ペプチド結合を形成するアミノ基とカルボキシ基の組合わせによって，A–B と B–A の2種類の構造異性体があることに注意する．■

6. 高分子化合物

タンパク質　タンパク質は生体機能をもつポリペプチドであり，100個以上のアミノ酸で構成され，分子量は1万を超えるものが多い．タンパク質はアミノ酸を単量体とする高分子化合物ではあるが，それぞれのタンパク質によってそれを構成するアミノ酸の個数，種類，配列順序が決まっており，この点で，多糖や次項で述べる合成高分子化合物とは異なっている．

タンパク質の構造は，次の四つの階層に分けて理解されている．

- **一次構造：** アミノ酸の配列順序．それぞれの生物がもつ遺伝情報によって決められており，タンパク質のすべての性質や機能を支配する．
- **二次構造：** ペプチド鎖の水素結合によって形成される部分構造．らせん状のαヘリックス構造と，平面状のβシート構造がある．
- **三次構造：** 1本のポリペプチド鎖が形成する立体構造．アミノ酸の側鎖間にはたらくクーロン力，分散力，水素結合，システインのスルファニル基 $-SH$ が酸化されてできる**ジスルフィルド結合** $-S-S-$ などによって形成される．
- **四次構造：** 複数のポリペプチドが集合して形成される会合体の立体構造．

タンパク質は，酸や塩基，あるいは特定の酵素によって加水分解され，それを構成するアミノ酸を生成する．また，タンパク質に熱，酸・塩基，エタノールなどの有機溶媒，Cu^{2+}やPb^{2+}などの重金属イオンを作用させると，形状が変化し，機能が失われることがある．これを**タンパク質の変性**という．これは，熱などによってタンパク質の高次構造（二次構造，三次構造，四次構造）が破壊されるためであり，不可逆であることが多い．

タンパク質の検出や定量は，栄養学や食品学の分野で重要であり，さまざまな方法が開発されている．表6・2には，タンパク質の検出や成分元素の確認に利用される簡便な呈色反応を示した．

表6・2　タンパク質や成分元素の検出に利用される呈色反応

名 称	方 法	反 応	検出対象と原理
キサントプロテイン反応	濃 HNO_3 を加えて加熱	黄色に変化し，塩基性にすると橙黄色に変化	ベンゼン環をもつアミノ酸のニトロ化
ビウレット反応	NaOH 水溶液を加えた後，$CuSO_4$ 水溶液を添加	赤紫色に呈色	トリペプチド以上のペプチドと Cu^{2+} との錯イオンの形成
硫黄の検出	NaOH を加えて加熱後，酢酸鉛(Ⅱ)水溶液を添加	黒色沈殿が生成	システインが分解して生成する S^{2-} と Pb^{2+} から PbS が生成

6・3 合成高分子化合物

節末問題

1. 天然高分子化合物とそれを構成する化合物に関する記述として誤りを含む
ものを，次の①〜⑤のうちからすべて選べ．また，誤っている理由を説明し，
正しい記述に修正せよ．

① α−グルコースと β−グルコースは，互いに構造異性体である．

② ポリペプチド鎖がつくる αヘリックス構造では，ジスルフィド結合 −S−S−
が形成されている．

③ スクロースを加水分解して得られた水溶液は，還元性を示す．

④ 卵白の水溶液に水酸化ナトリウム水溶液と硫酸銅(Ⅱ)水溶液を加えると，
黄色になる．

⑤ アセテート繊維は，トリアセチルセルロースの一部のアミド結合を加水
分解してつくられる．

2. ある食品 1.0 g を濃硫酸 H_2SO_4 とともに加熱し，食品に含まれるすべての
窒素を硫酸アンモニウム $(NH_4)_2SO_4$ に変換した．これに濃厚な水酸化ナトリウ
ム NaOH 水溶液を加えて蒸留し，発生した気体を $0.30 \ mol \ L^{-1}$ の希硫酸
20.0 mL に完全に吸収させた．残存する硫酸を $0.50 \ mol \ L^{-1}$ の NaOH 水溶液で
中和滴定したところ，14.0 mL を要した．この食品に含まれるタンパク質の含
有率は質量で何%か．整数値で答えよ．ただし，タンパク質に含まれる窒素の
含有率を 16%とし，窒素の原子量を 14 とする．

6・3 合成高分子化合物

合成高分子化合物は，繊維状に加工された**合成繊維**，任意の形状に成形された
合成樹脂（あるいは**プラスチック**），弾性をもつ**合成ゴム**に分類される．なお，
合成繊維と合成樹脂の分類は加工方法の違いによるものであり，ナイロン 66 や
ポリエチレンテレフタラートのように，同じ高分子化合物が両方に分類される場
合もある．

6・3・1 合成繊維

表 6・3 に，代表的な合成繊維の構造や用途を示す．合成繊維には，付加重合
によって合成されるものと，縮合重合によって合成されるものがある．

付加重合によって合成される合成繊維の一つである**ビニロン**は，酢酸ビニルか
らポリビニルアルコールを合成したのち，ホルムアルデヒド $H_2C=O$ と反応さ

6. 高 分 子 化 合 物

表6・3 代表的な合成繊維の構造と用途

合成	名称	構造	特徴	用途
付加重合	アクリル繊維	$\left[\!\!\begin{array}{c} CH_2-CH \\ \quad\ \ CN \end{array}\!\!\right]_n$	• 弾力性 • 保温性 • 染色性 • 軽量	• セーターなどの衣料 • 毛布 • カーペット
	ビニロン	$\cdots CH_2-CH-CH_2-CH-CH_2-CH\cdots$ $\qquad\quad OH\qquad\quad O\qquad\ O$ $\qquad\qquad\qquad\quad\ \ CH_2$	• 吸湿性 • 機械的強度に優れる • 耐薬品性	• ロープ • 魚網 • 農業用ネット
縮合重合	ナイロン66	$\left[\!\!\begin{array}{c} N-(CH_2)_6-N-C-(CH_2)_4-C \\ H\qquad\qquad\ H\ \ \overset{\|}{O}\qquad\qquad\ \overset{\|}{O} \end{array}\!\!\right]_n$	• 機械的強度に優れる • 耐摩耗性 • 耐薬品性	• 各種衣料 • カーペット
	アラミド繊維	$\left[\!\!\begin{array}{c} N-\bigcirc-N-C-\bigcirc-C \\ H\qquad\quad H\ \overset{\|}{O}\qquad\ \ \overset{\|}{O} \end{array}\!\!\right]_n$	• 耐熱性・機械的強度に特に優れる • 難燃性	• 防火衣 • 防弾チョッキ • ロープ
	ポリエチレンテレフタラート(PET)	$\left[\!\!\begin{array}{c} O-(CH_2)_2-O-C-\bigcirc-C \\ \qquad\qquad\qquad\ \ \overset{\|}{O}\qquad\ \ \overset{\|}{O} \end{array}\!\!\right]_n$	• 耐熱性 • 保湿性 • 耐水性 • 速乾性	• シャツなどの衣料 • カーテン
開環重合	ナイロン6	$\left[\!\!\begin{array}{c} N-(CH_2)_5-C \\ H\qquad\qquad\ \overset{\|}{O} \end{array}\!\!\right]_n$	• ナイロン66と類似 • 染色性に優れる	• 各種衣料 • カーペット

せて得られる. 多数のヒドロキシ基 $-OH$ をもつポリビニルアルコールは水溶性であるが, $H_2C{=}O$ と反応させて一部の OH 基を $-OCH_2O-$ 結合に変換すると, 水に溶けずに適度な吸湿性をもつ繊維となる〔(6・5)式〕.

$$
\underset{\text{酢酸ビニル}}{CH_2{=}CH \atop \quad\ OCOCH_3} \xrightarrow{\text{付加重合}} \left[\!\!\begin{array}{c} CH_2-CH \\ \quad\ OCOCH_3 \end{array}\!\!\right]_n \xrightarrow[\text{NaOH}]{\text{けん化}} \underset{\text{ポリビニルアルコール}}{\left[\!\!\begin{array}{c} CH_2-CH \\ \quad\ OH \end{array}\!\!\right]_n}
$$

$$
\xrightarrow{H_2C{=}O} \underset{\text{ビニロン}}{\cdots CH_2-CH-CH_2-CH-CH_2-CH\cdots \atop \qquad\quad OH\qquad\quad O\qquad\ O \atop \qquad\qquad\qquad\quad\ \ CH_2} \qquad (6 \cdot 5)
$$

6・3 合成高分子化合物　　233

　縮合重合によって合成される合成繊維は，**ナイロン 66**（ナイロン・ロク・ロク
と読む）のような**ポリアミド系合成繊維**と，**ポリエチレンテレフタラート**（PET
と略す）のような**ポリエステル系合成繊維**に分類される．なお，代表的なポリア
ミド系合成繊維であるナイロン 6 は，環状のアミドである ε -カプロラクタムの
開環を伴う重合によって合成される〔(6・6)式〕．このような重合過程を**開環重
合**という．

$$\text{ε-カプロラクタム} \xrightarrow{\text{開環重合}} \left[\text{N}-\text{CH}_2\text{CH}_2\text{CH}_2\text{CH}_2\text{CH}_2-\overset{\text{O}}{\underset{}{\text{C}}} \right]_n \qquad (6・6)$$

ε-カプロラクタム　　　　　　　ナイロン 6

例題 6・7　　ヘキサメチレンジアミン $H_2N-(CH_2)_6-NH_2$ とアジピン酸 $HOOC-$
$(CH_2)_4-COOH$ からナイロン 66 を合成し，平均分子量を測定したところ，$5.65 \times$
10^4 であった．この重合体の平均重合度はいくつか．有効数字 2 桁で求めよ．た
だし，H, C, N, O の原子量は，それぞれ 1.0, 12, 14, 16 とする．

解答・解説　2.5×10^2
　ナイロン 66 の分子式は下図で表される．繰返し単位の組成式は $C_{12}H_{22}O_2N_2$
であり，その式量は 226 となる．平均重合度は n で表されるから，$226n = 5.65 \times$
10^4 が成り立つ．

$$\left[\text{N}-(\text{CH}_2)_6-\text{N}-\overset{\text{O}}{\underset{}{\text{C}}}-(\text{CH}_2)_4-\overset{\text{O}}{\underset{}{\text{C}}} \right]_n$$

6・3・2　合成樹脂（プラスチック）

　物質に外部から力を加えると変形し，力を除いても，もとに戻らない性質を**塑
性**（あるいは可塑性）という．金属の展性や延性（表2・3参照）も塑性の一つで
ある．合成樹脂は塑性をもつ合成高分子化合物であり，金属やセラミックスより
もはるかに成形しやすいため，私たちの日常生活でさまざまに利用されている．
　合成樹脂のうち，加熱すると軟らかくなり，冷却すると再び硬くなるものを**熱
可塑性樹脂**という．一般に，長い鎖状構造をもつ重合体は熱可塑性樹脂となる．
表6・4には，代表的な熱可塑性樹脂の構造や用途を示した．エチレン，および
ビニル基 $CH_2=CH-$ をもつ化合物は，付加重合により熱可塑性樹脂となる．表
に示すように，単量体の炭化水素基や官能基を変えることにより，さまざまな性
質をもつ合成樹脂を得ることができる．
　なお，前項で述べたナイロン 66 やポリエチレンテレフタラート（表6・3参

6. 高分子化合物

表 6・4 代表的な熱可塑性樹脂の構造と用途

合成	名称(略号)	構造	特徴	用途
付加重合	ポリエチレン (PE)	$\left[CH_2-CH_2\right]_n$	• 耐薬品性 • 電気絶縁性 • 耐水性	• 包装用フィルム • ごみ袋 • ポリ容器
	ポリプロピレン (PP)	$\left[CH_2-\underset{CH_3}{CH}\right]_n$	• 耐熱性 • 機械的強度に優れる	• ポリ容器 • 玩具 • 自動車部品
	ポリ塩化ビニル (PVC)	$\left[CH_2-\underset{Cl}{CH}\right]_n$	• 難燃性 • 耐薬品性 • 電気絶縁性	• 水道管 • 建築材料 • 農業用フィルム
	ポリスチレン (PS)	$\left[CH_2-CH\right]_n$	• 電気絶縁性 • 成形が容易 • 断熱保温性	• 食品包装材料 • 梱包緩衝剤 • プラモデル
	ポリメタクリル酸メチル (PMMA)	$\left[CH_2-\underset{COOCH_3}{\overset{CH_3}{C}}\right]_n$	• 耐衝撃性 • 透明度が高い • 溶媒に溶けやすい	• 有機ガラス • 光ファイバー • コンタクトレンズ
	ポリ酢酸ビニル (PVAc)	$\left[CH_2-\underset{OCOCH_3}{CH}\right]_n$	• 溶媒に溶けやすい • 軟化点が低い	• 接着剤 • 塗料 • チューインガム
縮合重合	ポリカーボネート (PC)	$\left[O-\underset{CH_3}{\overset{CH_3}{C}}-O-\overset{O}{C}\right]_n$	• 耐衝撃性 • 耐熱性 • 機械的強度に優れる • 透明性	• CD • DVD • 光ファイバー • 防弾ガラス

照)も，縮合重合で合成される熱可塑性樹脂に分類される．ナイロン 66 は，自動車や電気機器の部品などに広く利用されている．また，ポリエチレンテレフタラートは，ペットボトルとして飲料水などの容器に多用されており，私たちにとって身近な物質の一つである．

　一方，合成樹脂のうち，加熱すると硬くなり，冷却してももとに戻らないものを**熱硬化性樹脂**という．これまでに述べた重合体を構成する単量体は二つの反応点をもち，それらの反応によって鎖状構造をもつ重合体を与えた．これに対して，<u>熱硬化性樹脂を与える単量体は三つ以上の反応点をもち，このため生成する重合体は三次元の網目構造となる</u>．

6・3 合成高分子化合物 235

　表6・5に，代表的な熱硬化性樹脂とそれを合成するための単量体や用途を示し，図6・8には，それぞれの重合体の部分構造を示した．たとえば，フェノール樹脂は，ホルムアルデヒドのC=O結合にフェノールが付加したのち，他のフェノールとの間で脱水縮合を起こすことによって，重合が進行する．このような過程を**付加縮合**という．一般に，熱硬化性樹脂は，熱可塑性樹脂に比べて耐熱性や耐薬品性が大きく，機械的強度も優れている．また，一つの分子がきわめて大きく，複雑に入り組んだ三次元の網目構造をもつため，いかなる溶媒にも溶けない．

表6・5　代表的な熱硬化性樹脂の構造と用途

合　成	名称 （部分構造）	単量体	特　徴	用　途
付加縮合	フェノール樹脂 （図6・8a）	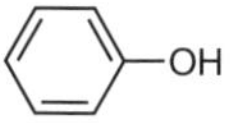 フェノール　　ホルムアルデヒド $CH_2=O$	・電気絶縁性 ・耐熱性 ・耐薬品性	・電気器具 ・プリント基板 ・調理用品
	尿素樹脂 （図6・8b）	尿素　　$CH_2=O$	・成形が容易 ・着色性 ・安　価	・電気機器の部品 ・ボタン ・容器のキャップ
	メラミン樹脂 （図6・8c）	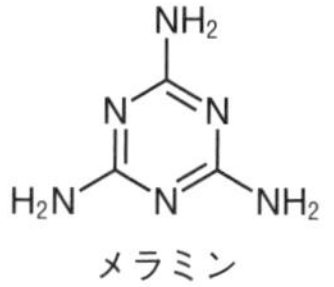 メラミン　　$CH_2=O$	・耐衝撃性 ・機械的強度に優れる ・耐水性	・食　器 ・家　具 ・建築材料

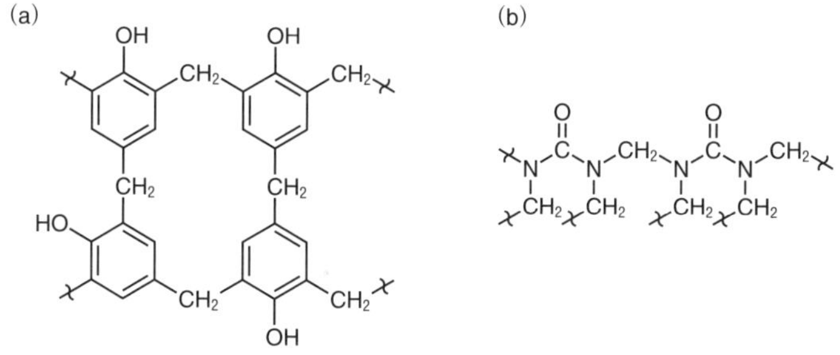

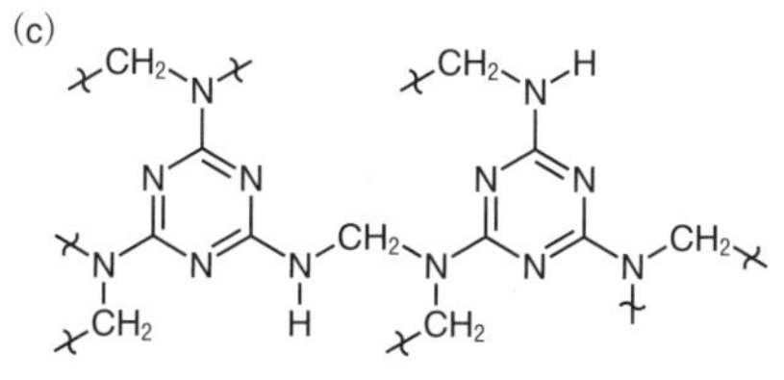

(a)

(b)

(c)

図6・8　熱硬化性樹脂の部分構造.
(a) フェノール樹脂，(b) 尿素樹脂，
(c) メラミン樹脂

6・3・3 合成ゴム

外部から力を加えると変形するが，力を除くと，もとに戻る性質を**弾性**という．合成ゴムは弾性をもつ合成高分子化合物である．

ゴムノキの樹液（ラテックスという）に酢酸を加えて凝固させ，乾燥させると弾性をもつ物質が得られる．これを**天然ゴム**（あるいは生ゴム）という．天然ゴムは，図6・9に示すように，**イソプレン** $CH_2=C(CH_3)-CH=CH_2$ という炭化水素が付加重合したポリイソプレンの構造をもつ．天然ゴムの弾性は弱く耐久性も低いが，これに硫黄 S を加えて加熱すると二重結合が硫黄原子により架橋され，弾性のみならず耐久性も向上することが19世紀中期に発見された．この操作を**加硫**といい，これにより天然ゴムが実用化されるに至った．

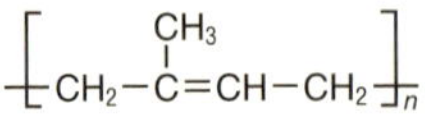

$$\left[CH_2-\overset{\overset{\textstyle CH_3}{|}}{C}=CH-CH_2 \right]_n$$

図6・9 天然ゴムの構造.
天然ゴムは，イソプレンが分子の両端で付加重合した構造をもつ．二重結合は，ほとんどがシス形をとる．

イソプレンに似た構造をもつ化合物を，付加重合させることによって得られる重合体を**合成ゴム**という．合成ゴムは，タイヤ，各種ベルト，ホース，靴底など，私たちの日常生活に広く利用されている．代表的なものとして，**ブタジエンゴム**や**クロロプレンゴム**がある〔(6・7)式〕．一般に，合成ゴムでは，二重結合はシス形とトランス形が混在しており，天然ゴムと同様に加硫して利用される．

$$CH_2=\overset{\overset{\textstyle X}{|}}{C}-CH=CH_2 \xrightarrow{\text{付加重合}} \left[CH_2-\overset{\overset{\textstyle X}{|}}{C}=CH-CH_2 \right]_n \tag{6・7}$$

1,3-ブタジエン(X = H)　　　　ブタジエンゴム(X = H)
クロロプレン(X = Cl)　　　　クロロプレンゴム(X = Cl)

2種類以上の単量体を混合し，重合させる操作を**共重合**という．共重合により，優れた性質をもつ合成高分子化合物が得られる場合があり，工業的によく用いられている．たとえば，スチレンと1,3-ブタジエンを共重合させて得られる**スチレン-ブタジエンゴム**は，ブタジエンゴムよりも機械的強度に優れ，特に自動車用タイヤへ利用するために多量に製造されている〔(6・8)式〕．

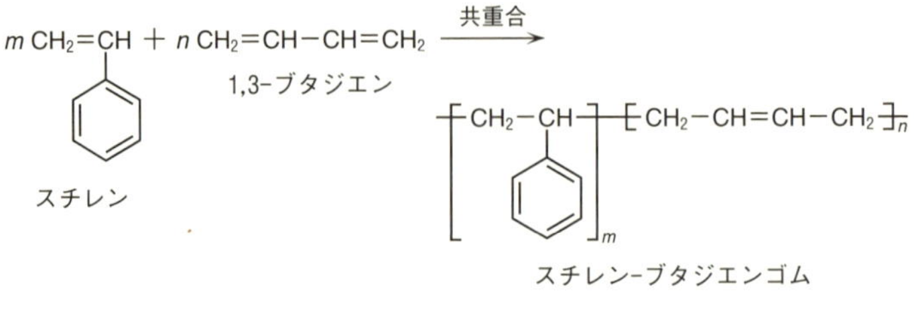

$$m\,CH_2=CH + n\,CH_2=CH-CH=CH_2 \xrightarrow{\text{共重合}}$$

1,3-ブタジエン

スチレン

$$\left[CH_2-CH \right] \left[CH_2-CH=CH-CH_2 \right]_n \tag{6・8}$$

スチレン-ブタジエンゴム

6・3 合成高分子化合物 237

例題 6・8 アクリロニトリル $CH_2=CHCN$ と 1,3-ブタジエン $CH_2=CH-CH=CH_2$ の共重合により合成される**アクリロニトリル-ブタジエンゴム**（NBR と略す）は，耐油性や耐摩耗性に優れ，自動車用部品などに利用される．ある NBR の試料に含まれる炭素原子と窒素原子の物質量の比を調べたところ，9：1であった．この NBR のアクリロニトリル含有率（アクリロニトリルとブタジエンの物質量の総和に対するアクリロニトリルの物質量の割合）は何%か．整数値で答えよ．

解答・解説 40%

NBR の構造式は下図で表され，アクリロニトリル含有率は $\left(\dfrac{m}{m+n}\times100\right)\%$ によって求めることができる．

$$\left[\!\!\begin{array}{c}CH_2-CH\\ |\\ CN\end{array}\!\!\right]_m\!\!\left[CH_2-CH=CH-CH_2\right]_n$$

アクリロニトリルとブタジエンの分子式は，それぞれ C_3H_3N，C_4H_6 であるから，炭素原子と窒素原子の物質量の比について，$(3m+4n):m=9:1$ が成り立つ．これより，$m:n=2:3$ を得る． ■

節末問題

1. 次の A〜E のそれぞれの高分子化合物にあてはまる記述を，以下の①〜⑤のうちからすべて選べ．同じものを繰返し選んでよい．該当するものがない場合は "なし" と答えよ．

A: ポリメタクリル酸メチル　　B: ナイロン 6　　C: 尿素樹脂

D: ブタジエンゴム　　E: ポリカーボネート

① 1種類の単量体から合成される．　　② 分子内に窒素原子を含む．

③ 分子内にエステル結合をもつ．　　④ 分子内にベンゼン環をもつ．

⑤ 熱硬化性樹脂である．

2. 高分子化合物 **X** は，有機化合物 **A** と **B** の縮合重合により合成され，繊維としてシャツなどの衣料に利用され，また成形されて飲料水の容器などに用いられる．**A** は p-キシレンから合成され，**B** はエチレンから合成される．次の問いに答えよ．ただし，H, C, O, Na の原子量は，それぞれ 1.0, 12, 16, 23 とする．

(1) 化合物 **A**, **B**, **X** の構造式を書け．

(2) 4.8 g の **X** を水酸化ナトリウム NaOH と反応させ，完全に分解させた．反応で消費された NaOH の質量は何 g か．

節末問題の解答

解説は東京化学同人ウェブページ（https://www.tkd-pbl.com/）の本書ページから入手できます．

第1章　物質の構造
1・1　物質の構成要素
1. (1) 19　(2) 10　(3) 7
(4) 第2周期17族
2. (1) 1価　(2) 106個　(3) 昇華法
3. (1) **e**　(2) **c**　(3) **d**　(4) **b**

1・2　化学結合
1. ① 正　② 誤，分散力に修正　③ 誤，配位結合に修正　④ 正　⑤ 誤，水素結合に修正
2. 極性が大きいものから順に，LiCl > LiI > ICl > I₂ と予想される．二つの原子の電気陰性度の差が大きいものほど電荷のかたよりが大きく，共有結合の極性が増大する．LiCl, LiI, ICl, I₂ における電気陰性度の差は，それぞれ 2.18, 1.68, 0.50, 0.00 となる．したがって，結合の極性は，この値の大きいものから順に LiCl > LiI > ICl > I₂ となるものと予想される．
3. (1) 第3周期以降の 15, 16, 17族元素の水素化合物の分子間には，分散力と双極子−双極子相互作用がはたらく．分子の質量が増大するにつれて分散力が強くなり，分子間に強い力がはたらくため沸点が上昇する．
(2) フッ化水素 HF，水 H₂O，アンモニア NH₃ では，第3周期以降の元素の水素化合物に比べて分子間にはたらく分散力は小さいが，これらの分子間には，それぞれ F−H⋯F, O−H⋯O, N−H⋯N の水素結合が形成される．水素結合は分散力や双極子−双極子相互作用に比べて圧倒的に強いため，これらの分子間には特に強い力がはたらき，沸点が著しく高くなる．

1・3　化学量論
1. M₂O₅
2. 40
3. 196 kg

4.

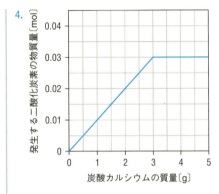

第2章　物質の状態
2・1　状態変化
1. ① 誤　② 誤　③ 正　④ 誤　⑤ 誤
2. 75.3 kJ
3. ① 正　② 誤　③ 正　④ 誤　⑤ 誤

2・2　固体
1. $d = \dfrac{2M}{N_A L^3}$　2. AB₃X
3. ① 誤　② 誤　③ 誤　④ 正　⑤ 誤

2・3　気体の性質
1. C₂H₆　2. 6.64×10⁴ Pa　3. 0.080 mol
4. (1) 支配的な要因は"①分子間力の影響"である．分子間力の存在は，気体の圧力を小さくする効果をもつため，圧縮因子 $Z = \dfrac{pV}{RT}$ を減少させる．一方，分子体積の存在は，気体の体積を増大させる効果をもつため，Z を増大させる．図に示した圧力領域では $Z < 1$ であるので，分子間力の影響が主要な要因であると考えられる．
(2) 250 K のグラフは B である．温度が低下すると分子の熱運動が穏やかになるため，分子間力の影響が相対的に強くなり，理想気体からのずれが大きくなる．したがって，$Z = 1$ からのずれが大きい B が，より低い温度の 250 K のグラフと考えられる．

2・4 溶 液
1. 10.2 g 2. 0.28 L 3. 25.1%
4. ① 誤 ② 誤 ③ 正 ④ 誤 ⑤ 誤

第3章 物質の変化
3・1 熱 化 学
1. $-104.5 \text{ kJ mol}^{-1}$
2. 47 ℃ 3. 391 kJ mol^{-1}

3・2 酸と塩基の反応
1. 74 2. 12.4
3. ① 誤 ② 誤 ③ 正 ④ 誤 ⑤ 誤
4.
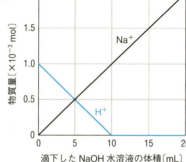

3・3 酸化還元反応
1. ( ) 内は酸化数の変化を示す.
① 酸化数が変化した原子
　　Br (0 ⟶ −1), I (−1 ⟶ 0)
③ 酸化数が変化した原子
　　Fe (+3 ⟶ 0), C (+2 ⟶ +4)
④ 酸化数が変化した原子
　　Ag (+1 ⟶ 0), Cu (0 ⟶ +2)
⑤ 酸化数が変化した原子
　　S (0 ⟶ −2), Na (0 ⟶ +1)
2. (1) O$_3$ による I$^-$ の酸化:
　　O$_3$ + 2H$^+$ + 2I$^-$ ⟶ O$_2$ + I$_2$ + H$_2$O
　S$_2$O$_3^{2-}$ による I$_2$ の還元:
　　2S$_2$O$_3^{2-}$ + I$_2$ ⟶ S$_4$O$_6^{2-}$ + 2I$^-$
(2) 1.92 mg
3. (1) 負極: H$_2$ ⟶ 2H$^+$ + 2e$^-$
　　　正極: O$_2$ + 4H$^+$ + 4e$^-$ ⟶ 2H$_2$O
(2) 0.448 L

3・4 反応速度と化学平衡
1. 56 日
2. ① 正 ② 誤 ③ 誤 ④ 誤 ⑤ 誤
3. 2.0 mol^{-2} L^2 4. 8.8×10^{-5} mol L^{-1}

第4章 無機物質
4・1 元素と周期表
1. ① 誤 ② 誤 ③ 誤 ④ 誤 ⑤ 誤
2. (ア) ①, ⑤ (イ) ②, ③ (ウ) ④

4・2 典型元素
1. (1) ③, ④ (2) ① (3) ②
　(4) ③, ④ (5) ①, ②, ⑤
2. (ア) ①, ④ (イ) ⑤ (ウ) ②, ③
3. 31 kg

4・3 遷移元素
1. ① 誤 ② 誤 ③ 誤 ④ 誤 ⑤ 誤
2. 61%
3. (1) アンモニア水を加えると難溶性の水酸化物 Al(OH)$_3$, Fe(OH)$_3$, Zn(OH)$_2$ が沈殿するが, 過剰に加えると Zn(OH)$_2$ は錯イオン [Zn(NH$_3$)$_6$]$^{2+}$ となって溶解する. したがって, アンモニア水を過剰に加えないと Zn(OH)$_2$ が沈殿に残り, 分離が不十分になるため.
(2) 濃青色の沈殿が生成する.
(3) [Al(OH)$_4$]$^-$ (4) 白色
(5) 炭酸ナトリウムなどの炭酸塩, あるいは硫酸ナトリウムなどの硫酸塩

第5章 有機化合物
5・1 有機化合物の特徴
1. C$_{10}$H$_8$
2. (1) カルボキシ基, カルボン酸
(2) カルボン酸 R−COOH は炭化水素基 R とカルボキシ基 −COOH から構成される. カルボキシ基は水 H$_2$O 分子と水素結合を形成することができるので, カルボキシ基部分は水中で溶媒和 (水和) を受けやすい. 一方, 炭化水素基 R は炭素−水素結合と炭素−炭素結合だけからなる無極性の置換基であり, 極性の H$_2$O との間にはたらく引力が小さく,

水和されにくい．酢酸 **A** は炭化水素基が小さく，カルボキシ基の性質が支配的になるため，水によく溶ける．一方，オレイン酸 **B** は大きな炭化水素基をもつので，炭化水素基の性質が支配的となり，水にはほとんど溶けない．

5・2 脂肪族化合物
1.
(1)

ClCH₂−CH−CH₂−CH₃
   |
   CH₃
(a)

   Cl
   |
CH₃−C−CH₂−CH₃
   |
   CH₃
(b)

   Cl
   |
CH₃−CH−CH−CH₃
     |
     CH₃
(c)

CH₃−CH−CH₂−CH₂Cl
  |
  CH₃
(d)

(2) 2 種類．下図

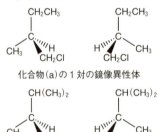

化合物(a)の 1 対の鏡像異性体

化合物(c)の 1 対の鏡像異性体

(3) 化合物(c)，36%
2. CH₃CH₂CH=C(CH₃)₂   (CH₃CH₂)₂C=CH₂
    X   **Y**

3. 3.36 L

5・3 芳香族化合物
1. (1) $n = 8$
(2)

[構造式 **X**: o-メトキシカルボニル安息香酸, **A**: フタル酸, **B**: 無水フタル酸]
  X   **A**   **B**

2.

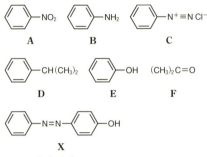

A: −NO₂, **B**: −NH₂, **C**: −N⁺≡N Cl⁻
D: −CH(CH₃)₂, **E**: −OH, **F**: (CH₃)₂C=O
X: −N=N−⌬−OH

3. A: 安息香酸, B: トルエン,
 C: フェノール

第6章 高分子化合物
6・1 高分子化合物の特徴
1. 6.5×10^4
2. ①

[−NH−⌬−NH−CO−⌬−CO−]ₙ

② [−CH₂−CCl=CH−CH₂−]ₙ   ③ [−N−CH−CO−]ₙ
               | |
               H CH₃

6・2 天然高分子化合物
1. ① 誤   ② 誤   ③ 正   ④ 誤   ⑤ 誤
2. 44%

6・3 合成高分子化合物
1. A: ①, ③   B: ①, ②   C: ②, ⑤
  D: ①   E: ③, ④
2.
(1)

HO−CO−⌬−CO−OH   HO−CH₂−CH₂−OH
    A   **B**

[−O−CH₂CH₂−O−CO−⌬−CO−]ₙ
      X

(2) 2.0 g

索　引

あ 行

亜 鉛　173
亜鉛華　173
亜塩素酸　164
赤さび　171
アクチノイド　149
アクリル繊維　232
アクリロニトリル–
　　　　ブタジエンゴム　237
アジピン酸　218
亜硝酸ナトリウム　214
アストン（F. W. Aston）　30
アスパラギン　227
アスパラギン酸　227
アセチル化　212
アセチル基　202
アセチルサリチル酸　212
アセチレン　194
アセテート繊維　225
アセトアニリド　214
アセトアルデヒド　198, 199
アセトン　198, 209
アゾ化合物　214
アゾ基　214
圧縮因子　65
圧縮率因子 → 圧縮因子
圧平衡定数　134
圧 力　44
アニオン → 陰イオン
アニソール　211
アニリン　213, 214
アボガドロ（A. Avogadro）　5
アボガドロ定数　32
アボガドロの法則　59
アマルガム　173
アミド　214
アミド結合　214
アミノ基　212
アミノ酸　226

アミロース　224
アミロペクチン　224
アミン　212
アモルファス　48, 55, 219
アモルファス金属　55
アモルファス合金　55
アラニン　227
アラミド繊維　232
アルカリ金属　148, 152
　　──の化合物　153
アルカリ土類金属　148, 154
アルカン　188
アルギニン　227
アルキン　194
アルケン　192
アルコキシドイオン　197
アルコール　196
アルゴン　165
アルデヒド　198
α-アミノ酸　226
α-グルコース　222
αヘリックス構造　230
アルミナ → 酸化アルミニウム
アルミニウム　156
アレニウス（S. Arrhenius）　91,
　　　　　　　　　　　　　126
アレニウスの式　127
安息香酸　211
アントラセン　207
アンペア（A）　113
アンモニア　139, 158
アンモニア水　177
アンモニアソーダ法　153

硫 黄　160
イオン　11
イオン-双極子相互作用　69
イオン化エネルギー　13
イオン化傾向　111
イオン化列　111
イオン結合　18
イオン結晶　18, 52
イオン半径　14

異性体　186
イソプレン　236
イソロイシン　227
イタイイタイ病　174
一次構造（タンパク質の）　230
一次電池　116
1 次反応　126
一酸化炭素　157
一酸化窒素　158
陰イオン　11
陰 極　117
陰 性　18
引 力　18

永久双極子　25
液 体　39
エステル　202
エステル結合　202
s 副殻　146
エタノール　69, 196
　　──の蒸気圧曲線　45
エタン　189
エチレン　192
エチレンオキシド　196
エチレングリコール　81, 196,
　　　　　　　　　　　　218
エチン → アセチレン
X 線結晶構造解析法　48
エーテル　197
エーテル結合　197
N 末端　229
エネルギー　41
f 副殻　146
塩　97
　　──の加水分解　98
塩化カルシウム　154
塩化銀　142
塩化コバルト（Ⅱ）　171
塩化水素　164
塩化ナトリウム　153
塩化物　175
塩化ベンゼンジアゾニウム　214
塩 基　91

塩基解離定数
　　　→ 塩基の電離定数
塩基性　95
塩基性アミノ酸　226
塩基性酸化物　161
塩基の電離定数　138
塩　橋　114
塩　酸　35, 164
炎色反応　152
延　性　49
塩　素　163, 164
塩素酸　164
塩素酸カリウム　160, 164
塩素水　163
エンタルピー　83, 84

黄　銅　172
王　水　111
黄リン　159
オキソ酸　162
オストワルト
　　　(F. W. Ostwald)　159
オストワルト法　159
オゾン　121, 160
オゾン分解　193
オルト(o-)　207
オレイン酸　203

か　行

外　炎　152
外　界　82
開環重合　233
会合コロイド　79
過塩素酸　164
化　学　1
化学エネルギー　82
化学結合　17
化学式　31
化学的性質　3
化学電池　→　電池
化学反応　3
化学反応式　33
化学平衡　131
　　──の移動　135
化学平衡の法則　132
化学変化　→　化学反応
化学量論　29
化学量論係数　34
可逆反応　131
化合物　2

過酸化水素　124, 160
加水分解　202
　　エステルの──　202
　　塩の──　98
価数(イオン)　11
価数(酸・塩基)　92
可塑剤　211
可塑性　→　塑性
カチオン　→　陽イオン
活性化エネルギー　127
活性錯体　127
活　量　132
価電子　11
果　糖　222
カドミウム　173
カドミウムイエロー　174
加熱曲線　42
ε-カプロラクタム　233
過マンガン酸カリウム
　　　　　109, 169, 193
ガラクトース　224
ガラス　55
カリウム　152
加　硫　236
カルシウム　154
カルボキシ基　200, 211
カルボニル化合物　198
カルボニル基　198
カルボニル炭素　198
カルボン酸　200
カロリー(cal)　41
還　元　104
還元剤　106
感光性　172
環式炭化水素　182
緩衝液　140
緩衝作用　140
乾電池　116
官能基　183
簡略構造式　183
乾　留　198
顔　料　214

気圧 (atm)　44
気液平衡　→　気体-液体平衡
幾何異性体　→　シス-トランス
　　　　　　　　　　異性体
貴ガス　10, 148, 165
ギ　酸　201
キサントプロテイン反応　230
希　釈　80
キシレン　207
気　体　39

気体-液体平衡　44
気体定数　60
気体の状態方程式　60
気体反応の法則　5
起電力　113
逆反応　131
吸熱反応　83
強塩基　93
凝　華　40
凝　固　40
凝固点　42
凝固点降下　76
凝固点降下度　76
凝固熱　42
強　酸　93
強磁性　170
共重合　236
凝　縮　40
凝縮熱　42, 87
凝　析　80
鏡像異性体　187
強電解質　68
共　鳴　206
共鳴構造　206
共役塩基　92
共役酸　92
共有結合　20
共有結合結晶　54
共有電子対　20
極限構造　→　共鳴構造
極　性　23
極性分子　23
希硫酸　111
金　172
銀　172
銀鏡反応　200
金属結合　27, 49
金属結晶　27
金属元素　16, 149

クエン酸　201
クメン　209, 210
クメン法　209, 210
グリコシド結合　223
グリシン　227
グリセリン　196
グルコース　69, 222
グルタミン　227
グルタミン酸　227
クレゾール　211
クロム　169
クロム酸イオン　178
クロム酸カリウム　169

索　引　　243

クロロプレンゴム　236
クロロベンゼン　208
クーロン（C, 単位）　6
クーロン（C. de Coulomb）　18
クーロンの法則　18
クーロン力　18

系　82
ゲイ・リュサック
　　　　（J. L. Gay-Lussac）　5
ケイ酸ナトリウム　157
係数 → 化学量論係数
ケイ素　158
軽　油　189
結　合　17
結合エンタルピー　89
結合角　22
結合距離　22
結　晶　39, 48
ケトン　198
ゲラニオール　183
ゲル　78
ケルビン（K, 単位）　58
ケルビン温度　58
ケルビン卿（Lord Kelvin）　57
けん化　202
限界イオン半径比　53
原　子　1, 4
原子核　6
原子説　4
原子半径　14
原子番号　7
減少速度　123
原子量　30
元　素　1
元素記号　1
元素分析　184
原　油　189

五員環構造　222
鋼　170, 171
光学異性体 → 鏡像異性体
高級脂肪酸　203
格子定数　48
合成高分子化合物　217, 231
合成ゴム　231, 236
合成樹脂　231, 233
合成繊維　231
酵　素　130
構造異性体　186
構造式　22, 183
剛体球　49
高分子化合物　217

氷　54
黒　鉛　54, 157
コークス　158
五酸化二窒素　125
固体　39
固体-液体平衡　46
固体-気体平衡　46
骨格構造式　183
コニカルビーカー　100
コバルト　170
コバルト酸リチウム　171
ゴム状硫黄　160
孤立電子対 → 非共有電子対
コロイド　78
混合気体　62
混合物　2

さ　行

最外殻電子　11
再結晶　4
最密充填　49, 50
錯イオン　168
酢　酸　92, 93, 139, 201
酢酸エチル　202
酢酸塩　175
酢酸ナトリウム　98
錯　体　168
鎖式炭化水素　182, 188
さらし粉　164, 213
サリチル酸　212
サリチル酸メチル　212
酸　91
酸　化　104
酸化亜鉛　173
酸化アルミニウム　156
酸解離定数 → 酸の電離定数
酸化カルシウム　154
酸化還元滴定　110
酸化還元反応　104
酸化銀電池　116, 117
酸化剤　106
酸化数　104
酸化チタン（IV）　169
酸化バナジウム（V）　161
酸化物　37, 160
酸化マンガン（IV）　130, 160,
　　　　　　　　　　　163, 169
三次構造（タンパク質の）　230
三重結合　20
酸　性　95, 151
酸性アミノ酸　226

酸性酸化物　161
酸　素　160
酸の電離定数　138
酸無水物　202

次亜塩素酸　164
ジアゾカップリング　214
ジエチルエーテル　198
脂環式炭化水素　188
式　量　31
シクロアルカン　191
シクロヘキサン　191, 208
自己酸化還元反応　159
仕　事　41, 83
四酸化二窒素　131
シス-トランス異性体　187, 192
シス形　192
システイン　227
ジスルフィド結合　230
示性式　183
実在気体　65
十酸化四リン　158, 202
実用電池　115
質量作用の法則
　　　　　→ 化学平衡の法則
質量数　7
質量パーセント濃度　72
質量分析計　30
質量モル濃度　73
ジペプチド　229
脂　肪　203
脂肪酸　200
脂肪族アミン　213
脂肪族化合物　188
脂肪族炭化水素　188
脂肪油　203
C 末端　229
弱塩基　93
弱　酸　93
弱電解質　68
斜方硫黄　160
シャルル（J. Charles）　57
シャルルの法則　57
周　期　16
周期表　15, 145
周期律　13
重　合　217
重合体　217
重合度　217
シュウ酸　109
臭　素　163
充　電　116
自由電子　27

索　引

充填率　51
重油　189
縮合重合　218
縮合反応　202
酒石酸　201
主要族元素　16
ジュラルミン　156
ジュール（J, 単位）　41
シュレーディンガー
　　　　（E. Schrödinger）　146
瞬間速度　123
瞬間的双極子　25
純物質　2
昇華　40
昇華法　4
蒸気　43
蒸気圧 → 平衡蒸気圧
蒸気圧曲線　44
蒸気圧降下　75
硝酸　158
硝酸塩　175
消石灰 → 水酸化カルシウム
状態図　47
状態変化　39, 40
状態方程式　60
衝突説　128
蒸発　40
蒸発熱　42, 43, 87
蒸留　4
初期濃度　125
触媒　130, 137
初速度　125
ショ糖　223
シリカゲル　157
親水基　79
浸透　76
浸透圧　76

水銀　173
水銀柱ミリメートル
　　　　（mmHg）　45
水酸化アルミニウム　156
水酸化カルシウム　142, 154
水酸化ナトリウム　153
水酸化物　152, 176
水酸化物イオン　91
水酸化マグネシウム　142
水上置換　64
水素　150
水素イオン　91, 93
水素イオン指数 → pH
水素イオン濃度　95, 138
水素化　193, 199

水素化合物　28, 151
水素化物　151
水素化物イオン　150
水素結合　26
水溶液　68
水和　69, 193, 195
水和物　153
スクロース　223
スズ　156
スチレン-ブタジエンゴム　236
ステアリン酸　203
ステンレス鋼　169
スラグ　170
スルファニル基　230
スルホ基　182
スルホン化　208
スルホン酸　182

正極　112
制限試剤　36
正四面体形　184
精製　3
生成速度　123
生成物　34
生石灰 → 酸化カルシウム
静電気力 → クーロン力
青銅　156
正反応　131
石英ガラス　55
石油　189
石油ガス　189
斥力　18
赤リン　159
石灰水　154
セッケン　204
セッコウ　154
接触改質　207
接触法　161
絶対温度　58
絶対零度　57
セリン　227
セルロース　225
セーレンセン（S. Sørensen）　96
全圧　62
遷移元素　16, 149, 167
遷移状態　127
銑鉄　171
染料　214

増加速度　123
双極子　25
双極子-双極子相互作用　25
双極子モーメント　24

相図 → 状態図
双性イオン　228
相対質量　30
族　16
束一的性質　74
側鎖　226
速度定数　125
疎水基　79
塑性　233
組成式　18, 184
ソーダ石灰　185
ソーダ石灰ガラス　55
素反応　129
ゾル　78
ソルベー法 → アンモニア
　　　　　　　　　　　ソーダ法
存在比　8

た　行

第一級アルコール　197
大気圧　44
第三級アルコール　197
体心立方格子　51
第二級アルコール　197
ダイヤモンド　54, 157
多環芳香族炭化水素　207
多原子イオン　11
脱水　197
脱離反応　197
多糖　221, 224
ダニエル（J. F. Daniell）　113
ダニエル電池　112, 113
単位格子　48
単位胞 → 単位格子
炭化カルシウム　195
炭化水素　182
炭化水素基　183
タングステン　169
単結合　20
単原子イオン　11
炭酸　94, 139
炭酸塩　152, 175
炭酸カルシウム　142, 154
炭酸水素イオン　99
炭酸水素塩　152
炭酸水素ナトリウム　61, 153
炭酸ナトリウム　153
炭酸バリウム　142
単斜硫黄　160
炭水化物　221

索　引　　　　　　　　　　245

弾　性　236
炭　素　157, 181
炭素骨格　182
単　体　2
単　糖　221
タンパク質　226, 230
タンパク質の変性　230
単量体　217

チオシアン酸イオン　178
チオ硫酸ナトリウム　121
置換基　190
置換反応　190
蓄電池 → 二次電池
チタン　169
窒　素　158
抽　出　4
中　性　95
中性アミノ酸　226
中性子　6
中和滴定　99
中和滴定曲線 → 滴定曲線
中和点　100
中和反応　97
潮　解　153
超臨界状態　47
直線形　184
チロシン　227
チンダル(J. Tyndall)　79
チンダル現象　80
沈　殿　141
沈殿滴定　144

定性分析　174
d 副殻　146
滴　定　99
滴定曲線　100, 101
鉄　170
鉄鉱石　171
鉄族元素　170
テトラヒドロキシド
　　　亜鉛(Ⅱ)酸イオン　173
テトラヒドロキシド
　　　アルミン酸イオン　156
テレフタル酸　218
電位差　113
電解質　68
電気泳動　80
電気化学　112
電気陰性度　23
電気素量　6
電気分解　117
電気めっき　120

電　極　112
典型元素　16, 148
電　子　6
電子殻　8
電子親和力　14
電子配置　9, 10
展　性　49
電　池　112
天然ガス　188
天然高分子化合物　217, 221
天然ゴム　236
デンプン　224, 225
電　離　68
電離度　94, 139
電離平衡　93, 138
電　流　112

糖　221
銅　172
同位体　7
透　析　80
同族体　16
同素体　2
等電点　228
灯　油　189
トタン　173
トムソン(W. Thomson)　57
ドライアイス　157
トランス形　192
トリアセチルセルロース　225
トリプトファン　227
2,4,6-トリブロモフェノール
　　　　　　　　　　　　209
トルエン　207
ドルトン(J. Dalton)　4
ドルトンの分圧の法則　62
トレオニン　227

な　行

内部エネルギー　82
ナイロン 6　232, 233
ナイロン 66　219, 232, 233
ナトリウム　152
ナトリウムフェノキシド
　　　　　　　　　210, 212
ナフサ　189, 192, 207
ナフタレン　207
生ゴム → 天然ゴム
鉛　156
鉛蓄電池　116

軟化点　219
難溶性　141

二クロム酸カリウム　108, 169
二酸化硫黄　161
二酸化ケイ素　157
二酸化炭素　157
二酸化窒素　131, 158
二次構造(タンパク質の)　230
二次電池　116
二重結合　20
ニッケル　170
二　糖　221, 223
ニトロ化　208
ニトロ化合物　182
ニトロ基　182
ニトロベンゼン　208, 214
ニホニウム　147
乳化作用　204
乳　酸　201, 218
乳　糖　224
ニュートン(N, 単位)　41
尿素樹脂　235, 236
ニンヒドリン反応　228

ネオン　165
熱　41, 83
熱運動　40
熱化学　82
熱化学反応式　84
熱可塑性樹脂　233
熱硬化性樹脂　234
熱量測定　85
燃焼エンタルピー　87
燃焼熱　87
燃焼反応　35
燃料電池　121

濃　度　72
濃度平衡定数　134

は　行

配位結合　22
配位子　168
配位数　49, 168
倍数比例の法則　4
麦芽糖　223
パスカル(Pa, 単位)　44
発熱反応　83
ハーバー・ボッシュ法　158

索 引

パラ (*p*-) 207
バリウム 154
バリン 227
バール (bar) 86
パルミチン酸 203
ハロゲン 148, 162
ハロゲン化 193, 208
ハロゲン化アリール 208
ハロゲン化銀 172
ハロゲン化水素 163
ハロゲン化水素酸 163
ハロゲン化物 163
半金属 149
半減期 126
半合成繊維 225
半導体 158
半透膜 76
反応機構 130
反応座標 127
反応式 → 化学反応式
反応次数 125
反応性 → 化学的性質
反応速度 122, 123
反応速度式 124, 125
反応中間体 129
反応熱 83
反応物 33
半反応 107
半反応式 107

PE → ポリエチレン
PET → ポリエチレン
　　　　　　テレフタラート
ビウレット反応 230
pH 96
pH 指示薬 101
PS → ポリスチレン
PMMA → ポリメタクリル酸
　　　　　　　　　　メチル
非共有電子対 20
非局在化 206
非金属元素 16, 149
PC → ポリカーボネート
非晶質 → アモルファス
ヒスチジン 227
非電解質 68
ヒドリド → 水素化物イオン
p-ヒドロキシアゾベンゼン
　　　　　　　　　　214
ヒドロキシ基 69, 196, 209
ヒドロキシ酸 201
ビニルアルコール 195
ビニロン 231, 232

比熱容量 43
PP → ポリプロピレン
PVAc → ポリ酢酸ビニル
PVC → ポリ塩化ビニル
p 副殻 146
ビュレット 100
標準気圧 44
標準状態 60, 86, 114
標準水素電極 114
標準生成エンタルピー 85
標準大気圧 → 標準気圧
標準電極電位 114
標準反応エンタルピー 84
標準沸点 44
頻度因子 127

ファラデー (M. Faraday) 119
ファラデー定数 119
ファラデーの
　　　　電気分解の法則 119
ファン・デル・ワールス
　　　(J. D. van der Waals) 25
ファンデルワールス定数 66
ファンデルワールスの
　　　　　状態方程式 66
ファンデルワールス力 25
ファント・ホッフ
　　　(J. H. van't Hoff) 76
ファントホッフの法則 77
風 解 153
フェニルアラニン 227
フェニル基 182
フェノキシドイオン 210
フェノール 209, 235
フェノール樹脂 235
フェノールフタレイン 101
フェノール類 209
フェーリング
　　　(H. von Fehling) 200
フェーリング液 200
付加重合 218
付加縮合 235
付加反応 193
不揮発性 74
負 極 112
副 殻 146
不斉炭素原子 187
ブタジエンゴム 236
フタル酸 211
フッ化銀 172
フッ化水素 164
フッ化水素酸 139
物 質 1

物質の三態 39, 40
物質量 32
物性 → 物理的性質
フッ素 163
沸点 42〜44
沸点上昇 75
沸点上昇度 75
沸 騰 40, 44
物理的性質 3
物理変化 39
2-ブテン 192
不凍液 81
不動態 156
ブドウ糖 222
不飽和脂肪酸 200
不飽和炭化水素 182
プラスチック → 合成樹脂
フラーレン 157
ブリキ 156
フルクトース 222
ブレンステッド
　　　(J. Brønsted) 91
ブレンステッド-ローリー
　　　　　の定義 92
プロトン 93
プロパン 189
プロピレン 192
プロピン → メチルアセチレン
プロペン → プロピレン
プロリン 227
分 圧 62
分解速度 123
分 散 78
分散コロイド 78
分散質 78
分散媒 78
分散力 25
分 子 5
分子間力 25
分子結晶 25, 53
分子コロイド 79, 219
分子式 5
分子説 5
分子量 31
分 離 3
分 留 189

平均速度 123
平均分子量 63, 219
平衡蒸気圧 44
平衡状態 44
平衡定数 132
平面三角形 184

索　引

ヘキサクロロ
　　　　シクロヘキサン　208
ヘキサシアニド
　　　　鉄(Ⅱ)酸イオン　178
ヘキサシアニド
　　　　鉄(Ⅲ)酸イオン　168, 178
ヘキサメチレンジアミン　218
ヘスの法則　88
β-グルコース　222
β シート構造　230
PET → ポリエチレン
　　　　テレフタラート
ヘテロ原子　183
ペプチド　229
ペプチド結合　229
ヘミアセタール構造　223
ヘモグロビン　171
ヘリウム　165
変色域　101
ベンジルアルコール　211
変性(タンパク質の)　230
ベンゼン　205
　　──の構造　206
ベンゼン環　182, 205
ベンゼンスルホン酸　208
ヘンリー(W. Henry)　71
ヘンリーの法則　71

ボイル(R. Boyle)　56
ボイル-シャルルの法則　59
ボイルの法則　56
芳香族アミン　213
芳香族化合物　205
芳香族カルボン酸　211
芳香族炭化水素　205
放　電　116
飽和脂肪酸　200
飽和炭化水素　182
飽和溶液　70, 141
ホスゲン　133
ポリアミド系合成繊維　233
ポリエステル系合成繊維　233
ポリエチレン　217, 234
ポリエチレン
　　　　テレフタラート　232, 233
ポリ塩化ビニル　234
ポリカーボネート　234
ポリ酢酸ビニル　234
ポリスチレン　234
ポリ乳酸　219
ポリビニルアルコール　232
ポリプロピレン　234
ポリペプチド　229

ポリマー → 重合体
ポリメタクリル酸メチル
　　　　　　　　219, 234
ポーリング(L. C. Pauling)　23
ボルタ(A. Volta)　113
ボルタ電池　113
ボルツマン(L. Boltzmann)　128
ボルト(V)　113
ホールピペット　100
ホルマリン　198
ホルミル基　182
ホルムアルデヒド　198, 231, 235

ま　行

マクスウェル
　　　　(J. C. Maxwell)　128
マグネシウム　154
マルトース　223
マンガン　169
マンガン乾電池　116
マンガン鋼　169

水　26
　　──のイオン積　95
　　──の加熱曲線　41
　　──の蒸気圧曲線　45
ミセル　79, 204
密　度　37
水俣病　174
ミョウバン　156

無機高分子化合物　217
無機物質　145
無極性分子　24
無水酢酸　202
無水フタル酸　211
無定形炭素　157

メスフラスコ　73
メタ(m-)　207
メタクリル酸メチル　218
メタノール　144, 196
メタロイド → 半金属
メタン　188
メチオニン　227
メチルアセチレン　195
メチルアミン　139
メチルオレンジ　102
メチル基　189
メラミン樹脂　235

面心立方格子　50
メンデレーエフ
　　　　(D. I. Mendeleev)　15
メントール　191

モノマー → 単量体
モル(mol)　31
モル凝固点降下　76
モル質量　33
モル体積　60
モル濃度　73
モル沸点上昇　75
モル分率　63

や　行

融　解　40
融解熱　42, 43
有機化合物　145, 181
　　──の表記法　183
有機高分子化合物　217
融　点　42, 43
油　脂　203

陽イオン　11
溶　液　68
溶　解　68
溶解度　70
溶解度曲線　70
溶解度積　142, 176
溶解平衡　141, 176
陽　極　117
溶　血　77
溶鉱炉　170, 171
陽　子　6
溶　質　68
陽　性　18
ヨウ素　163
ヨウ素デンプン反応　163, 224
溶　媒　68
溶媒和　69
溶融塩電解　152
四次構造(タンパク質の)　230
ヨードホルム反応　200

ら　行

ラウール(F. M. Raoult)　74
ラウールの法則　74

索　引

ラクトース　224
ラテックス　236
ランタノイド　149

リシン　227
理想気体　65
リチウム　152
リチウムイオン電池　116
律速段階　130
立体異性体　186
立方最密充塡構造　49, 50
リノール酸　203
リノレン酸　203
リホーミング → 接触改質
硫化亜鉛　142
硫化カドミウム　174

硫化水銀(II)　174
硫化水素　161
硫化水素酸　139
硫化銅(II)　142
硫化物　160, 175
硫　酸　94, 161
硫酸塩　155, 175
硫酸カルシウム　154
硫酸水素イオン　94, 99
硫酸鉄(II)　108
硫酸バリウム　154
両親媒性分子　79, 204
両性イオン → 双性イオン
両性金属　156
両性酸化物　161
リ　ン　159

臨界点　47
リン酸　158
リン酸形燃料電池　116

ル・シャトリエ
　　(H. Le Chatelier)　135
ルイス(G. N. Lewis)　19
ルイス構造　20
ルシャトリエの原理　135

ロイシン　227
ろ　過　4
六員環構造　222
緑　青　172
六方最密充塡構造　49, 50
ローリー(T. Lowry)　91

村田　滋
むら　た　しげる

1956 年　長野県に生まれる
1979 年　東京大学理学部 卒
1981 年　東京大学大学院理学系研究科 修士課程 修了
東京大学名誉教授
専門　有機光化学，有機反応化学
理 学 博 士

第 1 版 第 1 刷 2025 年 3 月 17 日　発 行

演習で学ぶ化学入門

© 2 0 2 5

著　者　村　田　　　滋
発 行 者　石　田　勝　彦
発　　行　株式会社 東京化学同人
東京都文京区千石 3 丁目 36-7 (〒112-0011)
電話 03-3946-5311・FAX 03-3946-5317
URL : https://www.tkd-pbl.com/

印　刷　株式会社アイワード
製　本　株式会社 松岳社

ISBN978-4-8079-2011-2
Printed in Japan
無断転載および複製物 (コピー，電子データ
など) の無断配布，配信を禁じます.

ブラックマン
基 礎 化 学

A. Blackman ほか 著

小島憲道 監訳／錦織紳一・野口 徹・平岡秀一 訳

B5変型判　320ページ　定価 3080 円（本体 2800 円＋税）

高校化学から一歩先の理解へ

高校で習う化学では知りえなかった原理の部分がわかり，大学で必要とされる化学の基礎力が身につく．広い分野を網羅し，化学と社会とのつながりを示しながら解説が進むので，読者は興味を失わずに学ぶことができる．

主要目次：物質と化学／化学の用語／測定と計算／化学反応と化学量論／原子のエネルギー準位／化学結合と分子構造／物質の状態／化学熱力学／化学平衡／溶液と溶解度／酸と塩基／酸化還元／反応速度論／有機化学と生化学

2025年2月現在（定価は10％税込）